国家出版基金项目
NATIONAL PUBLICATION FOUNDATION

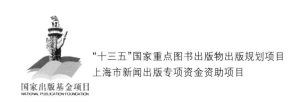

“十三五”国家重点图书出版物出版规划项目
上海市新闻出版专项资金资助项目

中国乡村人居环境总貌

张 立 何 莲 王丽娟 著

同济大学出版社 · 上海

图书在版编目(CIP)数据

中国乡村人居环境总貌 / 张立，何莲，王丽娟著
. —上海：同济大学出版社，2021.12
(中国乡村人居环境研究丛书 / 张立主编)
ISBN 978-7-5608-9712-7

Ⅰ. ①中… Ⅱ. ①张… ②何… ③王… Ⅲ. ①农村—居住环境—研究—中国 Ⅳ. ①X21

中国版本图书馆 CIP 数据核字(2021)第 188334 号

“十三五”国家重点图书出版物出版规划项目
国家出版基金项目
上海市新闻出版专项资金资助项目
国家自然科学基金项目
住建部课题及上海市高峰学科计划资助项目
同济大学学术专著(自然科学类)出版基金资助项目

中国乡村人居环境研究丛书
中国乡村人居环境总貌
张 立 何 莲 王丽娟 著

丛书策划 华春荣 高晓辉 翁 晗
责任编辑 丁国生
责任校对 徐春莲
封面设计 王 翔

出版发行 同济大学出版社 www.tongjipress.com.cn
(地址:上海市四平路 1239 号 邮编:200092 电话:021-65985622)
经　　销 全国各地新华书店、建筑书店、网络书店
排版制作 南京文脉图文设计制作有限公司
印　　刷 上海安枫印务有限公司
开　　本 710mm×1000mm 1/16
印　　张 18.25
字　　数 365 000
版　　次 2021 年 12 月第 1 版
印　　次 2021 年 12 月第 1 次印刷
书　　号 ISBN 978-7-5608-9712-7
定　　价 158.00 元

地图审图号：GS(2021)7639 号

内 容 提 要

本书及其所属的丛书，是同济大学等高校团队多年来的社会调查和分析研究成果展现，并与所承担的住房和城乡建设部课题“我国农村人口流动与安居性研究”密切相关；本丛书被纳入“十三五”国家重点图书出版物出版规划项目。

丛书的撰写以党的十九大提出的乡村振兴战略为指引、以对我国 13 个省（自治区、直辖市）、480 个村的大量一手调查资料和城乡统计数据分析为基础。书稿借鉴了本领域国内外的相关理论和研究方法，建构了本土乡村人居环境分析的理论框架；具体的研究工作涉及乡村人口流动与安居、公共服务设施、基础设施、生态环境保护以及乡村治理和运作机理等诸多方面。这些内容均关系到对社会主义新农村建设的现实状况的认知，以及对我国城乡关系的历史性变革和转型的深刻把握。

本书的出版旨在为新时代的乡村人居环境建设提供基础性依据，并为乡村规划的技术规范的研究制定提供实证参考。鉴于乡村人居环境研究是一个新的庞大领域，加上一直处于发展变化之中，相关的调查和研究工作需要持续进行。

本书可供各级政府制定乡村振兴政策、措施时参考使用，可作为政府农业农村、规划、建设等部门及“三农”问题研究者的参考书，也可供高校相关专业师生延伸阅读。

中国乡村人居环境研究丛书
编委会

序　一

我欣喜地得知，“中国乡村人居环境研究丛书”即将问世，并有幸阅读了部分书稿。这是乡村研究领域的大好事、一件盛事，是对乡村振兴战略的一次重要学术响应，具有重要的现实意义。

乡村是社会结构（经济、社会、空间）的重要组成部分。在很长的历史时期，乡村一直是社会发展的主体，即使在城市已经兴起的中世纪欧洲，政治经济主体仍在乡村，商人只是地主和贵族的代言人。只是在工业革命以后，随着工业化和城市化进程的推进，乡村才逐渐失去了主体的光环，沦落为依附的地位。然而，乡村对城市的发展起到了十分重要的作用。乡村孕育了城市，以自己的资源、劳力、空间支撑了城市，为社会、为城市发展作出了重大的奉献和牺牲。

中国自古以来以农立国，是一个农业大国，有着丰富的乡土文化和独特的经济社会结构。对乡村的研究历来有之，20 世纪 30 年代费孝通的“江村经济”是这个时期的代表。中国的乡村也受到国外学者的关注，大批的外国人以各种角色（包括传教士）进入乡村开展各种调查。1949 年以来，国家的经济和城市得到迅速发展，人口、资源、生产要素向城市流动，乡村逐渐走向衰败，沦为落后、贫困、低下的代名词。但是乡村作为国家重要的社会结构具有无可替代的价值，是永远不会消失的。中央审时度势，综览全局，及时对乡村问题发出多项指令，从“三农”到乡村振兴，大大改变了乡村面貌，乡村的价值（文化、生态、景观、经济）逐步为人们所认识。城乡统筹、城乡一体，更使乡村走向健康、协调发展之路。乡村兴，国家才能兴；乡村美，国土才能美。但是，总体而言，学界、业界乃至政界对乡村的关注、了解和研究是远远不够的。今天中国进入一个新的历史时期，无论从国家的整体发展还是圆百年之梦而言，乡村必须走向现代化，乡村研究必须快步追上。中国的乡村是非常复杂的，在广袤的乡村土地上，由于自然地形、历史进程、经济水平、人口分布、民族构成等方面的不同，千万个乡村呈现出巨大的差异，要研究乡村、了解乡村还是相当困难和艰苦的。同济大学团队借承担住房和城乡建设部乡村人居环境研究的课题，利用在国内各地多个规划项目的积累，联合国内多所高校和研究设计机构，开展了全国性的乡村田野调查，总结撰写了一套共10个分册的“中国乡村人居环境研究丛书”，适逢其时，为乡村的研究提供了丰富的基础性资料和研究经验，为当代的乡村研究起到示范借鉴作用，为乡村振兴作出了有价值的贡献！

纵观本套丛书，具有以下特点和价值。

(1) 研究基础扎实，科学依据充分。由100多名教师和500多名学生组成的调查团队，在13个省(自治区、直辖市)、85个县区、234个乡镇、480个村开展了多地区、多类型、多样本的全国性的乡村田野调查，行程10万余公里，撰写了100万字的调研报告，在此基础上总结提炼，撰写成书，对我国主要区域、不同类型的乡村人居环境特点、面貌、建设状况及其差异作了系统的解析和描述，绘就了一份微缩的、跃然纸上的乡居画卷。而其深入村落，与7 578位村民面对面的访谈，更反映了村庄实际和村民心声，反映了乡村振兴“为人民”的初心和“为满足美好生活需要”而研究的历史使命。近几年来，全国开展村庄调查的乡村研究已渐成风气。江苏省开展全省性乡村调查，出版了《2012江苏乡村调查》和《百年历程百村变迁:江苏乡村的百年巨变》等科研成果，其他多地也有相当多的成果。但对全国的乡村调查且以乡村人居环境为中心，在国内尚属首次。

(2) 构建了一个由理论支撑、方法统一、组织有机、运行有效的多团体的科研协作模式。作为团队核心的同济大学，首先构建了阐释乡村人居环境特征的理论框架，举办了培训班，统一了研究方法、调研方式、调查内容、调查对象。同时，同济大学团队成员还参与了协作高校和规划设计机构的调研队伍，以保证传导内容的一致性。同时，整个研究工作采用统分结合的方式——调研工作讲究统一要求，而书稿写作强调发挥各学校的能动性和积极性，根据各区域实际，因地制宜反映地方特色(如章节设置、乡村类型划分、历史演进、问题剖析、未来思考)，使丛书丰富多样，具有新鲜感。我曾在20世纪90年代组织过一次中美两国十多所高校和研究设计机构共同开展的“中国自下而上的城镇化发展研究”，以小城镇为中心进行了覆盖全国多类型十多个省区、几十个小城镇的多类型调研，深知团队合作的不易。因此，从调研到出版的组织合作经验是难能可贵的。

(3) 提出了一些乡村人居环境研究领域颇具见地的观点和看法。例如，总结提出了国内外乡村人居环境研究的“乡村—乡村发展—乡村转型”三阶段，乡村人居环境特征构成的三要素（住房建设、设施供给、环卫景观）；构建了乡村人居环境、村民满意度评价指标体系；提出了宜居性的概念和评价指标，探析了乡村人居环境的运行机理等。这些对乡村研究和人居环境研究都有很大的启示和借鉴意义。

丛书主题突出、思路清晰、内容全面、特色鲜明，是一次系统性、综合性的对中国乡村人居环境的全面探索。丛书的出版有重要的现实意义和开创价值，对乡村研究和人居环境研究都具有基础性、启示性、引领性的作用。

崔功豪

南京大学

2021 年 12 月

序　二

这是一套旨在帮助我们进一步认识中国乡村的丛书。

我们为什么要“进一步认识乡村”?

第一,最直接的原因,是因为我们对乡村缺乏基本的了解。“我们”是谁,是“城里人”还是“乡下人”? 我想主要是城里人——长期居住在城市里的居民。

我们对于乡村的认识可以说是凤毛麟角,而我们的这些少得可怜的知识,可能是一些基于亲戚朋友的感性认知、文学作品里的生动描述,或者是来自节假日休闲时浮光掠影的印象。而这些表象的、浅层的了解,难以触及乡村发展中最本质的问题,当然不足以作为决策的科学支撑。所以,我们才不得不用城市规划的方式规划村庄,以管理城市的方式管理乡村。

这样的认知水平,不是很多普通市民的“专利”,即便是一些著名的科学家,对于乡村的理解也远比不上对城市来得深刻。笔者曾参加过一个顶级的科学会议,专门讨论乡村问题,会上我求教于各位院士专家,“什么是乡村规划建设的科学问题?”并没有得到完美的解答。

基本科学问题不明确,恰恰反映了学术界对于乡村问题的把握,尚未进入“自由王国”的境界,甚至可以说,乡村问题的学术研究在一定程度上仍然处在迷茫和不清晰的境地。

第二,我们对于乡村的理解尚不全面不系统,有时甚至是片面的。比如,从事规划建设的专家,多关注农房、厕所、供水等;从事土地资源管理的专家,多关注耕地保护、用途管制;从事农学的专家,多关注育种、种植;从事环境问题的专家,多关注秸秆燃烧和化肥带来的污染;等等。

但是,乡村和城市一样,是一个生命体,虽然其功能不及城市那样复杂,规模也不像城市那么庞大,但所谓“麻雀虽小,五脏俱全”,其系统性特征非常明显。仅从部门或行业视角观察,往往容易带来机械主义的偏差,缺乏总揽全局、面向长远的能力,因而容易产生片面的甚至是功利主义的政策产出。

如果说现代主义背景的《雅典宪章》提出居住、工作、休憩、交通是城市的四大基本活动，由此奠定了现代城市规划的基础和功能分区的意识，那么，迄今为止还没有出现一个能与之媲美的系统认知乡村的科学模型。

农业、农村、农民这三个维度构成的“三农”，为我们认识乡村提供了重要的政策视角，并且孕育了乡村振兴战略、连续十多年以“三农”为主题的中央一号文件，以及机构设置上的高配方案。不过，政策视角不能替代学术研究，目前不少乡村研究仍然停留在政策解读或实证研究层面，没有达到规范性研究的水平。反过来，这种基于经验性理论研究成果拟定的政策行动，难免采取“头痛医头，脚痛医脚”的策略，甚至出现政策之间彼此矛盾、相互掣肘的局面。

第三，我们对于乡村的理解缺乏必要的深度，一般认为乡村具有很强的同质性。姑且不去考虑地形地貌的因素，全国 200 多万个自然村中，除去那些当代“批量”“任务式”“运动式”的规划所“打造”的村庄，很难找到两个完全相同的。形态如此，风貌如此，人口和产业构成更表现出很大的差异。

如果把乡村作为一种文化现象考察，全国层面表现出来的丰富多彩，足以抵消一定地域内部的同质性。况且，作为人居环境体系的起源，乡村承载了更加丰富多元的中华文明，蕴含着农业文明的空间基因，它们与基于工业文明的城市具有同等重要的文化价值。

从这一点来说，研究乡村离不开城市。问题是不能拿研究城市的理论生搬硬套。事实上，我国传统的城乡关系，从来就不是对立的，而是相互依存的“国—野”关系。只是工业化的到来，导致了人们对资源的争夺，特别是近代租界的强势嵌入和西方自治市制度的引入，才使得城乡之间逐步走向某种程度的抗争和对立。

在建设生态文明的今天，重新审视新型城乡关系，乡村因为其与自然环境天然的依存关系，生产、生活和生态空间的融合，成为城市规划建设竞相仿效的范式。在国际上，联合国近年来采用的城乡连续体（rural-urban continuum）的概念，可以说也是对于乡村地位与作用的重新认知。乡村人居环境不改善，城市问题无法很好地解决；“城市病”的治理，离不开我们对乡村地位的重新认识。

显而易见，乡村从来就不只是居民点，乡村不是简单、弱势的代名词，它所承载的信息是十分丰富的，它对于中华民族伟大复兴的宏伟目标非常重要。党的十九大报告提出乡村振兴战略，以此作为决战全面建成小康社会、全面建设社会主义现代化国家的重大历史任务。在“全面建成了小康社会，历史性地解决了绝对贫困问题”之际，“十四五”规划更提出了“全面实施乡村振兴”的战略部署，这是一个涵盖农业发展、农村治理和农民生活的系统性战略，以实现缩小城乡差别、城乡生活品质趋同的目标，成为城乡人居体系中稳住农民、吸引市民的重要环节。

实现这些目标的基础，首先必须以更宽广的视角、更系统的调查、更深入的解剖，去深刻认识乡村。“中国乡村人居环境研究丛书”试图在这方面做一些尝试。比如，借助组织优势，作者们对于全国不同地区的乡村进行了广泛覆盖，形成具有一定代表性的时代“快照”；不只是对于农房和耕地等基本要素的调查，也涉及产业发展、收入水平、生态环境、历史文化等多个侧面的内容，使得这一“快照”更加丰满、立体。为了数据的准确、可靠，同济大学等团队坚持采取入户调查的方法，调查甚至涉及对于各类设施的满意度、邻里关系、进城意愿等诸多情感领域问题，使得这套丛书的内容十分丰富、信息可信度高，但仍有不少进一步挖掘的空间。

眼下我国正进入城镇化高速增长与高质量发展并行的阶段，农村地区人口减少、老龄化的趋势依然明显，随着乡村振兴战略的实施，农业生产的现代化程度和农村公共服务水平不断提高，乡村生活方式的吸引力也开始显现出来。

乡村不仅不是弱势的，不仅是有吸引力的，而且在政策、技术和学术研究的层面，是与城市有着同等重要性的人居形态，是迫切需要展开深入学术研究的领域。

作为一种空间形态，乡村空间不只存在着资源价值、生产价值、生态价值，正如哈维所说，也存在着心灵价值和情感价值，这或许会成为破解乡村科学问题的一把钥匙。乡村研究其实是一种文化空间的问题，是一种认同感的培养。

对于一个有着五千多年历史、百分之六七十的人口已经居住在城市的大国而言，城市显然是影响整个国家发展的决定性因素之一，而乡村人居环境问题，也是名副其实的重中之重。这套丛书的作者们正是胸怀乡村发展这个“国之大者”，从乡村人居环境的理论与方法、乡村人居环境的评价、运行机理与治理策略等多个维度，对 13 个省（自治区、直辖市）、480 个村的田野调查数据进行了系统的梳理、分析与挖掘，其中揭示了不少值得关注的学术话题，使得本书在数据与资料价值的基础上，增添了不少理论色彩。

“三农”问题，特别是乡村问题需要全面系统深入的学术研究，前提是科学可靠的调查与数据，是对其科学问题的界定与挖掘，而这显然不仅仅是单一学科的研究，起码应该涵盖公共管理学、城乡规划学、农学、经济学、社会学等诸多学科。正是出于对乡村人居环境问题的兴趣，笔者推动中国城市规划学会这个专注于城市和规划研究的学术团体，成立了乡村规划建设学术委员会。出于同样的原因，应中国城市规划学会小城镇规划学术委员会张立秘书长之邀为本书作序。

石　楠

中国城市规划学会常务理事长兼秘书长

2021 年 12 月

序　三

历时5年有余编写完成的“中国乡村人居环境研究丛书”近期即将出版，这是对我国乡村人居环境系统性研究的一项基础性工作，也是我国乡村研究领域的一项最新成果。

我国是名副其实的农业大国。根据住房和城乡建设部2020年村镇统计数据，我国共有51.52万个行政村、252.2万个自然村。根据第七次全国人口普查，居住在乡村的人口约为5.1亿，占全国人口的36.11%。协调城乡发展、建设现代化乡村对于中国这样一个有着广大乡村地区和庞大乡村人口基数的发展中国家而言，意义尤为重大。但是，我国长期以来的城乡二元政策使得乡村人居环境建设严重滞后，直到进入21世纪，城乡统筹、新农村建设被提到国家战略高度，系统性的乡村建设工作在全国范围内陆续展开，乡村人居环境才得以逐步改善。

纵观开展新农村建设以来的近20年，我国乡村人居环境在住房建设、农村基础设施和公共服务补短板、村容村貌提升等方面取得了巨大的成就。根据2021年8月国务院新闻发布会，目前我国已经历史性地解决了农村贫困群众的住房安全问题。全面实施脱贫攻坚农村危房改造以来，790万户农村贫困家庭危房得到改造，惠及2 568万人；行政村供水普及率达80%以上，农村生活垃圾进行收运处理的行政村比例超过90%，农村居民生活条件显著改善，乡村面貌发生了翻天覆地的变化。

虽然我国的乡村建设政策与时俱进，但乡村建设面临的问题众多，情况复杂。我国各区域发展很不平衡，东部沿海发达地区部分乡村乘着改革开放的春风走出了“乡村城镇化”的特色发展道路，农民收入、乡村建设水平都实现了质的飞跃。而在2020年全面建成小康社会之前，我国仍有十四片集中连片特困地区，广泛分布着量大面广的贫困乡村。发达地区的乡村建设需求与落后地区有很大不同，国家要短时间内实现乡村人居环境水平的全面提升，必然面临着诸多现实问题与困难。

从2005年党的十六届五中全会通过的《中共中央关于制定国民经济和社会

发展第十一个五年规划的建议》提出“扎实推进社会主义新农村建设”，到2015年同济大学承担住房和城乡建设部“我国农村人口流动与安居性研究”课题并组织开展全国乡村田野调研工作，我国的新农村建设工作已开展了十年，正值一个很好的对乡村人居环境建设工作进行全面的阶段性观察、总结和提炼的时机。从即将出版的“中国乡村人居环境研究丛书”成果来看，同济大学带领的研究团队很好地抓住了这个时机并克服了既往乡村统计数据匮乏、难以开展全国性研究、乡村地区长期得不到足够重视等难题，进而为乡村研究领域贡献了这样一套系统性、综合性兼具，较为全面、客观反映全国乡村人居环境建设情况的研究成果。

本套丛书共由10种单本组成，1本《中国乡村人居环境总貌》为“总述”，其余9本分别为江浙地区、江淮地区、上海地区、长江中游地区、黄河下游地区、东北地区、内蒙古地区、四川地区和西南地区等9个不同地域乡村人居环境研究的“分述”，10种单本能够汇集而面世，实属不易。我想，这首先得益于同济大学研究团队长期以来在全国各地区开展的村镇研究工作经验积累，从而能够在明确课题开展目的的基础上快速形成有针对性、可高效执行的调研工作计划。其次，通过实施系统性的乡村调研培训，向各地高校/设计单位清晰传达了工作开展方法和材料汇集方式，确保多家单位、多个地区可以在同一套行动框架中开展工作，进而保证调研行为的统一性和成果的可汇总性。这一工作方式无疑为乡村调研提供了方法借鉴。而最核心的支撑工作，当属各调研团队深入各地开展的村庄调研活动，与当地干部、村长、村民面对面的访谈和对村庄物质建设第一手素材的采集，能够向读者生动地展示当时当地某个村的真实建设水平或某类村民的真实生活面貌。

我曾参与了课题“我国农村人口流动与安居性研究”的研究设计，也多次参加了关于本套丛书写作的研讨，特别认同研究团队对我国乡村样本多样性的坚持。10所高校共600余名师生历时128天行程超过10万公里完成了面向全国13个省(自治区、直辖市)、480个村、28 593个农村家庭的乡村田野调查，一路不畏辛劳，不畏艰险——甚至在偏远山区，还曾遭遇过汽车抛锚、山体滑坡等危险状况。也正因有了这些艰难的经历，才能让读者看到滇西边境山区、大凉山地区等在当时尚属集中连片特殊困难地区的乡村真实面貌，也更能体会以国家战略推行的乡村扶贫和人居环境提升是一项多么艰巨且意义重大的世界性工程。最后，得益于研究团队的不懈坚持与有效组织，以及他们对于多年乡村田野调查工作的不舍与热情，这套丛书最终能够在课题研究丰硕成果的基础上与广大读者见面。

纵观本套丛书，其价值与意义在于能够直面我国巨大的地域差异和乡村聚落个体差异，通过量大面广的乡村调研为读者勾勒出全国层面的乡村人居环境建设画卷，较为系统地识别并描述了我国宏大的、广泛的乡村人居环境建设工程呈现出的差异性特征，对于一直缺位的我国乡村人居环境基础性研究工作具有引领、开创的意义，并为这次调研尚未涉及的地域留下了求索的想象空间。而本次全国乡村调研的方法设计、组织模式和成果展示也为乡村研究领域提供了有益借鉴。对于本套丛书各位作者的不懈努力和辛勤付出，为我国乡村人居环境研究领域留下了重要一笔，表以敬意。当然，也必须指出，时值我国城乡关系从城乡统筹走向城乡融合，乡村人居环境建设亦在持续推进，面临的形势与需求更加复杂，对乡村人居环境的研究必然需要学界秉持辩证的态度持续关注，不断更新、探索、提升。由此，也特别期待本套丛书的作者团队能够持续建立起历时性的乡村田野跟踪调查，这将对推动我国乡村人居环境研究具有不可估量的意义。

彭震伟

同济大学党委副书记

中国城市规划学会常务理事

2021 年 12 月

序　四

改革开放40余年来，中国的城镇化和现代化建设取得了巨大成就，但城乡发展矛盾也逐步加深，特别是进入21世纪以来，“三农”问题得到国家层面前所未有的重视。党的十九大报告将实施乡村振兴上升到国家战略高度，指出农业、农村、农民问题是关系国计民生的根本性问题，是全党工作重中之重。

解决好“三农”问题是中国迈向现代化的关键，这是国情背景和所处的发展阶段决定的。我国是人口大国，也是农业大国，从目前的发展状况来看，农业产值比重已经不到8％，但农业就业比重仍然接近27％，农村人口接近40％，达到5.5亿人，同时有超过2.3亿进城务工人员游离在城乡之间。我国城镇化具有时空压缩的特点，并且规模大、速度快。20世纪90年代的乡村尚呈现繁荣景象，但20多年后的今天，不少乡村已呈凋敝状。第二代进城务工的群体已经形成，农业劳动力面临代际转换。可以讲，中国现代化建设成败的关键之一将取决于能否有效化解城乡发展矛盾，特别是在当前的转折时期，能否从城乡发展失衡转向城乡融合发展。

乡村振兴离不开规划引领，城乡规划作为面向社会实践的应用性学科，在国家实施乡村振兴战略中有所作为，是新时代学科发展必须担负起的历史责任。开展乡村规划离不开对“三农”问题的理解和认识，不可否认，对乡村发展规律和“三农”问题的认识不足是城乡规划学科的薄弱环节。我国的乡村发展地域差异大，既需要对基本面有所认识，也需要对具体地区进一步认知和理解。乡村地区的调查研究，关乎社会学、农学、人类学、生态学等学科领域，这些学科的积累为其提供了认识基础，但从城乡规划学科视角出发的系统性的调查研究工作不可或缺。

“中国乡村人居环境研究丛书”依托于国家住房和城乡建设部课题，围绕乡村人居环境开展了全国性乡村田野调查。本次调研工作的价值有三个方面：

(1) 这是城乡规划学科首次围绕乡村人居环境开展大规模调研，运用了田野调查方法，从一个历史断面记录了这些地区乡村发展状态，具有重要学术意义；

（2）调研工作经过周密的前期设计，调研结果有助于认识不同地区间的发展差异，对于建立我国不同地区整体的认知框架具有重要价值，有助于推动我国的乡村规划研究工作；

（3）调研团队结合各自长期的研究积累，所开展的地域性研究工作对于支撑乡村规划实践具有积极的意义。

本套丛书的出版凝聚了调研团队辛勤的努力和汗水，在此表达敬意，也希望这些成果对于各地开展更加广泛深入、长期持续的乡村调查和乡村规划研究工作起到助推的作用。

张尚武

同济大学建筑与城市规划学院副院长

中国城市规划学会乡村规划与建设学术委员会主任委员

2021 年 12 月

总 前 言

只有联系实际才能出真知，实事求是才能懂得什么是中国的特点。

——费孝通

自21世纪初期国家提出城乡统筹、新农村建设、美丽乡村等政策以来，乡村人居环境建设取得了很大成就。全国各地都在积极推进乡村规划工作，着力解决乡村建设的无序问题。与此同时，我国乡村人居环境的基础性研究却一直较为缺位。虽然大家都认为全国各地的乡村聚落的本底状况和发展条件各不相同，但是如何识别差异、如何描述差异以及如何应对差异化的发展诉求，则是一个难度很大而少有触及的课题。

2010年前后，同济大学相关学科团队在承担地方规划实践项目的基础上，深入村镇地区开展田野调查，试图从乡村视角去理解城乡人口等要素流动的内在机理。多年的村镇调查使我们积累了较多的深切认识。此后的2015年，国家住房和城乡建设部启动了一系列乡村人居环境研究课题，同济大学团队有幸受委托承担了"我国农村人口流动与安居性研究"课题。该课题的研究目标明确，即探寻乡村人居环境改善和乡村人口流动之间的关系，以辨析乡村人居环境优化的逻辑起点。面对这一次难得的学术研究机遇，在国家和地方有关部门的支持下，同济大学课题组牵头组织开展了较大地域范围的中国乡村调查研究。考虑到我国乡村基础资料匮乏、乡村居民的文化水平不高、运作的难度较大等现实情况，课题组确定以田野调查为主要工作方法来推进本项工作；同时也扩展了既定的研究内容，即不局限于受委托课题的目标，而是着眼于对乡村人居环境实情的把握和围绕对"乡村人"的认知而展开更加全面的基础性调研工作。

本次田野调查主要由同济大学和各合作高校的师生所组成的团队完成，这项工作得到了诸多部门和同行的支持。具体工作包括下乡踏勘、访谈、发放调查问卷等环节；不仅访谈乡村居民，还访谈了城镇的进城务工人员，形成了双向同步的乡村人口流动的意愿验证。为确保调查质量，课题组对参与调研的全体成员进行了培训。2015年5月，项目调研开始筹备；7月1日，正式开始调研培训；

7月5日，华中科技大学团队率先启程赴乡村调查；11月5日，随着内蒙古工业大学团队返回呼和浩特，调研的主体工作顺利完成。整个调研工作历时128天，100多名教师（含西宁市规划院工作人员）和500多名学生参与其中，撰写原始调查报告100余万字。本次调查合计访谈了7 578名乡村居民，涉及13个省（自治区、直辖市）的85个县区、234个乡镇、480个行政村和28 593个家庭成员。此外，还完成了524份进城务工人员问卷调查，丰富了对城乡人口等要素流动的认识。

本次调研工作可谓量大面广，为深化认知和研究我国乡村人居环境及乡村居民的状况提供了大量有价值的基础数据。然而，这么丰富的研究素材，如果仅是作为一项委托课题的成果提交后就结项，不免令人意犹未尽，或有所缺憾。因而经过与参与调查工作的各高校课题组商讨，团队决定以此次调查的资料为基础，以乡村居民点为主要研究对象，进一步开展我国乡村人居环境总貌及地域研究工作。这一想法得到了住房和城乡建设部村镇司的热忱支持。各课题组很快就研究的地域范畴划分达成了共识，即按照江浙地区、上海地区、江淮地区、长江中游地区、黄河下游地区、东北地区、内蒙古地区、四川地区和西南地区等为地域单元深化分析研究和撰写书稿，以期编撰一套"中国乡村人居环境研究丛书"。为提高丛书的学术质量，同济大学课题组将所有调研数据和分析数据共享给各合作单位，并要求全部书稿最终展现为学术专著。这项延伸工程具有很大的挑战性，在一定程度上乡村人居环境研究仍是一个新的领域，没有系统的理论框架和学术传承。为了创新、求实、探索，丛书的编写没有事先拟定共同的写作框架，而是让各课题组自主探索，以图形成契合本地域特征的写作框架和主体内容。

丛书的撰写自2016年年底启动，在各方的支持下，我们组织了4次集体研讨和多次个别沟通。在各课题组不懈努力和有关专家学者的悉心指导和把关下，书稿得以逐步完成和付梓，最终完整地呈现给各地的读者。丛书入选"十三五"国家重点图书出版物出版规划项目，获得国家出版基金以及上海市新闻出版专项资金资助。

中国地域辽阔，我们的调研工作客观上难以覆盖全国的乡村地域，因而丛书的内涵覆盖亦存在一定局限性。然而万事开头难，希望既有的探索性工作能够激发更多、更深入的相关研究；希望通过对各地域乡村的系统调研和分析，在不远的将来可以更为完整地勾勒出中国乡村人居环境的整体图景。在研究的地域方面，除了本丛书已经涉及的地域范畴，在东部和中西部地区都还有诸多省级政区的乡村有待系统调研。在研究范式方面，尽管“解剖麻雀”式的乡村案例调研方法是乡村人居环境研究的起点和必由之路，但乡村之外的发展协同也绝不可忽视，这也是国家倡导的“城乡融合发展”的题中之义；在相关的研究中，尤其要注意纵向的历史路径依赖、横向的空间地域组织和系统的国家制度政策。尽管丛书在不同程度上涉及了这些内容，但如何将其纳入研究并实现对案例研究范式的超越仍待进一步探索。

本丛书的撰写和出版得到了住房和城乡建设部村镇司、同济大学建筑与城市规划学院、上海同济城市规划设计研究院和同济大学出版社的大力支持，在此深表谢意。还要感谢住房和城乡建设部赵晖、张学勤、白正盛、邢海峰、张雁、郭志伟、胡建坤等领导和同事们的支持。来自各方面的支持和帮助始终是激励各课题组和调研团队坚持前行的强劲动力。

最后，希冀本丛书的出版将有助于学界和业界增进对我国乡村人居环境的认知，并进而引发更多、更深入的相关研究，在此基础上，逐步建立起中国乡村人居环境研究的科学体系，并为实现乡村振兴和第二个百年奋斗目标作出学界的应有贡献。

赵 民 张 立
同济大学城市规划系
2021 年 12 月

目　　录

第 1 章　绪　论

1.1　中国乡村人居环境总况

1.1.1　人口概况

2019 年年末，我国总人口突破 14 亿①，城镇化率达到 60.6%。其中，乡村常住人口 5.52 亿人，比 2018 年减少 0.12 亿人(1 200 万人左右)。从数量变化看，乡村人口呈现快速萎缩的态势。历史数据显示，我国乡村人口数量于 1995 年达到峰值 8.59 亿，之后转增为降，持续至今(图 1-1)。

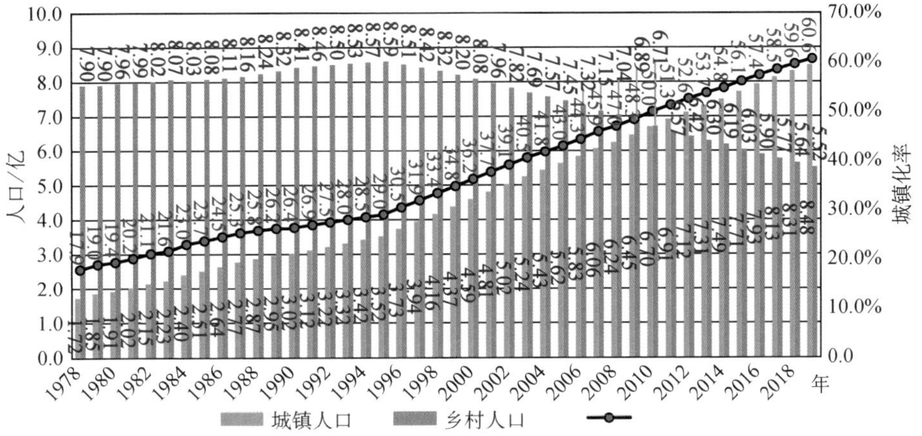

图 1-1　1978—2019 年中国城镇、乡村人口和城镇化率概况
资料来源：《中国统计年鉴(2019)》。

从人口的年龄结构看，乡村地区的人口老龄化程度明显比城镇高。根据 2010 年全国人口普查数据和 2015 年全国人口 1%抽样调查数据，市、镇、村②

① 包括 31 个省、自治区、直辖市和中国人民解放军现役军人，不包括香港特别行政区、澳门特别行政区和台湾省以及海外华侨人数。

② 参照 2008 年国务院颁布的《统计上划分城乡的规定》，城区是指在市辖区和不设区的市，区、市政府驻地的实际建设连接到的居民委员会和其他区域。镇区是指在城区以外的县人民政府驻地和其他镇，政府驻地的实际建设连接到的居民委员会和其他区域。与政府驻地的实际建设不连接，且常住人口在 3 000 人以上的独立的工矿区、开发区、科研单位、大专院校等特殊区域及农场、林场的场部驻地视为镇区。乡村是指本规定划定的城镇以外的区域。

65 岁以上老年人口比重呈现“村>镇>市”的特点(表 1-1)。2010—2015 年间，乡村地区人口呈老龄化加剧的态势，2010 年全国乡村老龄人口(65 岁以上)比重达到 10.46%，按照联合国标准①，乡村已经进入老龄社会，2015 年，这一比重进一步提高到 12.03%。乡村的老龄化亦表现出一定的区域差异性，即“东高西低、南高北低”，尤其是东部和长江流域的乡村老龄化更加显著(图 1-2)。在劳动年龄方面，乡村地区 40 岁以上劳动力的比重明显高于城镇地区(图 1-3)，随着时间推移，乡村地区年轻劳动力占比持续降低，老龄劳动力占比持续提升。

表 1-1 全国市、镇、乡村老龄人口(65 岁以上)占比

年份	全国	市	镇	乡村
2010	8.92%	7.96%	8.24%	10.46%
2015	10.47%	9.16%	9.35%	12.03%

资料来源:《2010 年全国人口普查数据》《2015 年全国 1% 人口抽样调查资料》。

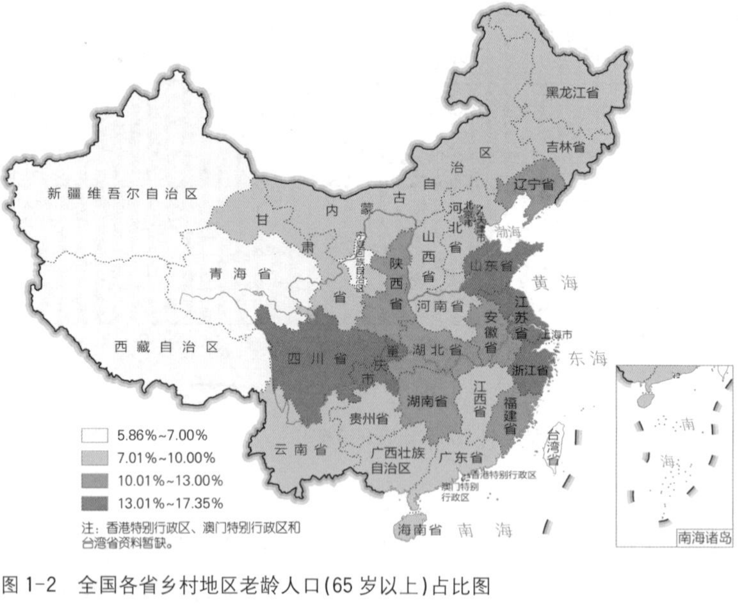

图 1-2 全国各省乡村地区老龄人口(65 岁以上)占比图
资料来源:《2015 年全国 1% 人口抽样调查资料》。

---

① 联合国在 1956 年发布的《人口老龄化及其社会经济后果》提出，当一个国家或地区 65 岁及以上老年人口数量占总人口比例超过 7%时，这个国家或地区进入老龄化。1982 年联合国在维也纳老龄问题世界大会上提出，60 岁及以上老年人口占总人口比例超过 10%，意味着这个国家或地区进入严重老龄化。

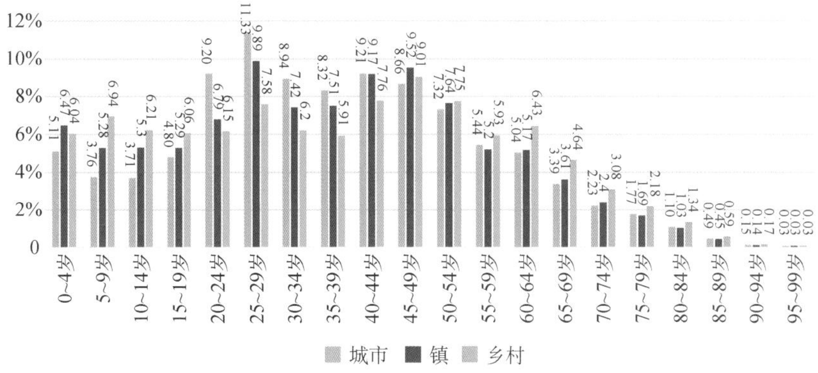

图 1-3 2015 年全国城市、乡镇、乡村各年龄段人口
资料来源:《2015 年全国 1% 人口抽样调查资料》。

1.1.2 空间分布

我国乡村人口的空间分布总体呈现南边多、北边少的格局，尤其是在华北地区、四川地区和湘粤地区村屯最多，乡村人口占比东、中、西部梯度差别明显(图 1-4)，河南省是我国唯一一个乡村人口超过 4 000 万人的人口大省，此外，四川、山东、广东、河北、湖南五省乡村人口达 3 000 万人以上。截至 2017 年年底全国共有行政村 54.5 万个，自然村屯 307.2 万个(住建部，2018)。从分省的乡村

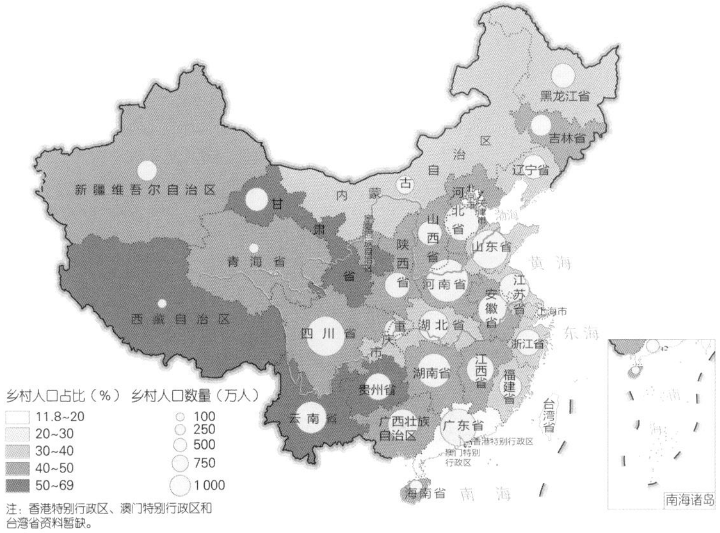

图 1-4 全国各省乡村人口数量分布图
资料来源:《中国统计年鉴(2019)》。

数量来看，中部和华北地区明显多于其他地区，平均每个省份辖 17 035 个行政村，行政村最多的省份是山东省，最少的是上海市（图 1-5）。从分省的自然村屯数量来看，平均每个行政村辖 5.6 个自然村屯，中部高于外围，南方高于北方，自然村屯最多的省份是四川省，最少的是天津市（图 1-6）。

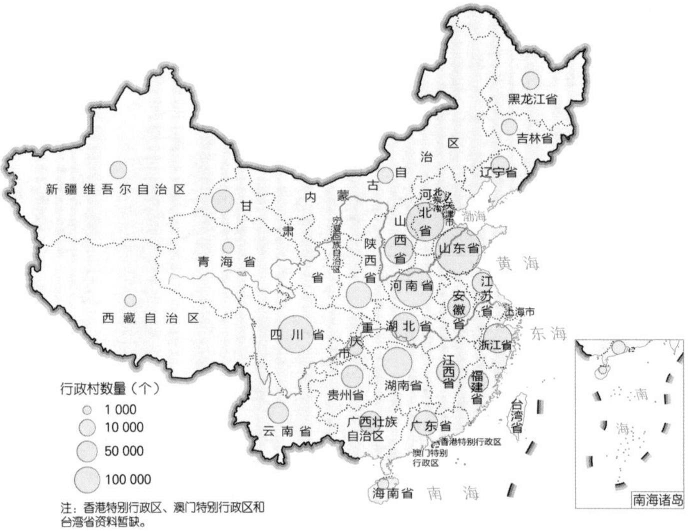

图 1-5 全国各省行政村数量分布图

资料来源：《住建部农村人居环境监测数据 2018》。

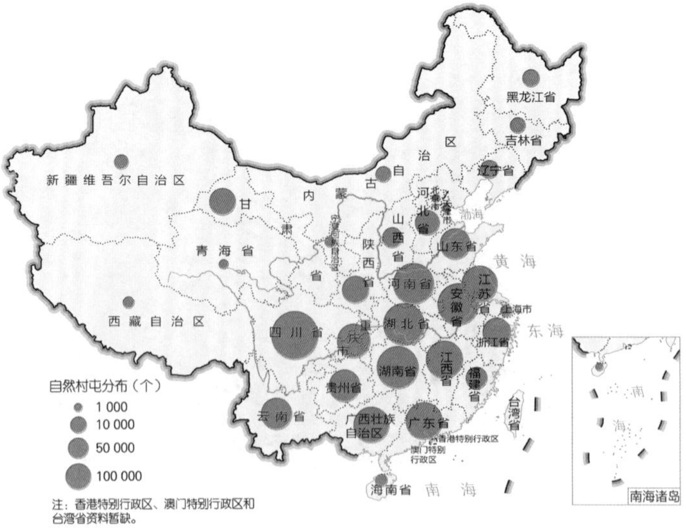

图 1-6 全国各省自然村屯分布图

资料来源：《住建部农村人居环境监测数据 2018》。

受自然、地理格局等的影响，这些乡村非均衡地分布在全国各省。在密度上表现出的特征为：东南地区乡村密度高，西北地区乡村密度低（图 1-7）。全国平均 6 个行政村/百平方千米，最大的行政村辖区达到 6 600 平方千米，最小的不足 1 平方千米。

全国行政村的平均户籍人口规模为 1 765 人，平均常住人口规模为1 584 人。最大的行政村户籍人口达到 3 万人，最小的户籍人口只有 5 人；常住人口规模最大的行政村达 4 万人。从省一级来看，呈现特征为南部、东部的乡村规模大，西北部的乡村规模小（图 1-8）。各省行政村平均人口规模，最大的为 1 906 人，最小的仅 513 人。

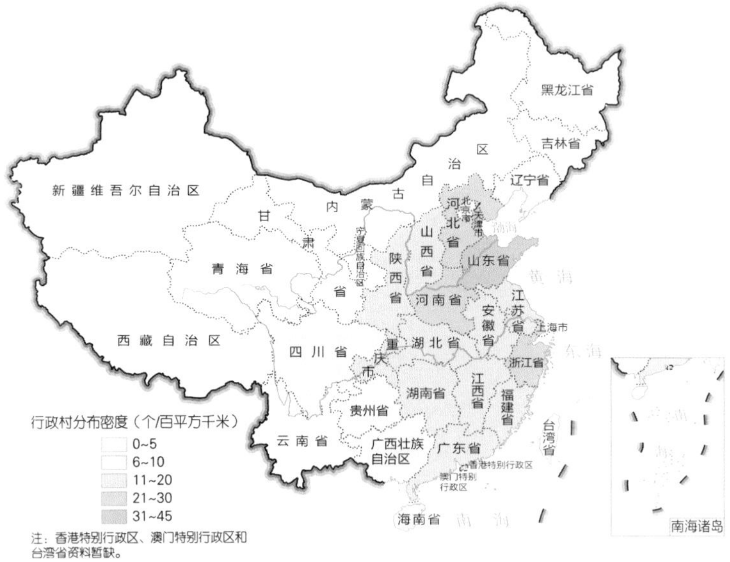

图 1-7　全国各省行政村分布密度图
资料来源：《住建部农村人居环境监测数据 2018》。

从村民收入来看，分省层面最高的是上海市，乡村居民人均年可支配收入达到 3.04 万元，最低的是甘肃省，仅为 8 804 元，各省份平均值为 1.46 万元；在区域分布方面，东部、东北、中部和西部地区的乡村居民人均可支配收入依次降低。在收入构成上，东部省份的村民工资性收入占比较高，普遍达到 50%以上；中部省份的农民经营性收入和工资性收入大体相当，各占比 30%～40%；转移性收入在各省占比均在 20%～30%之间；财产性收入几乎可以忽略不计（图 1-9）。

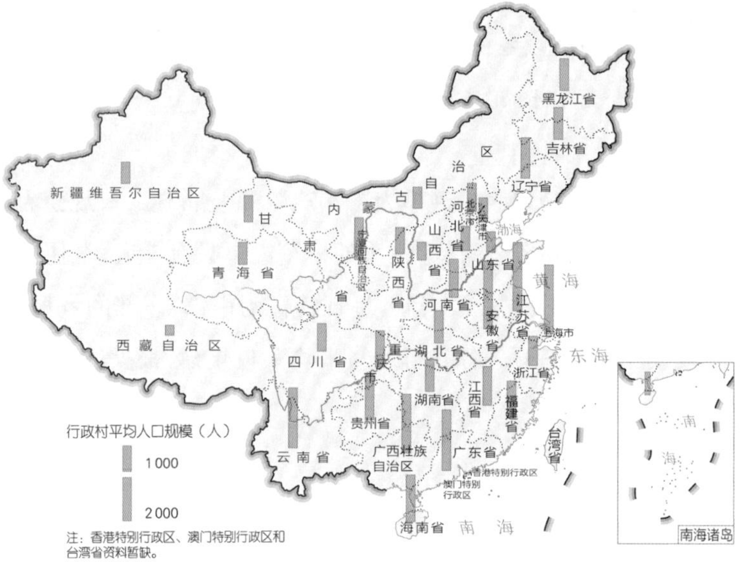

图 1-8　全国各省行政村人口平均规模图
资料来源：《住建部农村人居环境监测数据 2018》。

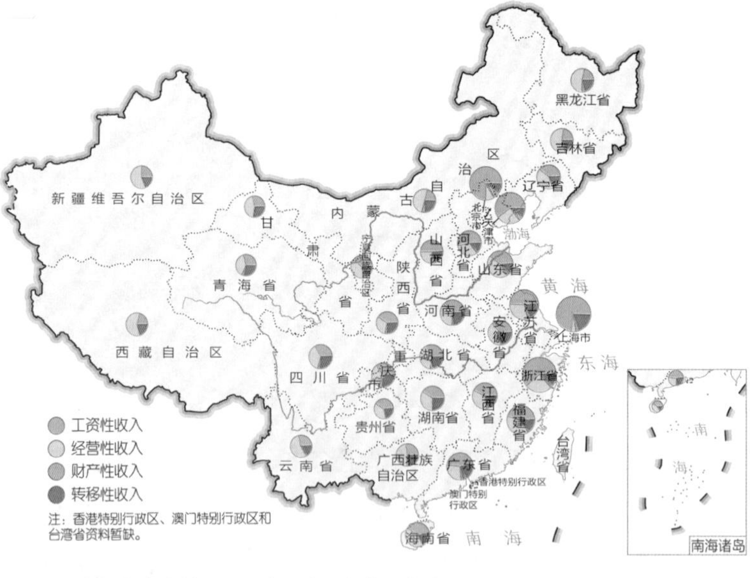

图 1-9　全国各省乡村居民人均可支配年收入构成图
资料来源：《中国统计年鉴(2019)》。

此外，我国自 2003 年开始评定历史文化名村，至今已认定 487 个历史文化名村，主要分布在华北的山西。我国自 2012 年开始遴选国家传统村落，共计颁布了五批合计 6 803 个传统村落，对我国乡土物质文化和非物质文化的传承起到了重要作用(图 1-10、图 1-11)。

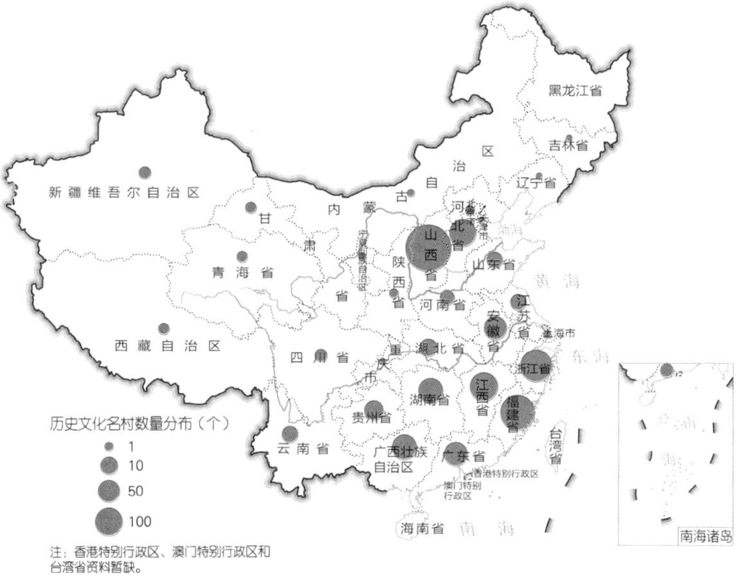

图 1-10　全国各省历史文化名村数量分布图
资料来源：根据住建部网站数据绘制。

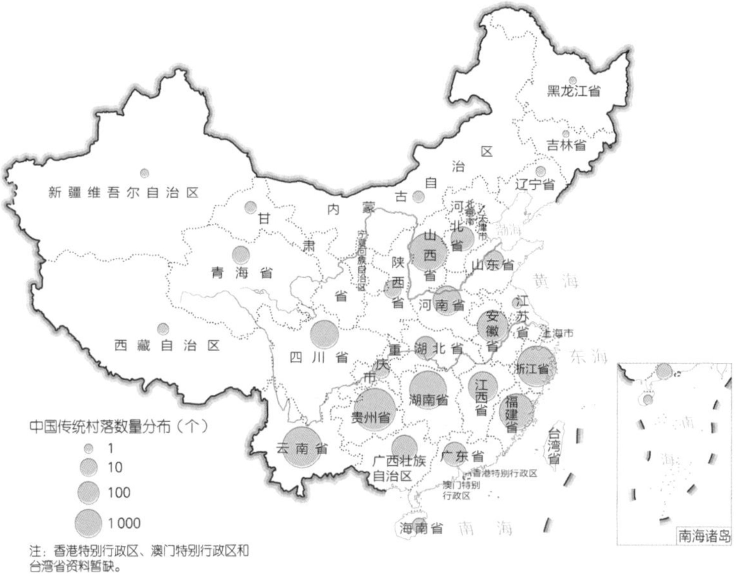

图 1-11　全国各省传统村落数量分布图
资料来源：根据住建部网站数据绘制。

1.1.3 乡村产业

我国乡村产业仍以传统农业为主，发达地区的少量乡村实现了工业化发展，部分乡村结合自身的资源环境优势发展了第三产业。从农产品产量来看，东北三省（黑龙江、吉林、辽宁）、山东、河南、安徽、江苏、两湖（湖南、湖北）、两广（广东、广西）以及新疆和内蒙古是我国的主要农业大省。这些省份在种养产品上，呈现出一定的差异性（图 1-12）。

(a) 我国各省粮食产量及构成

(b) 我国各省粮食中谷物构成

(c) 我国各省油料产量及构成

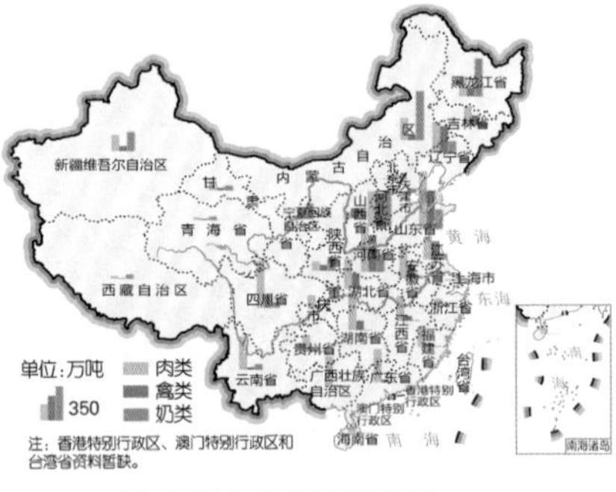

(d) 我国各省肉蛋奶产量

(e) 我国各省水果产量

(f) 我国各省茶叶产量

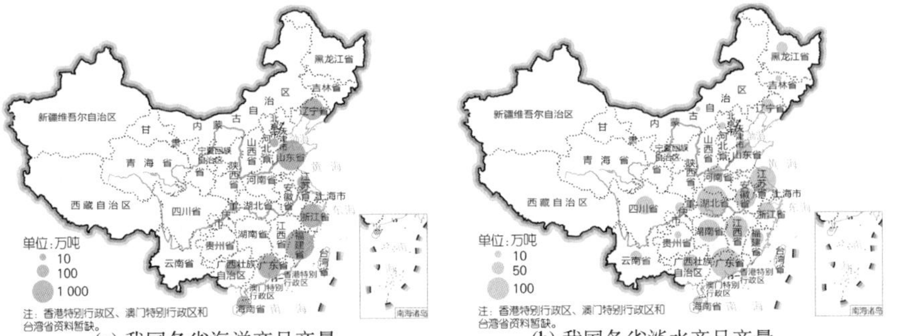

(g) 我国各省海洋产品产量　　(h) 我国各省淡水产品产量

图1-12　全国各省农产品产量图
资料来源:《中国统计年鉴(2019)》

近年来,国家财政资金不断向有利于规模化经营的方向倾斜,大力开展土地整治、中低产田改造、小流域治理等涉及农业基本建设的工程,农业发展呈现出规模化经营的趋势。在具体实践过程中,各地区针对本地的资源基础和特色,鼓励种养大户、家庭农场、农民专业合作社和农业公司等新型农业经营主体发展,形成了多种规模化经营合作方式。根据《新型农业经营主体土地流转调查报告》(经济日报社中国经济趋势研究院,2018)测算,截至2017年调查我国约有27.28%的耕地由新型农业经营主体(不含合作社)经营,2017年受访的龙头企业平均经营耕地面积为783.19亩(1亩≈666.67平方米);其中,家庭农场平均经营耕地面积为177.30亩,专业大户平均经营耕地面积为102.13亩,而普通农户平均经营的耕地面积仅为7.53亩。

与此同时,乡村产业也呈现出多元化的发展态势,主要体现在休闲农业、乡村旅游等方面的快速发展。党的十九大以来中央提出了“城乡融合、乡村振兴”发展战略,城乡产业融合发展愈加受到重视。同时,城市居民对乡村生活、自然环境的需求急剧上升,城乡发展理念、生活方式发生了很大变化,互联网不断催生出新的经济模式,自然禀赋良好的乡村地区既成为消费市场,也成为资本、人才竞相进入的“创新创业”市场,乡村旅游业、民宿业、休闲农业、自然教育等新业态不断涌现。根据2019年农业农村部公报,2018年我国农业加工业与农业产值比由2010年的1.7∶1提升至2.3∶1,休闲农业和乡村旅游营业收入超过8 000亿元。乡村产业融合发展趋势下的“农业+”正成为重要的新兴产业和消费业态。

1.1.4 生态环境

我国生态环境总体较为脆弱，但呈区域差异性特征。根据全国主体功能区划，我国生态脆弱区域面积广大，脆弱因素复杂，中度以上生态脆弱区域占全国陆地国土空间的55%，主要分布在北方干旱区、南方丘陵区、西南山地区、青藏高原及东部沿海水陆交接区。根据生态环境部2017年年度报告，全国生态环境状况优良县域共1 458个，占国土面积的42.0%，不足一半。

耕地弃耕，采煤区山体塌陷导致的乡村房屋塌裂，矿产中的重金属离子处理不当对土壤造成的污染，广泛存在的秸秆焚烧带来的空气污染，以及对化肥、农药和塑料薄膜等的依赖均加重了乡村环境的压力，畜牧业养殖中的粪便污染等问题仍然广泛存在于乡村地区。需要指出的是，在产业梯度转移至中西部的过程中，工业污染也一定程度地延伸至生态环境更加脆弱的中西部乡村地区。

近年来，新农村和美丽乡村建设及乡村人居环境整治工作极大地改善了乡村人居环境和生态环境，但也存在一些短板。住建部2017年的统计数据显示，乡村垃圾能够收集并进行有效处理的乡村占比达59%，但乡村污水有效处理率仅为25%；乡村实用卫生厕所占比44.5%，但厕所粪污进入污水处理设施进行处理的仅占13%(图1-13)。东部沿海地区的设施供给水平和质量皆明显高于西部地区。浙江省的表现尤其突出，乡村污水有效处理率高达85.5%，其青山绿水的生态环境、优美的乡村环境也进一步验证了其“绿水青山就是金山银山”的发展理念。

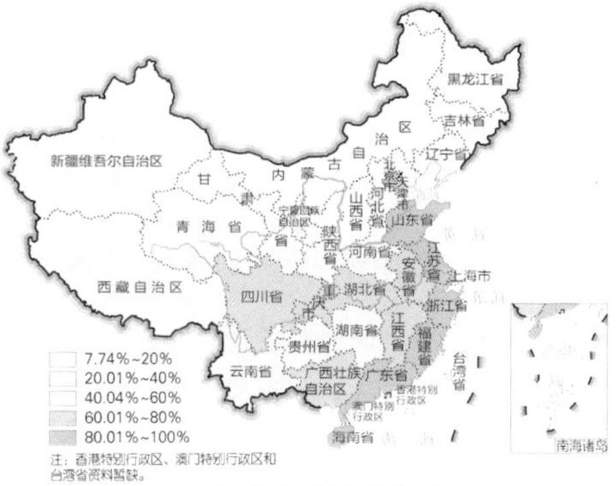

(a) 乡村垃圾处理率图

(b) 乡村垃圾处理方式构成图

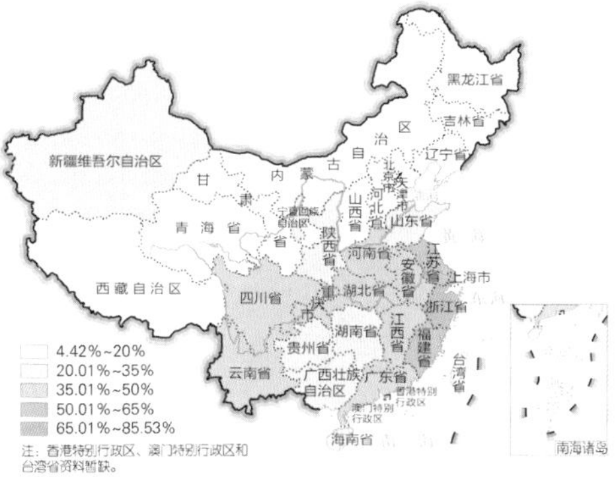

(c) 乡村污水处理率图

(d) 乡村污水处理方式构成图

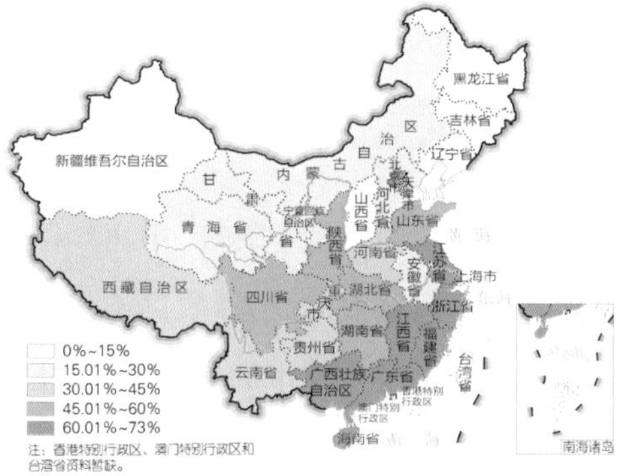

(e) 乡村卫生厕所配备比例图

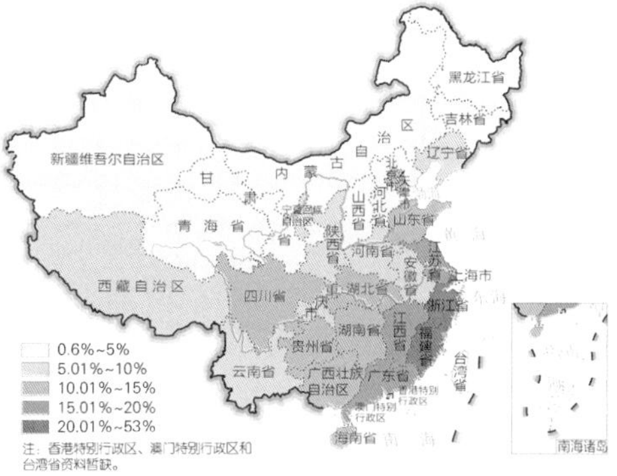

(f) 乡村厕所粪污进污水设施处理占比图

图 1-13　全国各省乡村基础设施建设水平示意图

资料来源：《住建部农村人居环境监测数据 2018》。

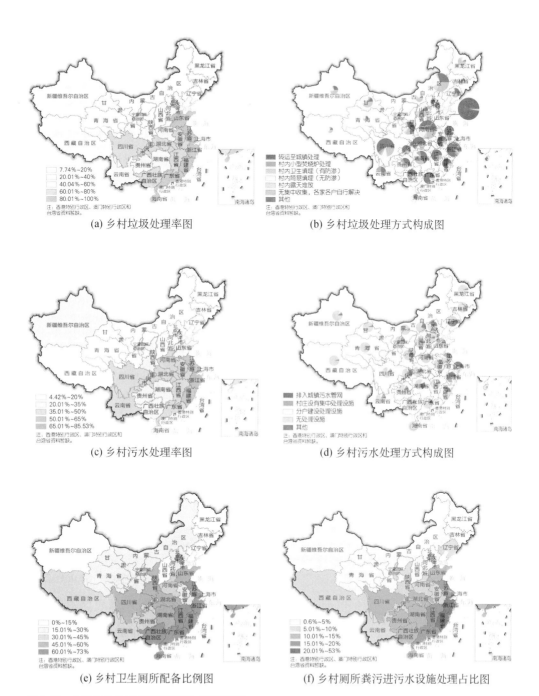

1.2 研究宗旨及价值

1.2.1 认识中国乡村

乡村承载着中华民族的优秀传统文化，是数千年来中国社会文化的根基所在。著名社会学和人类学家费孝通先生1938年在其导师马林诺夫斯基指导下完成了博士论文《江村经济》，获得英国伦敦大学经济政治学院博士学位，1939年，英文出版时的书名是 *Peasant Life in China*，至今，该书仍是西方社会了解中国乡村的入门之作。近几十年来，贺雪峰教授通过长期的乡村田野调查，对乡村自治、财政、土地等制度进行了深入的研究，为进一步认识理解中国乡村提供了新的视角。本书以同一时点较大范围的田野调查为依托，尝试从乡村人居环境建设的角度进一步认识中国乡村。

1.2.2 认知城乡关系的变革转型

2019年年底，中国人均GDP达到70 892元，首次突破1万美元①，城镇化水平也达到60.6%，城乡关系正在进入统筹发展的新时期。乡村既是资源的输出端，也是资源的输入地；在政策导向上，既要逐步推进城乡要素的自由流动，更要加强大城市反哺乡村的力度，形成城乡互动的良性循环。党的十八大和十九大报告相继提出城乡发展一体化和城乡融合发展的战略思想，乡村发展及脱贫攻坚出现了新的局面，乡村人居环境也日益改善。

随着乡村与城市的联系愈加紧密，乡村的功能也在悄悄发生转变，不再局限于传统的农业生产生活功能，而是进一步强化了与周边城镇的联系，农民不仅仅在城乡间流动，也出现了大量的城乡兼业现象。还有很多大都市的周边乡村，正在逐步成为城市居民的休闲地，甚至成为其居住通勤地。这些新现象和新趋势对乡村政策的制定提出了新的挑战和要求。新时期，城乡一体化和城乡融合发

① 根据国家统计局颁布的《中华人民共和国2019年国民经济和社会发展统计公报》，2019年全国人均国内生产总值70 892元，即便按照7.0的美元汇率计算，也已达到1万美元。

展的政策着力点在哪里？如何优化乡村人居环境建设来适应新的城乡关系？这一系列问题的解答均有赖于对乡村发展及其人居环境建设的深切理解。

1.2.3 为乡村人居环境建设提供基础性依据

2017 年，党的十九大报告提出实施乡村振兴战略，2018 年，中共中央、国务院印发《乡村振兴战略规划(2018—2022 年)》，中共中央办公厅和国务院办公厅联合印发了《农村人居环境整治三年行动方案》；2019 年，住建部发布《关于在城乡人居环境建设和整治中开展美好环境与幸福生活共同缔造活动的指导意见》。乡村人居环境建设已经上升到国家战略层面，且在快速加紧推进。我国长期的城乡二元体制以及对乡村的投入不足，导致乡村人居环境建设长期滞后。源于我国巨大的区域发展差异，乡村人居环境建设的滞后也呈现出多种特征，需要针对性地制定政策、实施策略。从这一点而言，本书尝试为此提供基础性的认识支撑。

1.2.4 促进乡村规划技术规范的研究和制定

2007 年，全国人大通过了《城乡规划法》。相较原先的《城市规划法》，新的立法增加了诸多有关乡村规划的内容，乡村规划和建设发展可谓受到前所未有的重视。但是迄今乡村规划建设的技术规范仍很不健全，其中重要的原因是“我国乡村发展与建设的地域差异太大，全国层面的技术规范引导有很大难度”。

此外，党的十八大以来国家努力推进乡村建设，还包括出台了一批政策性文件。如 2014 年住建部印发了《乡村建设规划许可实施意见》，进一步明确和细化了乡村建设的规划管理要求；2015 年，住建部又下发《关于改革创新、全面有效推进乡村规划工作的指导意见》；2016 年，住建部发布《关于开展 2016 年县(市)域乡村建设规划和村庄规划试点工作的通知》；2018 年，住建部发布《关于进一步加强村庄建设规划工作的通知》；2019 年 1 月，中央农办、农业农村部、自然资源部、国家发展改革委和财政部联合发布《关于统筹推进村庄规划工作的意见》；2019 年 5 月，中共中央、国务院发布了《关于建立国土空间规划体系并监督实施的若干意见》，明确要求："在城镇开发边界外的乡村地区，以一个或几个行政村为单元，由乡镇政府组织编制'多规合一'的实用性村庄规划，作为详细规划，报上一级政府审批。"

然而，尽管国家层面多年来对乡村规划工作给予了充分重视，并多次发布了相关的文件，但是基础性的规范和技术层面的工作迟迟未能有效开展，一个很重要的原因是研究支持不足。总体上，无论是高校及研究机构还是政府职能部门，对乡村的认识都还不够全面深入。因此，本书对乡村人居环境总貌和差异性的研究阐释，希望能够弥补这一领域的缺憾，并促进乡村规划建设相关技术规范、标准等的制定。

1.2.5 初步建构乡村人居环境分析的理论框架

2000 年以来，全国各地陆续开展了乡村建设规划实践。由于缺乏系统的理论指导，早期的乡村规划建设大多直接套用城市规划的原理和方法，以城市的固有思维去思考乡村，乡村建设过程中求快、求广、求全，缺乏对乡村土地、空间、社会等多方面的深入认识和把握，某种程度上忽视了各地乡村的巨大差异和村民的真实需求与意愿，不具有足够的科学性、规范性和针对性；相应的制度设计也滞后、粗放、简单化，甚至一刀切。这些因素客观造成了乡村规划建设的实施效果不理想、乡村建设和管理无序、公共政策效应不显著等问题，不利于乡村发展和人居环境的提升。因此，生态文明导向下的新时期乡村人居环境建设，必须基于对乡村发展现实的深刻认识，建构起科学的指导框架并遵循合理的技术路线。

本书的实证数据源于 2015 年住建部的乡村人居环境系列课题之一"我国农村人口流动与安居性研究"，该课题以全国 13 个省（自治区、直辖市）范围的乡村调研为依托，尝试对乡村人居环境问题进行全面的考察和把握。相关的研究工作既包括综合性的指标评价，也包括住房建设、设施供给和环境景观等方面的具体阐释；既做共性特征的总结，也做差异性特征的描述；既要对乡村人居环境的影响因素加以解析，也希冀对乡村未来趋势加以研判；既致力于探究乡村人居环境的建设策略，也尝试从乡村视角解析中国特色的城镇化路径。

1.3 乡村人居环境的相关概念

1.3.1 乡村

乡村，或称农村，泛指城市和无人聚居地以外的一切地域，特指城市（包括市和镇）建成区以外的农牧渔社区。以农村、农业和农民服务为核心功能的乡镇也属于乡村范畴。相比城市地区，乡村的人居环境与自然充分结合，经济活动以农业为主，人口规模相对较小，设施构成和组织架构也较为单一。其中“行政村”“自然村”“中心村”等均是乡村社区的不同组织形式。

行政村，是指依《村民委员会组织法》设立的村民委员会进行村民自治管理的地域，是最基础的社会管理单位。

自然村，是指人们自发聚居在一起形成的聚落，一般多以家族聚居为主，长时间自然形成。自然村可以是行政村中的一个居民点，也可以由多个行政村的居民点组成（比如山东）。

中心村，是县乡人民政府为了促进地方发展、提高乡村公共服务水平，而择优选择的行政村，有时也可能是较大的自然村。

村庄，一般指乡村地域中的人口聚居点，也称聚落，有时也和乡村、农村混用。

如无特殊说明，本书主要以行政村作为基本的研究单元，统称“乡村”（文件引用或者专有名词保留其“农村”的称谓），需要特指人口聚居点时使用“村庄”。

1.3.2 人居环境

在道萨迪亚斯的一系列著作中，“人类聚居”既包含聚落本体，还包括其周边的自然环境、人类及人类活动构成的社会环境；人类聚居本质上是整个人类世界。吴良镛先生在《人居环境科学导论》一书中，将人居环境定义为“人类的聚居生活的地方，是与人类生存活动密切相关的地表空间，它是人类在大自然中赖以生存的基地，是人类利用自然、改造自然的主要场所……包含自然、人群、社会、居住、支撑五大系统”(吴良镛,2001)。

二者的核心思想都把“人居环境”看作是自然、空间、人类构成的有机整体,突出了人类主体的核心地位。在广义的层面,人居环境是一个多层次的空间系统,可以被分为物质、行为、制度和文化,既有物质的客观实体,也有非物质的各项要素;狭义层面上,人居环境更加侧重于指代物质空间,反映用地、住宅、设施、环境等各项物质要素及其空间范畴,其不仅适用于城市人居环境,同样适用于乡村人居环境。

1.3.3 乡村人居环境

相对于城市地区,乡村地区与自然环境有更紧密的结合与共生,乡村人居环境可以理解为是自然生态环境、地域空间环境与社会人文环境的综合体现(李伯华等,2008)。自然生态环境提供自然条件和各项资源,是人居环境得以构建的物质平台;村民作为人居环境的活动主体,在“传统习俗、制度文化、价值观念和行为方式”构成的社会文化背景下,被放置于特定的实体地域空间进行生产生活活动,该地域空间既包括地表上自然的生产生活资料,也包括人工创造的各项物质财富和设施。三者遵循一定的作用机制,相互关联,构成乡村人居环境的有机系统。李伯华等的解释较为全面地囊括了乡村人居环境的各项要素,是广义而综合的概括。

本书的主体是乡村的地域空间环境,也可以说是狭义的“乡村人居环境”。笔者认为,地域空间环境是农户生产生活的空间载体以及创造物质财富和精神财富的核心区域,是乡村人居环境的核心部分;具体则包括乡村分布、住房建造、设施建设、环境卫生、风貌景观等方面。自然生态环境和社会人文环境是乡村人居环境形成的基础和背景,与建成环境难以完全分割;同时其形成的时间较长、特征固定、少受人为控制,作为影响乡村形态与发展的稳定性要素对地域空间环境产生重要影响,是地域空间环境形成机制的一部分。

对地域空间环境的研究主要包括人居环境建设的供给水平,即空间集聚程度、建设质量高低、环境治理水平等,是有形的、物质的,可通过一系列指标进行客观评价和比较;另一方面也包括来自村民的主观满意度,即上述各方面在居民使用过程中的反馈与评价，以及现实情境下的需求预测和判断，是无形的、主观的。将两个层面有机叠合，本书尝试更加全面地评价乡村人居环境的共性和差异化特征。

1.4　乡村人居环境理论构建

1.4.1　国外乡村人居环境研究与实践

人居环境的研究最早可以追溯到16世纪《乌托邦》一书中勾画的人居环境蓝图。学界针对人居环境的系统性研究伴随着城市化的推进而发展。19世纪末至20世纪初，欧美国家相继进入快速城市化发展阶段，人与自然环境的矛盾凸显，给城市居住环境、社会发展带来负面影响。学者们面对规划工作的角度和方法开始发生转变，乡村人居环境日益受到重视。盖迪斯(1915)从生态学的角度倡导了“区域观念”，并提出城市和乡村均应纳入规划视野(陈黎黎，2014)；芒福德(1930)明确指出“城市和乡村是一回事”，强调要以人为中心，主张城市规划要与乡村结合、人工环境要与自然条件相结合等。同时指出城市、乡村及其依赖共处的区域应当全部作为城乡规划密不可分的部分，从而将规划及研究视野从城市引向乡村地区。人们逐渐发现乡村生态对城市及更大范围的人类聚居环境的重要作用。

20世纪50年代，欧美一些国家在城市化进程中忽视了乡村的发展，开始反思城市化对乡村的影响以及实现乡村振兴的路径。20世纪70年代，欧美国家的城市相继出现了郊区化或逆城市化现象，一些城市居民开始移居郊区，客观上促进了郊区的发展。另外，为了振兴乡村经济，部分乡村地区开展了一定的工业建设，解决了人口就业，缓解了城乡差距，但由此而来造成了原有乡村内部空心化与乡村外围区域无序化的现象，传统乡村人居环境遭到严重破坏。20世纪90年代以后，针对城市化带来的乡村聚落突变、生态环境恶化、文化遗产破坏等问题，学者们提出要发展循环经济和生态农业，倡导耕地利用的多样化，对自然和文化景观实行保护性开发，以此来解决上述问题，改善乡村人居环境。

西方国家针对乡村人居环境研究主要分为三个阶段：早期经典理论时期、城市化快速发展时期和后城市化时期。

1）早期经典理论时期：乡村地理环境研究

国外乡村人居环境研究始于乡村地理学，主要源于对乡村聚落地理环境特征的认识和归纳（李伯华等，2008），研究侧重于聚落形态和空间规律的探索，形成了许多经典理论。

1826年，德国学者杜能出版了《孤立国同农业和国民经济的关系》一书，运用经济学分析生产区位与消费区位间距离，提出了古典农业区位理论，得出在空间上农业生产方式是同心圆的圈层式结构的结论（张明龙，2014）；1841年德国科尔首次系统阐述了聚落的形成，对大都市、集镇和村落等类型的聚落进行了比较分析，论述了聚落分布与地理环境及交通线之间的关系，并重点研究了地形对村落区位的影响（郭晓冬，2007）。20世纪20年代，法国地理学家白兰士（Paul Vidal de la Blache）及其学生德孟雄（Albert Demangeon）、白吕纳采用了历史研究方法，针对乡村聚落的类型、空间分布、历史演变及其与农业系统的关系开展了一系列分析（白吕纳，1935）。德国农业地理学家魏伯（Leo Heinrich Waibel）、奥特伦巴（Erich O. Otremba）等同步研究并阐释了由农业活动所带来的乡村地区田块形态、土地利用结构、乡村道路网、村居民舍、村落形态等要素演变及其对乡村景观的影响与制约（顾姗姗，2007）。1933年德国地理学家克里斯泰勒创立了中心地理论，指出聚落存在不同级别，乡村聚落位于最底层，各等级聚落构成了相互关联的区域网络，为乡村地理学和空间聚落研究做出了突出贡献（祁新华，2007）。

20世纪50年代，以道萨迪亚斯为代表的人类聚居学派强调把城、镇、村等所有地域的人类住区作为整体，对其自然、人、社会、房屋、网络，即各类“元素”进行广义而系统的研究（吴良镛，2001）。根据聚居的不同性质，把人类聚居分成乡村型聚居和城市型聚居两大类，并指出了乡村型聚居的基本特征。“人类聚居学”在英文中表示为“EKISTICS”解释为“The Science of Human Settlements”。1950年，道萨迪亚斯创办“雅典人类聚居学研究中心”（Athens Center of Ekistics），1955年创办《人类聚居学》（*Ekistics*）杂志，该杂志发表的相关成果对全世界研究人类聚居起到了非常重要的促进作用。1965年，由道格拉斯倡议并成立了世界人类聚居学会，作为国际首个聚焦于研究人类聚居环境的学术组织，该学会创造性地将系统论、控制论、信息论、生态论运用到人类聚居的一系列研究当中，强调把城、镇、村等所有地域的人类住区作为整体进行研究（李伯华、刘沛林，2010）。“人类聚居学”由此逐渐发展成为一项独立的学科类别，引起了世界范围的关注。

2）城市化迅速发展时期：乡村的衰退及振兴策略研究

20 世纪 50 年代，欧美主要国家战后基本实现了人口城市化，但在这一过程中忽视了乡村的发展，乡村人居环境问题突显。因此，学者开始将研究视角由城市转向乡村，主要集中在反思城市化对乡村的影响和振兴乡村的路径选择两个方面（李伯华，2008）。反思城市化战略的得失，从城乡关联和城乡统筹等角度研究城市化对乡村的影响，其中对乡村贫困、乡村交通基础设施、乡村住房以及城乡差距等问题成为研究乡村变化的主要方面。Hansen（1970）对美国东部、南部农村经济问题开展了相关研究，他认为地方政府应该促进地区平衡发展，通过加大对贫困地区的投资力度、对各项资源进行合理分配以缓解地区贫困问题。Thomas（1963）则认为乡村地区人口不断减少导致地方铁路和公交线路趋向衰败，进而拉大城乡生活质量差距，当地政府应承担起健全和维护乡村公交系统的责任，具体实施策略包括建立政府基金和建设城乡交通网络等。Brown（1982）研究了美国城乡人口迁移的新趋势与分布情况，讨论了人口迁移对经济和劳动力市场的影响，并分析了导致农村人口逆向增长的原因。Bruce（1982）将乡村聚落研究纳入城市化的宏观背景中，分析了城市化、工业化和商业化对乡村聚落的影响，并提出了相应的公共政策。城市的日新月异使得传统的城市规划理论和实践日渐落后，对乡村聚落发展指导意义较小，Cloke（1983）认为，城市规划理论和实践对乡村聚落的指导意义不大，认为乡村地域的发展必须有与自己的发展相适应的规划理论。

城市化的浪潮影响着乡村的发展，一些学者开始探索乡村振兴的方式与方法，并对亚洲、非洲、北美洲、东南亚的发展中国家开展了长期研究，涉及乡村地区的空间重组、乡村空间发展模式以及乡村居住空间规划等。Griffin（1984）在研究中关注到，政策制度变迁对乡村发展作用重大，中国表现尤为明显，因此对中国乡村的研究中，关于体制改革和经济发展的成果相对较多；Jonathan（1990）通过对非洲小城镇城乡互动研究，指出乡村发展和繁荣的重要因素是城乡间的关联发展；吉鲁达强调要同时对乡村地区建筑、村落布局等硬环境及其民族特色、风俗习惯、历史文化等软环境进行保护更新（GyRuda，1998）；豪法夸瑞利用空间生产理论，归纳出了四种乡村空间情景模式（Halfacree，1999）；赛提赞提探讨了巴厘岛旅游业的发展对当地传统居住区的影响（Setijanti et al.，2015）。尽管世界各国的学者对发展中国家乡村振兴的路径选择和影响因素等认知不尽相同，但普遍认为乡村地区的聚落、住区、景观、空间及文化与城镇化发展密切相关，乡村地区的发展必须注重城乡互动及其空间联系。

3）后城市化时期：乡村转型的研究进展

乡村普遍面临着"后城市化"时代的乡村转型（李伯华、曾菊新，2009）：区位条件较好的乡村通过经济结构调整，乡村聚落的人居环境和文化发展与城市并无太大差距；但偏远地区的乡村仍面临经济发展滞后、对外交通不便、生态环境脆弱、自然和文化遗产保护难度大甚至遭到严重破坏等严峻挑战。各界都在积极探讨相关对策，有研究认为，要强调发展循环经济、自然环境保护和创造农村就业的重要性（Audirac，1997），有的学者重视对城乡关系的研究以及乡村性的评估与识别（Michael，2009），并且这一阶段学者们更多探讨的是乡村人居环境建设的可持续性（Palmisano 等人，2016）。有学者认为在乡村人居环境建设中要进一步提高村民的参与度（AMBEJ，2011）。

联合国等组织机构用实际行动积极推动人居环境建设。1978 年，联合国成立了"人居环境中心"（UN-habitat），并先后三次召开人居环境主题会议，1996 年，《伊斯坦布尔宣言》明确提出了针对城、镇、村不同层次的人居环境的可持续发展观。2004 年，联合国世界人居日的主题是"城市—乡村发展的动力"，再次强调城乡融合发展的重要性："城市和乡村发展紧密相连，除了城市人居环境的改善工作外，还应着力为乡村地区增加适当的基础设施、公共服务和就业机会等，努力实现城、镇、村不同层次人居环境的可持续发展"。2016 年，联合国住房和城市可持续发展大会在厄瓜多尔举行，提出积极推进建设包容、安全、有韧性和可持续的城市和人类住区。虽然会议的重点是发布《新城市议程》，但"人类住区"建设思想和消除贫困的主张，依然是推动乡村人居环境建设的重要支撑。

可持续发展观进一步从乡村聚落居住环境延伸至农业领域，生态保护逐渐成为重要议题。1991年，第21届世界农业经济会议主题为农业可持续发展，突出强调实施生态农业发展战略和生态环境保护战略。欧洲共同农业政策（CAP）提出主张通过退耕还林、修复自然生态环境等策略推动国土整理和生态环境保护。1999年，欧盟通过了《欧洲空间展望》（ESDP），不仅从保护的视角提出了发展生态农业和新型能源的倡议，还进一步从多元化发展的视角提出在保护耕地的同时，促进耕地复合化、多样化利用，同时倡导城乡合作、功能整合，包括对乡村地区的自然和文化景观实行保护性开发。在此背景下，乡村转型发展的内涵，实质上是在城乡一体化及环境可持续发展背景下的功能与空间的双重转型，即乡村地区由单一的农业生产功能开始转向消费、文化景观传承、生态修复与保护等多元化功能；乡村的空间发展亦伴随着功能转型而变化从附庸、封闭走向开放、公平，其背后隐含的是城乡等值的价值理念。

4）乡村人居环境建设的实践探索

随着人居环境理论的发展，许多国家逐渐开始了对乡村人居环境的探索和实践。发端于20世纪70年代初期的韩国新村运动，通过系统化的政府支援和对村民参与建设动力的激发，实现了农民增收、住房条件改善、基础设施提升等综合性效果（朴振换，2005；李養秀、张立，2016）。德国农业部提出拓宽农民收入渠道、加大生产管理力度以及对农民实行补贴等方式实现乡村人居环境的健康发展（刘英杰，2004）；近些年来通过多种手段激发乡村的内生动力，以实现乡村的有序更新（钱玲燕等，2020）。日本的造村运动通过政府的财政扶持、技术支持和政策调控以及地方能人的带动，形成了以地方特色产品为基础的综合农业经济（平松守彦，1985）；近年来，日本的乡村政策对农山渔、偏远村给予了更多关注，对乡村生态环境更加重视，面对乡村的深度老龄化，将工作重点放在了乡村社区的活化，以维持衰退社区的基本活力（张立，2016；2017）。英国政府早期推行了保证农产品正常供给、缩小城乡差距的乡村生产建设模式，后期在制定乡村政策时则更多考虑到构建满足人民需求的生态环境及公共开放空间（闫琳，2010）。法国的乡村建设享受了与城市相同的政策待遇，采取由政府到地方的“自上而下”模式，促进了乡村建设各领域资源的优化配置（范冬阳、刘健，2019）。

从欧美及东亚日韩等国乡村建设的国际经验来看，不管何种类型的乡村人居环境建设模式，其核心均是实现农业的规模化、产业化经营，在政府的支持下形成多方参与的模式，在配备完善的基础设施网络和公共服务系统的条件下保持宜人的乡村生态风光，以期实现乡村生产、生活、生态各个方面的有机协调、融合发展。

1.4.2 国内乡村人居环境研究与实践

我国乡村人居环境体现了“天人合一”的人地观念和哲学思想，即顺应自然、有节制地利用和改造自然，创造适宜的居住环境。这一思想内涵深厚、源远流长，深刻影响了乡村人居环境的营建。1939年，严钦尚在其《西康居住地理》一文中，将西康境内的村庄及民居划分为六类，针对不同类别，分别从样式、建筑材料、空间分布、自然条件、与耕地的关系及民族习惯等方面对民居房屋产生的影响做了详细调查研究和具体阐释，可视为我国乡村人居环境有据可查的最早研究成果。

然而总体上，步入近现代以来，我国人居环境的相关研究增长较慢，随着“城市雾霾”等环境问题的日益突出和“以人为本”理念的深入人心，相关领域的研究逐渐增多。相关研究涵盖了城乡规划、经济地理、社会人文、环境保护等多个学科，具有开放性和学科交叉性的特点。主要内容包括人居环境的概念界定、问题、影响因素、建设策略等方面，即理论研究、描述研究、解释研究和对策研究等。

相比城市人居环境，乡村人居环境研究起步较晚，但随着城市规划等相关学科向乡村地区的进一步延伸和国家层面对乡村地区倾斜力度日渐加大，乡村研究逐渐受到重视、关注度逐渐提升。

1）基于文献统计的乡村人居环境研究

以“乡村人居环境”“农村人居环境”为主题词对中国知网（CNKI）收录的核心期刊进行文献检索，统计文献的时间分布（图1-14），利用CNKI计量可视化分析，得到关键词共现网络（图1-15）和研究乡村及乡村人居环境的学科分类（图1-16）。

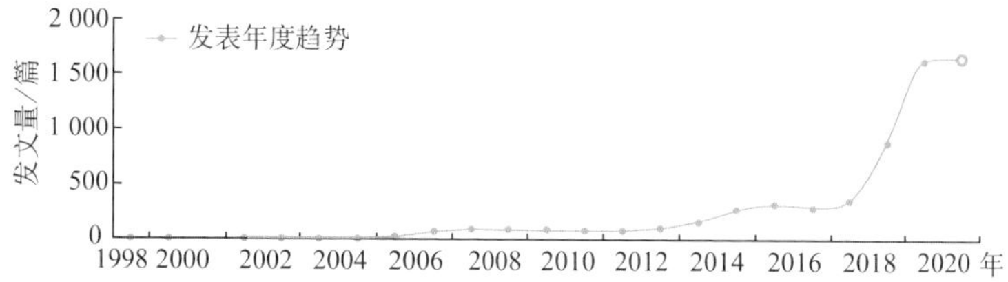

图 1-14　CNKI 数据库核心期刊“乡村”和“乡村人居环境”主题文献统计图
资料来源：中国知网数据库，2020 年 5 月 15 日登录。

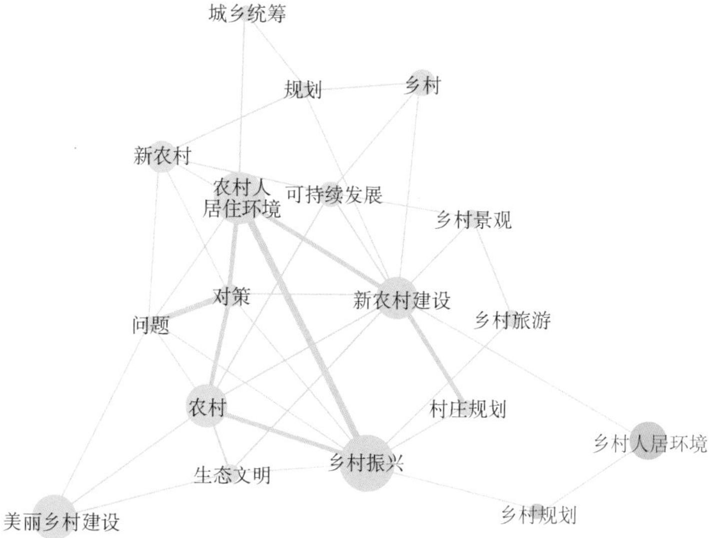

图 1-15　CNKI 数据库核心期刊“乡村”和“乡村人居环境”关键词共现网络图
资料来源：中国知网数据库，2020 年 5 月 15 日登录。

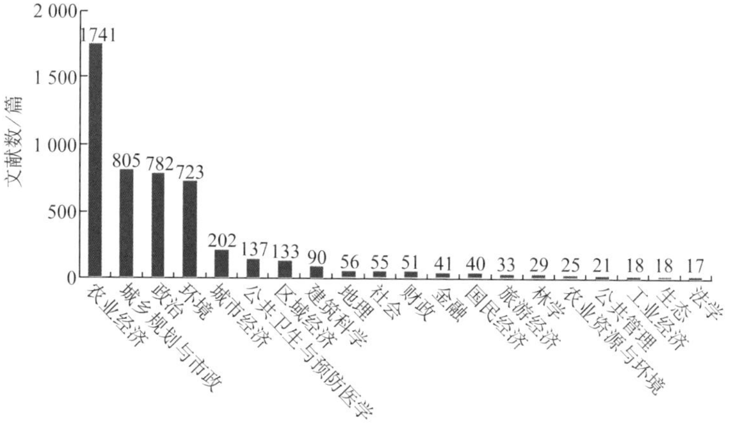

图 1-16　CNKI 数据库核心期刊“乡村”和“乡村人居环境”学科分类图
资料来源：中国知网数据库，2020 年 5 月 15 日登录。

乡村人居环境研究成果2010年以来稳步增长，尤其2015年之后，文献数量快速上升。2012年，中央一号文件提出“推进农村环境整治，改善农村人居环境”，文献数量开始有明显增长，并保持较高数量。2017年，党的十九大报告提出乡村振兴战略，对乡村人居环境的研究开始呈爆发式增长；2018年，《农村人居环境整治三年行动方案》印发，对乡村人居环境的研究继续保持高速增长，文献数量一直在很高水平。

乡村研究的热点随政策转移。20世纪90年代到21世纪初，国家城镇化发展重心在城市，乡村领域的研究成果不多，但小城镇研究成果较为丰富，1993年，国务院发布《村庄和集镇规划建设管理条例》，并配套颁布了《村镇规划标准》，带动了“镇村规划”领域的研究发展。2000年以来，国家政策开始关注城乡统筹和乡村发展，乡村人居环境研究的数量随之丰富，新农村建设成为最主要关键词。2012年后，“环境整治、美丽乡村建设”成为热点。2017年，党的十九大报告提出乡村振兴战略，乡村人居环境研究更加重视乡村发展，在乡村振兴战略背景下讨论乡村人居环境的整治提升。从图1-15的关键词共现网络关系来看，乡（农）村人居环境与乡村振兴关系紧密。

研究从单一的环境整治转向综合性成果。乡村人居环境在多学科领域都有着丰富的成果，涉及乡村的经济、规划、政治、环境等话题（图1-16）。乡村旅游、乡村景观、生态文明、可持续发展等关键词也频繁出现，乡村人居环境研究的综合性正在增强。其中，四个主要研究方向是农业经济、城乡规划与市政、政治和环境，尤其在农业经济研究领域文献数量高达1 700余篇，比城乡规划与市政领域多了一倍多。

2）针对理论概念内涵的研究

近年来，人居环境的定义不断完善。20世纪90年代初，吴良镛先生在其《人居环境科学导论》中提出：“人居环境由自然系统、社会系统、人类系统、居住系统、支持系统”五大系统所组成。这一定义与道格拉斯“人居环境科学”的内涵一脉相承，获得了较为广泛的认同。此外，李王鸣等（1999）认为，人居环境是指人类在一定的地理系统背景下，进行居住、工作、文化、教育、卫生、娱乐等活动，从而在城市立体式推进的过程中创造的环境。宁越敏（1999）则把人居环境分为人居硬环境和人居软环境。

乡村人居环境是人居环境的类型之一，对其理解基于学科和研究的视角亦有所不同。较为普遍、综合的理解是将"人居环境"的定义进行外延，是"乡村居民工作劳动、生活居住、休息娱乐和社会交往的空间场所"（左玉辉，2002）。与此同时，从不同学科视角出发所进行的研究对其理解各有偏重，研究重点也因此有所不同。建筑学倾向于住宅、建筑环境，地理学倾向于聚落景观环境，生态学倾向于自然生态环境，社会学倾向于制度文化环境等。

乡村人居环境是人居环境的重要组成部分，尽管不同学者针对乡村人居环境的研究视角和侧重点有所不同，但普遍认为乡村人居环境的内涵不只局限于空间层面，而是由自然环境，人文环境和人工环境三个部分组成（左玉辉，2002；彭震伟、陆嘉，2009；仝瑞、阳建强，2003）。类似的表述还有社会人文环境、地域空间环境、自然生态环境等（李伯华等，2008）。由此可见，"人工环境"是乡村人居环境中人类作用的主要层面，与人居环境内部其他层面难分界限、相互影响。吴冬宁（2016）认为，乡村人居环境以满足乡村居民可持续性发展的需求作为主要目的，是村民生产生活的所有地方，通过在这个特定的地域范围内进行生产、生活、消费、交流和交往等活动，在利用自然、改造自然的过程中达到人与自然的和谐相处。吴恺华（2019）结合苏北乡村的地方实际，将乡村人居环境定义为：以乡村居民为主体，在乡村地域范围内进行居住生活、耕作劳动、交通出行、教育文化、医疗卫生等生产生活活动（仝瑞、阳建强，2003），在认识自然、利用自然的过程中形成的人与自然、物质与非物质要素相互融合的总体，是满足乡村居民生存和发展的外部环境的总和。张慧等（2020）认为，乡村人居环境作为物质层面和精神层面的统一体，既包括生产生活所需的衣食住行等基础设施，也包括经济、社会、文化等要素，具体可以概括为生态环境、居住环境、基础设施、公共服务设施、社会环境和经济发展环境六个要素。

3）相关问题的描述研究

对当下情况的评价和问题的剖析是乡村人居环境研究中成果最多的部分。在研究对象上，学者大多基于具体案例地区或特定地理单元，其中生态敏感区、传统村落、历史文化名村和新农村建设视角下的乡村人居环境备受关注。在研究内容上，有横向和纵向两个维度，即不同地区空间上的差异比较和同一案例时间上的历史演变特征。在研究目的上，一是为了解释特定地区的空间演变规律，二是为了探索优化现状、解决问题的对策办法。在研究方法上，有大量通过层次分析法、德尔斐法等经典理论模型选取关键要素、构建指标体系的量化分析，也有基于案例地区的定性描述，二者通常相互结合。在数据来源上，行业统计、专题调查及小规模抽样等调查方法被普遍采用，GIS 等现代技术与信息化手段逐渐普及。

在定性分析层面，彭震伟和孙婕（2007）以长三角发达地区的无锡市惠山区和经济欠发达的沈阳市法库县乡村为例，比较了二者在人口就业结构、聚落空间布局、就业通勤状况等方面的差异，并提出了与现实情况相适应的优化策略；姚莉和屠飞鹏（2014）在少数民族地区玉屏侗族自治县的研究，聚焦于快速发展背景下北侗村寨传统聚落文化保护的困境；李伯华、刘沛林等（2012）以湖北省红安县二程镇 8 个村 100 户问卷和访谈调查为基础资料，探讨了转型期特定区域乡村人居环境“聚落的空心化和边缘化、生态环境的剧烈恶化以及乡村社会文化的更新”等方面的演变特征。张慧等（2020）结合地域特征，对新疆乡村人居环境治理现状进行梳理，探讨阻碍乡村人居环境治理的原因，并提出治理对策。

在量化评价方面，朱彬（2011）基于对江苏省基础设施、公共服务设施、能源消费结构、居住条件和环境卫生五个一级指标的评价结果将乡村人居环境质量分为四个层级并分析了各项要素的空间分布格局，进行了差异比较。李健娜和黄云等（2006）讨论研究了乡村评价指标体系的构建原则，并建立了德尔斐评价模型，以河南省内乡县的 8 个乡镇为对象，进行了乡村人居环境的评价和分析。樊帆（2009）针对湖北荆州、周侃（2011）针对京郊地区等也做了类似研究。朱彬（2011）等学者通过构建质量评价指标体系，对区域内乡村人居环境质量进行定量评价并将评价结果可视化，分析其空间格局差异从而有针对性地提出乡村人居环境的发展策略。刘泉等（2018）通过对国内外乡村建设经验和政策标准要求的研究，总结提出安全保障、生活设施、产业经济、公共服务、卫生环境、景观风貌、建设管理等 7 个方面、35 项指标，构建适合我国国情的农村人居环境建设标准体系。王秋兵等（2020）在村域的尺度从生态、生产、生活三生空间的角度入手，选取不同类型村域构建村域人居环境质量评价体系，运用熵权法对开原市的乡村人居环境质量进行评价。

与此同时，村民的主观认知和意愿也颇受关注。刘学等（2008）从主观和客观两方面对乡村人居环境的现状进行分析与评价，指出乡村人居环境建设水平是满意度形成的物质基础，而社会心理因素是满意度偏离的主要因素。李伯华等（2009）专门构建了"乡村人居环境满意度评价指标体系"，并进行模糊综合评价，依据村民的意愿和现实感知的差异程度来确定乡村人居环境建设的关键点。赵霞等（2011）运用 Logistic 模型，对 1 080 个农户的满意度进行实地调查和研究，结果表明农户对当前居住的乡村环境的满意度综合评价水平偏低，主要原因是村民对村内的生产生活环境卫生条件不太满意。武晓静等（2013）在实地考察的基础上，借鉴满意度理论和模糊综合评价法，同样发现村民对乡村人居环境整体满意度不高。马仁锋等（2014）认为人居环境评价指标体系既要客观刻画区域自然环境、经济社会、基础设施等对人们居住、工作与游憩的供给程度，又需揭示不同群体对区域人居环境构成要素的可获性或满意度等。陈轶等（2015）以南京市浦口区为例，采用模糊评价法对农民集中居住区居民满意度展开了研究。毛会敏等（2016）探究了居民对新型农村社区建设效果的满意度并提出相应的对策建议。

综合现有研究，学者在认可我国农村建设已投入的巨大力量和所取得的明显成就之余，普遍认识到当前大量乡村面临生态环境破坏、资源瓶颈制约、垃圾处理不善、环境品质低下、基础设施滞后、公共服务不足、住房建设混乱、文化传承欠缺、人口空心严重等各类问题（张立、张天凤，2014；张立等，2019）。这些问题在不同乡村中有不同的表现。村民作为使用主体，其需求不能得到充分满足、主体性不能被充分保障的问题也普遍存在。总体而言，我国乡村人居环境的区域差异化特征明显、问题突出，乡村人居环境的建设、提升和改善仍任重而道远。

4）影响因素的解释研究

乡村人居环境受到哪些因素影响，一直是乡村研究的重要关注点，不同学科视角在针对不同案例地区的研究中形成了各具特色的研究成果。

自然地理学者主要关注自然因素，包括气候与地貌、土壤侵蚀和水土流失等对聚落空间的影响。朱炜（2009）认为乡村的差异源于地理的差异；甘枝茂等

(2005)研究了陕北黄土高原的水土流失和黄土沟壑的形成以及其对乡村聚落的影响。詹辉杰等(2020)以安徽省大别山片区12个县(市)为研究单元,采用统计和地理探测器方法,探究案例地乡村人居环境质量空间分异特征及影响因子。

经济地理学者的关注点侧重经济要素,关注区域经济的发展和其与生态环境、基础设施、社会发展、文化变革之间的关系。王竹等(2015)以浙江安吉景坞村乡村人居环境"活化"为例,提出通过提升公共服务设施、景观节点与界面亲和力等,实现乡村对城市的消费引力,促进乡村经济社会永续发展。薛冰等(2020)以长江中游地区乡村为例,通过对乡村"产业内卷化""社会原子化"问题内涵的解析,认为我国乡村价值认知和乡村人居环境建设思路的片面化是制约乡村发展的核心问题,提出应对"内卷化、原子化"问题的人居环境建设出路应是充分认知乡村发展的客观规律并形成乡村价值认知的全面发展观;将乡村分类置于现在和未来的双重语境,结合功能分区、培育地域性特色等进一步探索乡村人居环境建设的新路径。

人文地理学者从人类活动的视角,从人地关系着手,探讨了人类活动对乡村地域造成的影响。杨泽坤(2020)提出在乡村振兴背景下培育新乡贤是整治农村人居环境的重要纽带,其促进农村环境进一步改善和优化。

在此基础上,社会行为学从村民主体出发,以更微观视角关注其行为模式及其对人居环境的影响。李伯华等(2009)基于农户空间行为变迁角度建立乡村人居环境研究的分析框架,探讨农户行为从传统到现代化的过程原因,认为农户空间行为变迁是乡村人居环境演化的主要推动力。邓玲、侯欢欢(2011)以东锁村为个案,发现理想乡村人居环境的建设,需要坚持生态与规划并行,不断完善支撑系统,提高村民的素质和公众参与行为。闵师等(2019)基于西南山区的调查数据,认为在村级实施农村人居环境整治措施和开展乡村旅游可以显著促进农户参与农村人居环境整治。

城乡规划学者则按照不同主体对影响因素进行了总结,并重点关注当下乡村发展中的"空心村"等空间现象的成因。王成新和姚士谋(2005)等以山东省新泰市北公村为例,总结了村落空心化发展的三个阶段,阐明村落空心化的主观因素、客观因素和环境因素,指出空心村的发展是城市化快速发展和社会转型的必然结果。赵民和陈晨(2013)基于我国人口流动的特征和"经济家庭"的理论假说，指出中国的农民工市民化进程要充分考虑乡村发展的全局。

此外，综合性的研究成果也很丰富。薛力(2001)则讨论了影响江苏乡村聚落发展的自然、社会基础，详细分析了地形地貌、水文、气候、资源、经济、人口、生活方式、技术、制度等各种因素从哪些方面影响乡村聚落的空间分布，并预测未来的乡村发展将会受到更加复杂的综合作用。樊绯等(2009)认为影响乡村聚落分布的各类要素可分为自然主导因素和社会经济主导因素，论述了村落选址涉及的取向及原则；周国华(2011)深入研究了各种影响乡村聚居演变的因素，根据各自的影响机制和程度深浅将其分为基础因子、新型因子和突变因子三类，共同构成了乡村聚居演变驱动机制，形成了不同的演变方式和特征，作用于聚落演变的初期、过渡、发展、成熟四个阶段。王韬(2014)将乡村人居环境的演化机制总结为“自组织和他组织”两种相互伴随的作用方式，认为内部自身要素和外界力量介入是推动乡村聚落不断发展演化的根本原因，二者的博弈形成了不同的人居环境面貌。李伯华等(2014)的研究认为，乡村人居环境应该是自下而上建设的，具有自组织演化的特定路径，而新农村建设则是政府主导下的人居建设，属于自上而下的过程，具有他组织介入的一般特征，二者的交替影响结果将直接决定乡村人居环境系统的最终走向，使得区域人居环境建设复杂化。张尚武等(2019)认为传统的乡村人居环境是人地关系决定的，对应了农村、农业和农民的关系，而在城乡社会转型过程中乡村发展出现分化是城乡关系演化带来的。提出乡村发展问题必须置于城乡转型的地域性环境中寻求应对方案，因地制宜地探索乡村振兴的实现路径。

5) 人居环境空间特征研究

国内对乡村人居环境的空间特征研究主要集中于乡村地理学和城乡规划学。范少言(1995)等学者探讨了乡村聚落空间的结构变化与演化过程。乡村地理学者谢荣幸和包蓉(2017)侧重于通过量化分析手段，解决乡村人居环境的空间和景观特征，进而提出发展策略。

顾姗姗(2007)针对当前乡村人居环境空间规划照搬城市规划方式等问题，提出乡村人居环境规划要遵循四大基本理念，即有机更新、文化延续、人与自然和谐以及乡村治理，并提出了乡村人居环境空间规划在建筑、交通、水、能源、环境、社会六个方面的规划内容。王竹和钱振澜(2015)关注了乡村人居环境更新规划,面对当前乡村有机秩序和功能滞后的现实,提出乡村人居环境建设应植入有机更新的理念,并通过低度干预、本土融合、原型调适的整治方式改善乡村人居环境。任君(2019)针对河南乡村人居环境建设问题,从乡村色彩、美学、“针灸式”改造、民宿四个方面着手,探讨乡村人居环境建设的路径。李晶等(2020)基于关中特殊地域环境,提出乡村人居环境特色营建方法,以陕西富平文宗村为实证对象,充分发掘地域特色与乡土文化特质,突出人居环境营建个性,将人居环境营建进行横向拓展,将有形物质空间营建与无形物质空间营建结合,改善乡村生活环境,提升村民文化自信。赵民等(2015)进一步指出,随着中国城镇化水平的提升,乡村人口必将持续减少,乡村人居空间萎缩不可避免,要建立基于“精明收缩”的规划导向。张立和何莲(2017)基于对江苏的镇村布局规划实施评估,指出与时俱进,控制和引导相结合,逐步提升乡村人居环境。

6) 优化提升的对策研究

促进乡村人居环境的提升和改善是所有研究最终的落脚点。基于此,大量研究基于现状分析、成因探讨,并借鉴国内外理论和实践成果提出了相应的优化对策。

总体而言,政府多是策略实施的主体,区域整体视角下的解决方案是解决乡村问题的根本途径。彭震伟和陆嘉(2009)认为,乡村人居环境体系的建设是统筹城乡发展体系的重要方面,应纳入区域城镇化发展的大背景下进行整体规划;乡村人居环境的发展策略的本质是如何引导政府公共财政资源在乡村建设中的投入方向,而规划所确定的乡村类型,即并入城镇、城镇周边、控制发展、撤并乡村等应当作为乡村设施和建设投入内容和强度的依据。李伯华等(2014)认为,考虑到中国城乡二元结构依然存在,政府的制度性约束对乡村人居环境建设主体的影响力依然强大,政府应强化自身的正向作用,加强乡村基础设施建设,有序推进乡村居民点建设,积极引导乡村社区文化转型,减少对乡村地域生态环境的过度开发。村民的意愿和主体性在对策的制定中逐渐被重视,赵志庆等(2019)研究了村民意愿与实际乡村建设的契合点与冲突点,基于乡村人居环境建设满意度评价结果,提出以人为本、差异化的人居环境改善策略,呼吁将村民意愿纳入乡村振兴的实际工作中，以期为贯彻党中央倡导的战略要求，提出适应广大村民获得感、幸福感和满意度提升的范式。

具体研究多基于某些特定地区或特殊语境，少数民族或传统风貌地区（姚莉，屠飞鹏，2014）、乡村振兴背景下（于法稳，2019）等。因而策略的提出多具有较强针对性：如王昕（2012）针对案例地区从提高农村基础设施与公共服务水平、改善生态环境质量、提升农村发展水平等三个方面进行了论述。王韬（2014）基于村民主体认知视角，从生态自然、社会人文、空间营造等方面提出了较为全面的构建策略。杨贵庆（2019）认为乡村人居文化与空间具有对应性，乡村人居文化要素具有多样性的特征，并且可以协调共存于乡村人居空间。为激发乡村活力营造，需要将优秀的乡村人居文化与空间改善提升进行对接，保护、传承和利用好乡村人居文化资源，并通过乡村人居文化资源的创造性转化、创新性发展来实现其活态再生。“文化双创”作为一种重要的催化剂，为践行“两山理论”提供了新思路。

学者公认制度设计在乡村人居环境建设中具有重要作用。李伯华等（2014）认为改善人居环境应从创新农村市场经济制度，维护人居空间有序发展；完善财政转移支付制度，保障乡村人居公共物品供给；创新农村社区管理制度，重构乡村社会关系网络等方面进行制度创新。张立（2016）基于东亚国家和地区的乡村规划和建设经验提出，乡村未来的主要工作是如何保持一定的活力。基于韩国的经验，要全面发动村民参与乡村建设，才能切实提升乡村人居环境建设水平（李仁熙，张立，2016）。奉先焱等（2018）提出改善村民思想认知、落实乡村自治体系、科学进行乡村规划，盘活乡村旅游资源，完善基础设施建设等途径是整治农村人居环境的有效举措。于法稳（2019）提出推动农村人居环境整治应该完善机制，切实发挥农民的主体地位；制定规划，明确整治的内容及优先序；依据区位，确定整治的技术与模式；科学匡算，为整治提供资金保障；加强监管，确保整治成效的可持续。

7）典型实践

陕西省咸阳市的袁家村是成功发展乡村旅游的典型代表，其特点是村干部的能人带动效应，紧紧抓住关中地区的乡土特色，强化食品监督，树立关中小吃的特色口碑，组织全体村民共同致富。从人居环境视角看，袁家村通过发展乡村经济，自我更新乡村人居环境，极大提升了村民的生活水平和物质生活条件。虽然袁家村的建筑基本均为新建改建，但其尊重传统技艺、尊重历史建筑原貌，通过细腻的规划建造，实现了较高品质的乡村人居环境（和红星、吴淼，2017）。

河南省信阳市的郝堂村是一个山区村，是外部力量激活乡村内生建设动力的典型（王磊、孙君、李昌平，2013）。在政府力量、社会力量和村民力量的统筹发力下，通过内置金融、银杏树、水利工程改造等对乡村文化重新凝聚，以营造"乡村感"和"村民参与"为核心，实现了生态环境和人居环境的共治提升。

浙江省杭州市富阳区的东梓关村是中国传统村落。该村有较多历史文化遗存，但村民的居住环境亦需改善提升。近年来通过设计师的创作，形成了杭派民居的风潮（孟凡浩、丁倩琳，2019）。设计师在乡村建设中的文艺化表达，亦是乡村人居环境建设的一种新形式，但对其模式也存在争议。

上海市金山区水库村是政府支持、投入并发挥社会力量，通过高水平规划引领乡村人居环境建设的代表。上海市相关部门整合了同济大学建筑与城市规划学院等相关高校等社会资源，将政府各条线的建设和投资任务予以整合，将生态修复、环境整治和可持续发展理念充分贯彻融合，实现了乡村人居环境的有效提升（章黎东等，2020）。

1.4.3 研究述评

纵观国内外，乡村人居环境的研究始终蕴含在城乡规划和相关学科发展的过程中，随着城市化进程的推进，有不同的研究侧重和理论成果，研究经历了"乡村地理—乡村发展—乡村转型"三个阶段。人类聚居学创立之后的研究逐渐系统化，研究成果也相应增多；研究视角也从单一的地理学逐渐向多学科综合过渡，人居环境问题得到了包括社会机构在内的多方关注；定量与定性相结合的研究方法被广泛采用；可持续发展、城乡一体、社会公平、以人为本等理念广泛传播，成为普遍的价值取向和当下西方研究的重要关注点。国内的相关研究主要聚焦于乡村聚落特征及乡村人居环境建设的具体问题，理论进展不明显，主要是借鉴城市人居环境研究的理论框架。

在研究方法上，社会学的田野调查是前期搜集数据和积累认识的普遍方法，包括访谈、问卷等；软件分析技术和经典分析模型被大量使用，尤其是在指标体系的相关成果中。现场调查充分弥补了基层统计数据不足的缺陷，积累了大量感性认识和分析素材；指标的构建可以反映人居环境研究的关注重点，量化分析结果也能直观体现人居环境质量以及存在的问题。

在实证研究方面，乡村层面的数据和资料的可获取性较弱，因此主要是少量案例的局部研究，缺乏较为全面的、系统性的研究成果。

1.4.4 理论框架

显然，阐释乡村人居环境特征需要理论框架的指导。结合既有文献进展和本次乡村田野调查的认识，提出乡村人居环境特征构成的三要素框架，分别为住房建设、设施供给和环卫景观。三要素是乡村人居环境建设的核心组成部分。住房建设方面包括居住模式、建设投入、使用情况、居民意愿等；设施供给方面包括质量、配置、需求、道路建设等；环卫景观方面包括环境卫生、风貌特色、村民参与、环境质量（图1-17）。三要素既存在共性特征，也存在差异。三要素构成了乡村人居环境的物质本底。

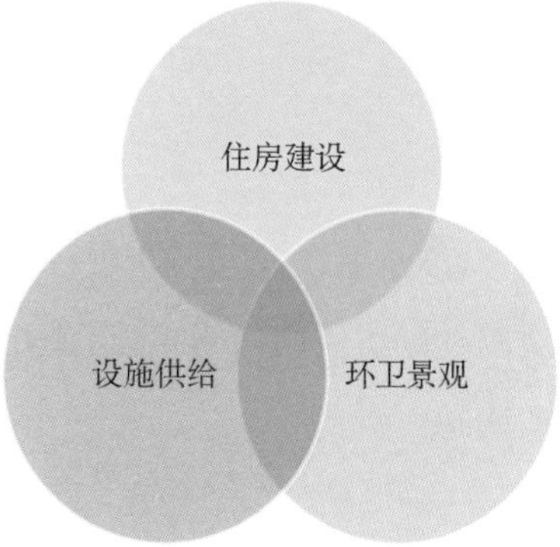

图1-17 乡村人居环境理论框架

1.5 乡村人居环境的研究方法

本书的相关课题以田野调查为主要研究方法，希望在详实的乡村调查基础上获取的第一手数据和资料，进而展开相关的分析研究。实际的田野调研过程包括资料收集、观察、访谈、问卷等多项内容，调查对象包括村民、村干部、乡镇政府主管领导、省住建厅村镇处干部等。

除了乡村本身的调查以外，考虑到乡村有大量外出人口，其虽然生活居住在城镇，但是与乡村有着紧密的联系，因此在部分省份选择了一些规模较大且有大量进城务工人员的企业，对企业家、人力资源负责人及部分进城务工人员进行了访谈和问卷。

我们希望通过多地区、多类型、多样本的乡村样本调查获得广泛、深入的一手资料。本书还参阅了国家统计局等网站公布的普查数据，以及历年全国乡村人居环境调查数据库，一定程度上弥补了乡村抽样调查的局限。在此基础上，本书采取定量与定性相结合的方式对统计汇总数据进行了相应的分析研究工作。

本次调研从 2015 年 5 月份开始准备工作，7 月 1 日正式开始调研培训，7 月 5 日华中科技大学团队开始启程赴乡村调查，11 月 5 日内蒙古工业大学的最后一支调研团队返回呼和浩特。全部调查历时 128 天，涉及教师（含西宁市规划院工作人员）100 多人，学生 500 多人，完成 100 多万字的报告。调研量大、面广，所获数据为深化认识和深入研究我国乡村人居环境提供了大量有价值的素材。此外，为进一步研究、解析乡村人居环境，2017 年开展了第二次田野调查，涉及浙江、江苏、广东、辽宁、云南、陕西六省，40 余名研究生参加了调查；本次调查以访谈回访为主，目的是强化和验证课题组对各地域乡村人居环境的基本认知。

1.5.1 乡村人居环境的调研组织

本次调查由同济大学老师和学生组成核心研究团队，结合近年的乡村调查实践经验，拟定调研计划、制订调研问卷，并联合各地高校和规划设计机构，在不同省份组建调研团队，每个省份的调研团队确保有同济团队核心成员参加，以保证调研内容传导的一致性。

在调研工作正式启动前，同济大学课题组多次召开讨论会，商讨确定调查内容等事项。在各省调查开始前，课题负责人亲自前往各省宣讲课题研究的目的、工作组织、工作要求和调研技巧等。通过事前培训，确保所有调研团队成员对课题研究和相关调查工作有较为充分的认识。

1.5.2 调研样本选择

调研希望能够反映全国的乡村人居环境总貌，因此，调研省份涵盖北方、南方、东部、中部、西部，寒冷地区、炎热地区，山区、平原、高原、丘陵，贫穷地区、富裕地区等。基于此，结合同济大学课题组与各地高校的科研合作基础以及省份的代表性，最终选择湖北、江苏、上海、广东、安徽、陕西、辽宁、山东、四川、云南、贵州、青海、内蒙古共计13个省、自治区、直辖市（按时间先后）作为样本研究省份，基本覆盖了我国的各个地区类型，占全国34个省级行政区的38%，调研省份及样本村分布如图1-18所示。

图1-18 样本省份及村落空间分布图

在此基础上，由当地高校与省住建厅根据本省乡村的特点，挑选具体的行政村作为调查样本。在兼顾各项类型的同时，确保其选择尽量随机，保证代表性与广泛性。核心课题组要求各省原则上调查不少于30个行政村，且分布在5个以上的县（市、区），样本村要有贫穷的、富裕的、偏僻的、近郊的等各种类型。最终在所选取的13省、自治区、直辖市完成了共计480个村的调研案例。

1.5.3 调研方式

本次调查方式与传统的发放问卷有所区别。结合同济大学课题组既往的乡村调查经验，村民普遍文化水平较低，阅读和理解能力有限，且地方政府和村委会工作繁忙，经常无暇去发放问卷。因此本次调查要求所有问卷必须有调查团队成员亲自入户，通过访谈的形式由调查人员填写（个别村中文化程度较高的调查对象，可以自行填写），且调查人员要事前（培训）熟悉问卷内容，向调研对象解读各条目的调查目的。

除问卷调查外，课题组还对调查乡村进行了现场踏勘、村干部访谈、乡镇和县政府主管领导访谈以及省住建厅相关领导干部访谈。

每个省的调查，要求先与省住建厅主管部门接洽，除了商定拟调查的乡村以外，要对主管领导进行专业访谈，从全省层面了解该省的乡村人居环境建设情况。

工作组在进入每个县（市、区）后，先行与县政府主管部门接洽，核实确定拟调查的乡村，并对主管领导进行专业访谈，了解全县的乡村人居环境建设情况。对于有条件的县，由县政府主管领导组织召开部门座谈会，全面探讨县域乡村人居环境建设情况和问题。

工作组由县住建局等相关部门带领入村后，首先对村主任或村支书进行访谈，以形成对乡村情况的整体认识，并拍摄 10 张以上乡村的实景照片。访谈过程进行录音和笔记，之后按照统一的模板和框架将访谈内容整理，形成乡村调研报告并插入实景照片，构成一份完整的乡村调查资料。

在村主任或村支书访谈之后（或同步开展），课题组进行村民的入户调查（访谈 + 问卷）。除极个别的情况外，调查员全部是入户调查。原则上每个行政村发放不少于 15～20 份村民问卷（个别偏远地区和其他特殊情况，有所减少），所有问卷确保由工作人员现场“一对一”提问、解释并填写。为保证调查访谈的顺利进行，在大部分地区，课题组为村民准备了纪念品。在一些语言沟通有障碍的地区，通过村干部的协助，安排普通话较好的村民做翻译，以保证沟通交流的顺畅。

此外，部分省挑选了一些具有代表性的当地企业，调研人员进入工厂发放问卷，并与企业经营者、人事经理及员工进行了访谈，为乡村人居环境提供了不同视角，是为本次乡村调研的重要补充。

1.5.4 调研内容

在资料调查方面，涉及省、市、县和乡镇层面，主要是关于乡村政策、建设试点和规划编制以及相关政策研究等文件资料。

在行政村层面，主要是结合村主任或村支书访谈，调查村庄的区划面积、人口、户数、居民点规模和分布、农业用地使用及收益、村集体收入、村庄的资源条件、住房空置情况、休闲产业发展、政府补贴、宅基地面积、新建住房情况、村庄道路和基础设施及公共设施情况、气候条件、能人的作用、村民对村庄发展的态度、人口外出和流入情况、村庄社会团体的发育、村民的诉求等。

在村民访谈和问卷方面，主要包括村民的个人及家庭情况(居住年限、家中人口、与耕地的关系、年龄、性别、子女就学、务工等)、对村庄基本设施的态度和需求、老龄化方面的应对、现有住房情况、村落景观的维护、村庄的发展、经济和产业情况、迁居意愿和经历、离开乡村和留在乡村的主要考虑因素等(具体详见附录)。

1.5.5 乡村样本分类

中国幅员辽阔，乡村类型众多。以往的乡村研究多以个别具体村落或具有某一共性的同类乡村为研究对象，较为宏观层面的研究也以行政区划、宏观分区为划分依据。实际上，除了空间分布，乡村还具有自然、社会、经济等多方面属性，并具有规模、居住类型等自身基础属性，且这些属性会相互交叉。因此，在全国的乡村人居环境研究中对乡村类型进行划分，需要有多重维度。因而首先划分了空间、地理、经济、社会、村庄 5 个维度，在每一维度下，原则上划分 4 个属性，每个属性下大致再划分 4 个类型，这样一共形成了由 11 个属性、44 种类型构成的乡村属性矩阵表(以下简称“矩阵表”，表 1-2)。

每个调研乡村完成一份矩阵表的填写，其中能够由课题组填写的就由课题组来填写，比如宏观区位和中观区位等。在村干部访谈时，由调研员向村干部询问相关信息后，完成矩阵表的填写。其中宏观数据由调查员事前或事后查询填写。

矩阵表的信息，确保了后续乡村类型研究的顺利展开。

表 1-2 乡村属性表及其解释

空间属性	宏观区位	东部	中部	西部	东北
	中观区位	城郊村（与城市建成区相连或接近，距离建成区边界不大于 10 千米）	近郊村（与城市联系较为便捷，与城市建成区边界在 10～20 千米之间）	远郊村（与城市建成区边界在 20～50 千米之间）	偏远地区（与城市建成区边界在 50 千米以上）
地理属性	地形因素	山区村（海拔＞500 米）	丘陵村（海拔 200～500 米，高差＜200 米）	平原村（海拔＜200 米）	山区平原村（海拔＞500 米，但较为平坦）
经济属性	区域发展程度	发达（所在地级市或地区公署人均 GDP＞60 491 元）	中等（所在地级市或地区公署人均 GDP≤60 491 元，＞32 572 元）	欠发达（所在地级市或地区公署人均 GDP≤32 572 元，但＞23 266 元）	落后（所在地级市或地区公署人均 GDP ≤23 266元）
	村乡发展程度	发达（农村居民人均可支配收入＞12 860 元）	中等（农村居民人均可支配收入≤12 860 元，＞6 924 元）	欠发达（农村居民人均可支配收入≤6 924 元，但＞4 946 元）	落后（农村居民人均可支配收入≤4 946 元）
	农业类型	种植业	林业	畜牧业	渔业
	非农产业	工业	旅游业	物流商贸	其他
社会属性	主要民族	汉族	少数民族		
	历史文化	列入中国传统村落名录	省级/市级/县级历史文化名村	一般传统村落（有部分 20 世纪 70 年代以前历史建筑或景观遗存）	非传统村落（基本无物质文化价值）
村庄属性	乡村规模	大村（500 户以上）	较大村（200～500 户）	中等村（100～200 户）	小村（100 户以下）
	居住类型	集中型（只有一个居民点）	散点型（有超过 3 个的乡村居民点且最大居民点的人口规模小于全村 1/2）	混合型（最大的居民点人口规模大于等于全村的 1/2）	

1.5.6 数据整理

调查信息的数字化处理是本研究的一项重要工作。在本课题开展初期，课题组就预估到后期数据处理的工作难度和强度。深入现场调查之前，在各省的调研培训中就强调了数据录入整理的重要性，同济课题组事前提供了数据录入模板和数据录入要求。同济团队内部在调研展开前就进行了数据录入的培训工作，由同济大学委派到各省参加调查的助手来协助地方院校的数据录入和整理工作。

经过2个月的数据整理、汇总形成了最终的数据库，数据库包括了省域调查报告、各层次的访谈记录、乡村调查报告、问卷统计信息等。汇总数据经过协作单位和同济大学团队多次校对、审核，并剔除了部分低质量数据。最后形成了由照片、录音、文字等构成的生动的乡村样本基础数据库，为后期定量和定性的分析研究奠定了基础。

本书图表除特殊注明外，全部来自480个村的乡村调查资料，文中不再赘注。

1.6　内容组织

全书分为10章。

第1章　阐释了中国乡村的总体状况和本书的宗旨及价值，对中国乡村及乡村人居环境等相关研究进展做了简述，对乡村、人居环境及乡村人居环境的基本概念进行了界定，并介绍了包括调研组织、调研样本选择、调研方式、调研内容、乡村样本分类和数据整理在内的基本研究方法。

第2章　对样本概况进行介绍，包括乡村样本、村民样本和农民工样本三个方面。乡村样本介绍了总量情况、空间分布、地形特征、经济状况、民族和文化属性、乡村规模与居住类型。村民样本介绍了总量情况、年龄结构、年龄分布、文化程度及从事职业。农民工样本则针对调研走访的27家企业的农民工个体，从年龄结构、户口所在地、文化程度及从事职业四个方面展开介绍。

第3章　分别从共性和差异性两方面阐释了乡村住房建设特征。乡村住房建设的共性特征主要体现在集中建设广泛推进但风貌趋同、投入大但政策仍需优化、自建房模式粗放与房屋空置现象并存、村民满意度高但定居意愿分异；差异性特征主要体现在推进集中居住的目的、形式不同且居民反响不一及住房建设水平差异大。

第 4 章　分别从共性和差异性两方面阐释了乡村基础设施和公共服务设施供给特征。共性特征主要表现在设施覆盖率提升但污水处理设施等短板依然明显，教育医疗设施撤并力度大且服务质量待提升，养老、文体、商业等设施需求高涨而建设普遍滞后；差异性特征主要体现在西部地区及山地地区交通设施建设滞后、村民对基础教育设施撤并态度差异大。

第 5 章　分别从共性和差异性两方面阐释了乡村环卫景观特征。共性特征主要体现在乡村卫生环境问题较为突出且设施亟待完善、现代化建设大力推进但个性有所丧失、村民参与意愿强但缺乏有效组织；差异性特征体现在工贸型乡村环境质量总体较低、产业发展带来乡村生态环境问题但源头治理水平差异大、山区和经济落后地区乡村景观面临较大维系压力。

第 6 章　从人居环境建设供给和村民满意度两个层面对乡村人居环境展开了评价。从住房条件、基本设施、自然条件、环境卫生、经济发展、区域环境、人文环境、政策环境八个方面分别构建了乡村人居环境建设评价指标体系，从综合满意度、住房条件、基本设施、自然条件、环境卫生、经济发展、政策环境、乡村发展潜力认知八个方面构建了村民满意度评价指标体系，并分别形成省市层面的总体评价和分项评价，进而形成对乡村人居环境建设评价和村民满意度评价的区域认知。

第 7 章　建立了乡村人口流动与乡村人居环境宜居性的关联，阐释了乡村人口流动趋势与核心影响因素，分析了乡村宜居性与人口流动之间的关系，并对留守村民和外出村民的城镇化意愿展开了分析。

第 8 章　在提取乡村人居环境影响因素的基础上，建构了包括客观物质条件、内生发展动力、外部推动要素在内的乡村人居环境的运行机理框架，针对每一部分的运行机理分别进行阐释，并引入“自组织—他组织”理论进行了进一步阐释。

第 9 章　从目标愿景、基本策略、行动策略和支撑策略四个方面提出了乡村人居环境的综合治理策略。以实现乡村经济社会的全面发展、实现城乡的和谐共生为目标愿景。提出了加大乡村投入并兼顾地域和城乡公平性、加强领导并引导村民参与乡村建设的基本策略；从住房建设、设施供给、生态环境、风貌保护、组织管理和乡村规划六个方面提出行动策略；从产业引领、乡村功能和人口流动三个方面提出支撑策略。

第 10 章　将乡村人居环境的探讨延伸到小城镇，指出小城镇在服务乡村方面的独特优势：生活成本低于县城但生活便利度高于乡村以及与乡村联系紧密便于提供公共服务设施。但同时小城镇也面临人居环境滞后、就业岗位不足、乡镇政府职能不健全等一系列制约因素。本章进一步提出支持小城镇促进人居环境提升的建议。

第 2 章　乡村人居环境样本概况

2.1　乡村样本

2.1.1　总量情况

本次乡村调查足迹上万千米，西至青海湖西都兰县，南至广东省东莞市，东至辽宁省丹东市，北至内蒙古锡林浩特市，共涉及 13 个省(自治区和直辖市)、480 个村样本、7 578 个农户样本、28 593 个农户家庭成员样本(表 2-1)。受到各种条件制约和影响，各省实际调研乡村的数量和分布与研究设计的最初要求略有差异，但就最终结果来看，每个省的乡村分布在至少四个地市县，除上海市和

表 2-1　调研省样本村行政隶属，受访农户及家庭成员总量情况

省份	地市数量(个)	区县数量(个)	乡镇数量(个)	乡村数量(个)	农户样本数量(户)	家庭成员样本数量(个)
青海	5	11	33	41	364	1 473
广东	4	7	11	30	537	2 078
辽宁	4	4	15	58	624	2 326
山东	5	5	16	30	555	1 859
贵州	5	7	9	11	63	236
上海	/	5	5	27	489	1 562
陕西	7	7	39	48	797	3 202
江苏	5	6	24	39	776	2 846
湖北	5	4	18	50	702	3 894
云南	5	9	16	43	544	2 854
安徽	5	5	25	28	863	1 891
四川	4	5	11	46	970	3 399
内蒙古	4	10	12	29	294	973
总计	59	85	234	480	7 578	28 593

贵州省外，样本分布均在 10 个乡镇以上，平均每省的乡村样本量为 37 个，平均每村的农户样本数为 16 户。总体而言，乡村样本具有较高的代表性和广泛性。

在乡村属性分布上，若按照单一类型统计，共计 43 个类型(如果把 20 个少数民族乡村作为独立的乡村类型的话则类型更多)(表 2-2)。案例乡村数量最多的是非传统村落，总计样本数为 370 个；案例乡村数量最少的是林业村，总计样本数为 11 个。样本覆盖类型广泛，可以基本代表各类型的乡村特点。

表 2-2 调研省份样本村按属性分类的总量情况

空间属性	宏观区位	东部	中部	西部	东北		总量
		126	28	268	58		480
	中观区位	城郊村	近郊村	远郊村	偏远地区		
		110	162	151	57		480
地理属性	地形因素	山区村	丘陵村	平原村	山区平原村		
		121	116	184	59		480
经济属性	区域发展程度	发达	中等	欠发达	落后		
		119	144	124	93		480
	乡村发展程度	发达	中等	欠发达	落后		
		95	172	109	104		480
	农业类型	种植业	林业	畜牧业	渔业，养殖业	其它	
		402	11	24	24	19	480
	非农产业类型	工业	商贸	专业服务	旅游	其它	
		65	24	36	57	23	205
社会属性	主要民族	少数民族		汉族			
		109		371			480
	历史文化	列入中国传统村落名录	省市县级历史文化村落	一般传统村落	非传统村落		
		19	12	79	370		480
村庄属性	乡村规模	大村	较大村	中等村	小村		
		248	156	58	18		480
	居住类型	集中型	散点型	混合型			
		106	118	256			480

2.1.2 空间分布

从宏观区位上看，乡村样本在四大区域均有分布，东部、西部较多，东北和中部相对较少；中观区位上，近郊村最多，远郊村其次，偏远地区最少（表 2-3）。分省来看，湖北省的城郊村占比最大，而四川省最小；云南省的偏远村占比最多，而山东和江苏的样本中没有偏远村（与当地较高的城市化水平和城市分布密度有关）（图 2-1）。

表 2-3 不同区位的样本村、农户及村民的数量统计

区位		乡村数量	农户数量	家庭成员数量
宏观区位	东部	126	2 357	8 345
	中部	78	1 808	5 785
	西部	218	2 789	12 137
	东北	58	624	2 326
中观区位	城郊村	110	1 747	6 945
	近郊村	162	2 807	10 079
	远郊村	151	2 249	8 787
	偏远地区	57	775	2 782

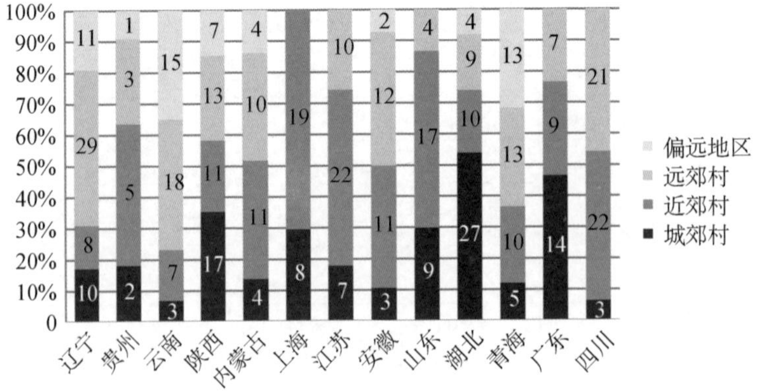

图 2-1 调研省样本村的中观区位数量结构

2.1.3 地形特征

在地形方面，各种地形的乡村均有涉及（表 2-4），不同省份乡村的地形差异较大，云南省的山区村占比最大，上海市的村全部是平原村（图 2-2）。

表 2-4　不同地形的样本村、村民及其家庭成员数量统计

地形	乡村数量	村民数量	家庭成员数量
山区村	121	1 747	7 017
丘陵村	116	2 828	6 612
平原村	184	2 249	11 683
山区平原村	59	754	3 281

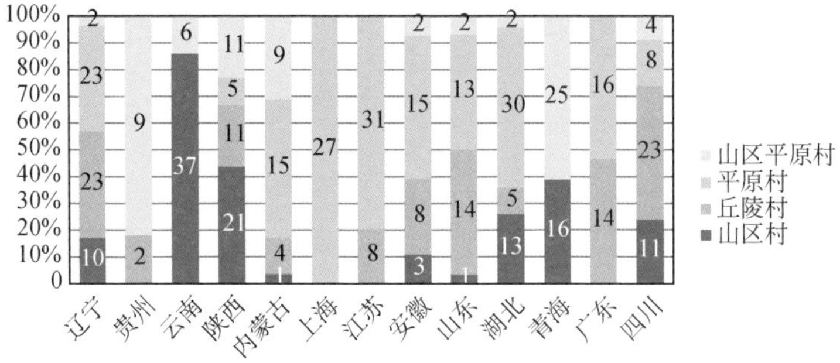

图 2-2　调研省份样本村的地形特征

2.1.4 经济状况

不同经济发展水平的乡村样本分布较为均匀（表 2-5），但各省之间差异较大，上海市的经济发达村占比最大，青海省的经济落后村占比最大（图 2-3）。

表 2-5　不同经济发达程度的样本村、村民及其家庭成员数量统计

乡村发达程度	乡村数量	村民数量	家庭成员数量
发达村	95	1 708	5 938
中等村	172	2 658	10 231
欠发达村	109	1 708	6 548
落后村	104	1 504	5 876

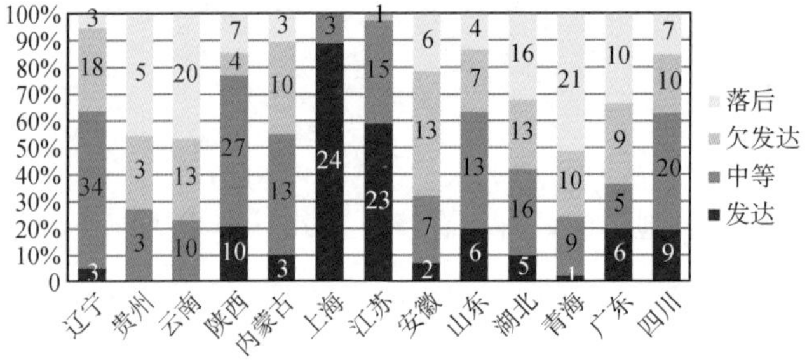

图 2-3　调研省样本村的经济发展程度数量结构

产业类型上，乡村农业整体上以种植业为主(图 2-4)，青海省和内蒙古自治区的畜牧业村占比相对较高；山东、湖北、辽宁和广东的渔业养殖业村占比较高(图 2-5)。480 个样本乡村中，有 356 个乡村有非农产业，类型以工业(18%)和旅游业(16%)居多(图 2-6、图 2-7)。

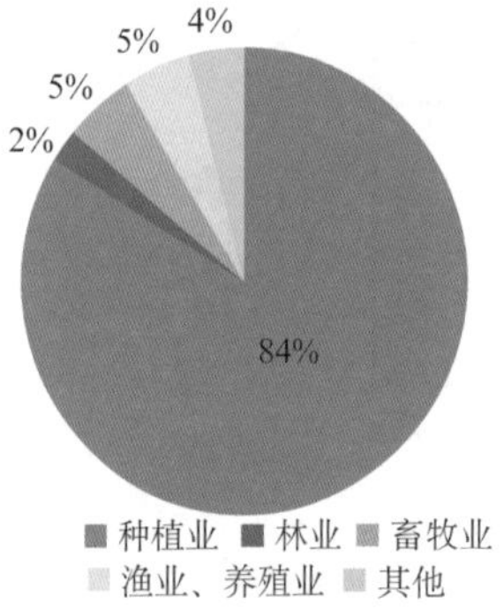

图 2-4　样本村的农业类型结构

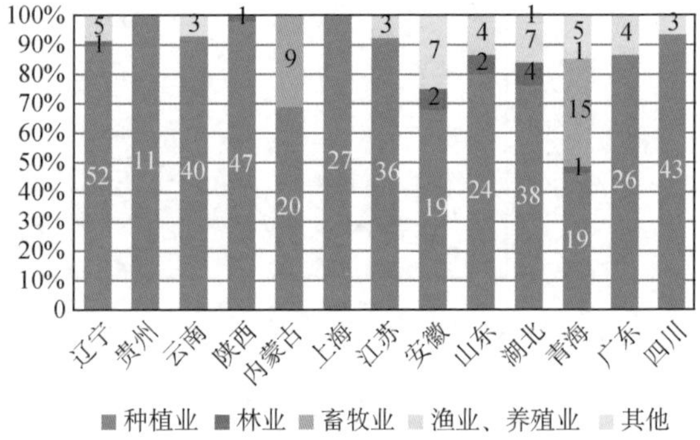

图 2-5　调研省份样本村的农业类型之数量结构

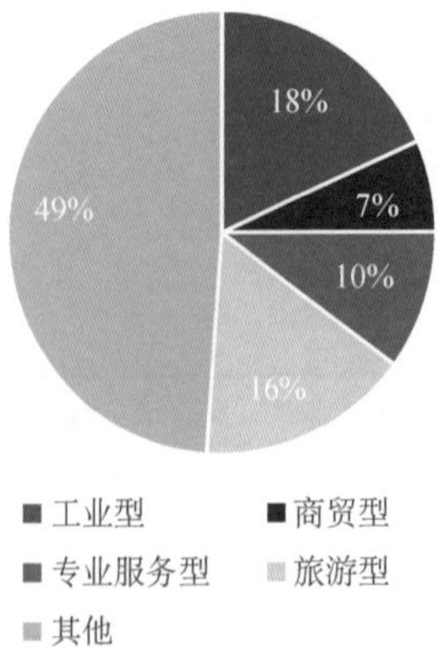

图 2-6　样本村的非农业类型结构

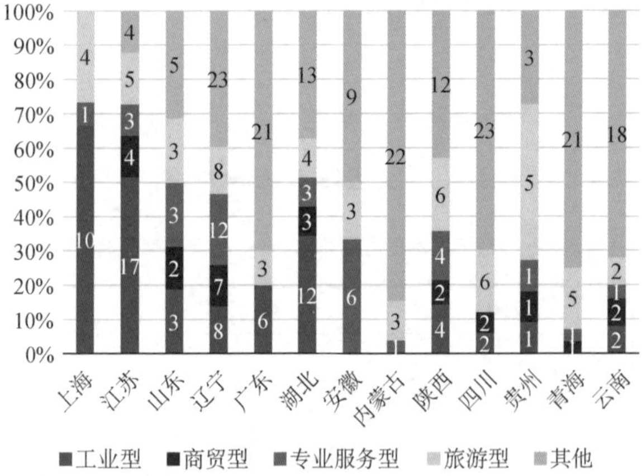

图 2-7　调研样本村的非农业类型之数量结构

2.1.5　民族和文化属性

样本乡村共涉及 21 个民族，109 个少数民族乡村（表 2-6）。青海、四川、云南、贵州等地少数民族村较多（图 2-8）。

表 2-6　不同民族的样本村、村民及其家庭成员数量统计

民族		乡村数量	村民户数	家庭成员数
汉族		371	6 336	24 544
少数民族		109	1 242	4 049
其中	满族	23	253	801
	彝族	17	187	635
	苗族	4	55	180
	哈尼族	5	76	229
	白族	5	63	227
	壮族	4	60	195
	拉祜族	2	26	80
	傣族	0	8	31
	瑶族	2	34	119
	土族	13	223	727
	回族	7	73	253
	撒拉族	3	24	72
	藏族	10	93	290
	蒙古族	10	38	122
	锡伯族	0	2	3
	土家族	1	2	9
	布依族	2	13	31
	侗族	1	10	41
	布朗族	0	1	1
	傈僳族	0	1	3

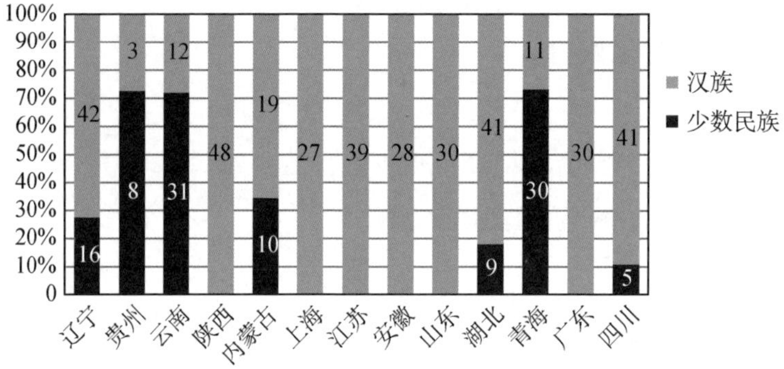

图 2-8 调研省样本村的民族分布之数量结构

就村的文化属性而言，样本中共涉及传统村落 104 个，其中列入中国传统村落名录的 18 个(表 2-7)，主要分布于贵州、云南、广东、青海等地；列入各省、市、县的历史性村落有 12 个(图 2-9)。

表 2-7 不同历史文化属性的样本村及村民数量统计

历史文化	乡村数量	村民数量
列入中国传统村落名录	19	219
省、市、县级历史村落	12	203
一般传统村落	79	1 323
非传统村落	370	5 883

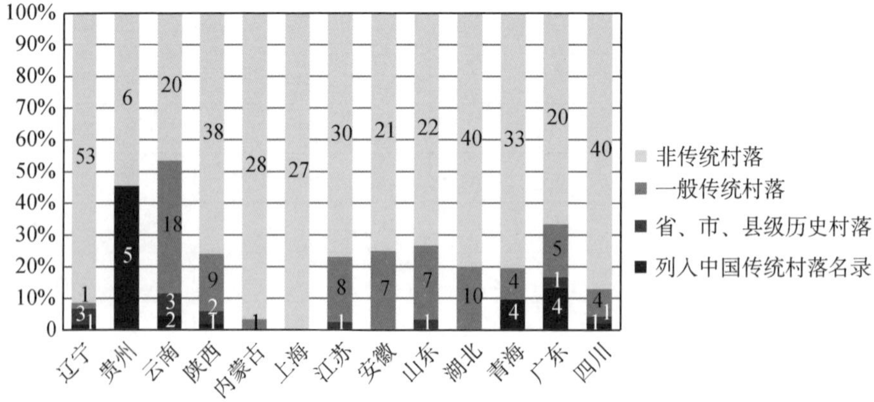

图 2-9 调研省不同文化属性的样本村分布之数量结构

2.1.6　乡村规模与居住类型

调研村庄以大村为主，共计 245 个，其次为较大村，共计 153 个；小村仅 18 个（图 2-10、图 2-11）。居住类型以散点型为主，共计 251 个，其次为混合型、集中型（图 2-12）。村庄规模和居住类型地域差异大，上海、江苏虽然乡村规模较大，但绝大部分为散点型居住类型，山东、陕西虽然乡村规模整体较小，但以集中型和混合型为主（图 2-10～图 2-13）。

虽然本书对乡村样本进行了矩阵分类，但限于篇幅，后文未全面展示，主要针对各类型有明显差异的样本分析进行描述探讨。

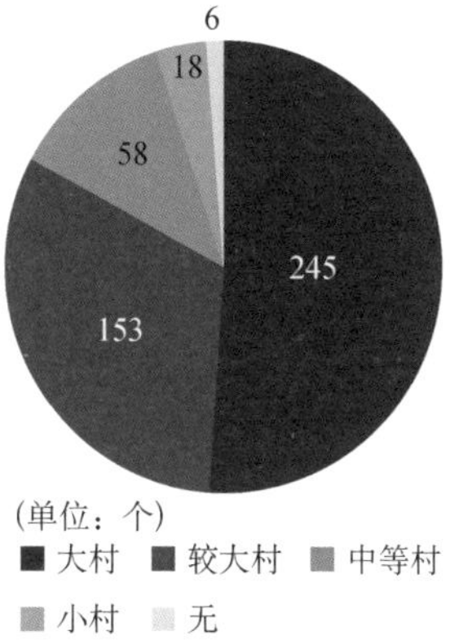

图 2-10　样本村的规模构成

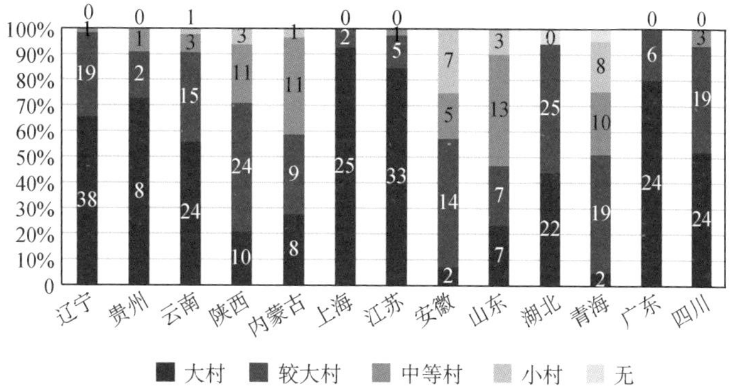

图 2-11　调研省不同规模的样本村分布之数量结构

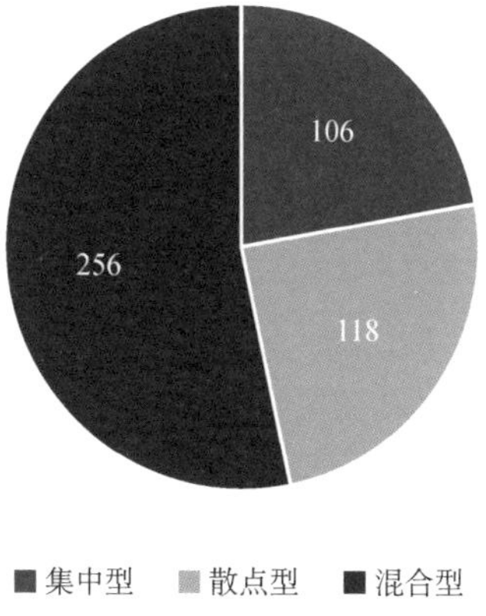

图 2-12　样本村的居住类型构成

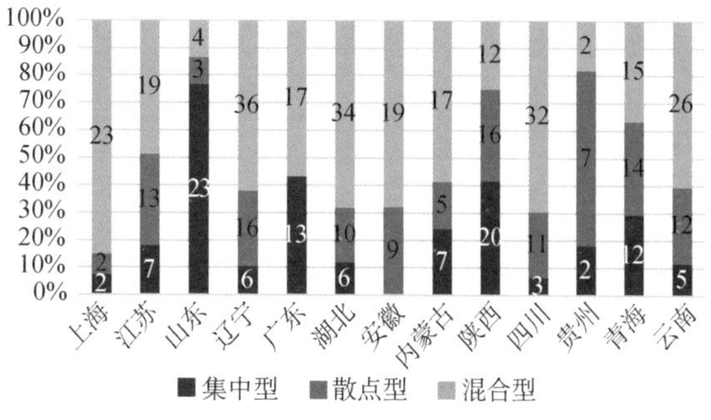

图 2-13　调研省不同居住类型的样本村分布之数量结构

2.2 村民样本

2.2.1 总量情况

调查涉及农户 7 578 户，占调研省份乡村登记户数的 0.848%；涉及村民及家属 28 593 人，占调研省份乡村总人口的 0.951%（表 2-8）。

表 2-8 样本家庭和样本村民数量及占 2015 年全国 1%人口抽样比重

省份	2015 年全国 1%人口抽样调查农村家庭数	480 村调研农户数量（个）	480 村样本占比（‰）	2015 年全国 1%人口抽样调查农村人口数	家庭成员数量	480 村样本占比（‰）
青海省	730 903	364	4.980	2 963 484	1 473	4.971
广东省	8 226 000	537	0.653	34 398 744	2 078	0.604
辽宁省	4 537 355	624	1.375	14 497 613	2 326	1.604
山东省	14 590 968	555	0.380	42 893 226	1 859	0.433
贵州省	5 837 806	63	0.108	20 740 839	236	0.114
上海市	1 198 065	489	4.082	3 034 065	1 562	5.148
陕西省	5 261 871	797	1.515	17 709 806	3 202	1.808
江苏省	8 179 935	776	0.949	27 057 742	2 846	1.052
湖北省	7 859 548	702	0.893	25 583 484	3 894	1.522
云南省	7 018 710	544	0.775	27 229 613	2 854	1.048
安徽省	8 853 097	863	0.975	30 815 032	1 891	0.614
四川省	13 635 742	970	0.711	43 484 516	3 399	0.782
内蒙古	3 390 774	294	0.867	10 100 710	973	0.963
总计	89 320 774	7 578	0.848	300 508 874	28 593	0.951

2.2.2 性别结构

根据 2015 年全国 1%人口抽样调查资料，全国乡村人口的男女性别比为 51∶49，调研访谈对象的男女性别比为 63∶37，男性比例偏大，各省市略有差异；

调查样本的家庭成员的男女性别比为 53∶47，与 2015 年全国 1%人口抽样调查数据的比例接近。

2.2.3　年龄分布

和全国乡村的人口年龄结构对比，调研访谈样本中 40 岁以上人口占比 84.3%，较 2015 年全国 1%人口抽样调查数据高 23.8 个百分点，其中 40～69 岁受访对象为主，占比达 73.1%；70 岁以上受访对象占比达 11.2%（图 2-14）。

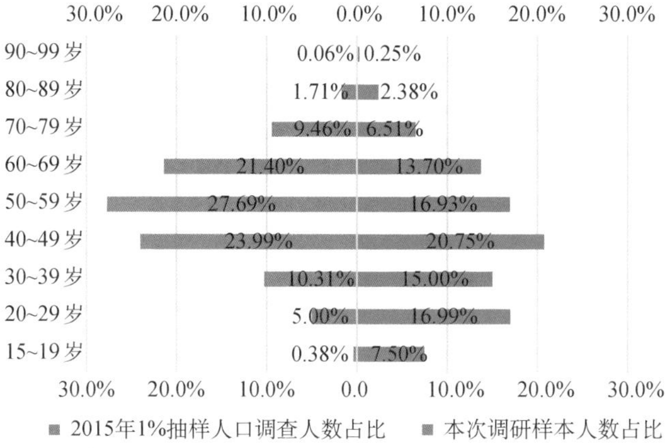

图 2-14　样本村村民的年龄结构与 2015 年全国 1% 人口抽样调查数据的比较

2.2.4　文化程度

与 2015 年全国 1%人口抽样调查数据相比，样本中村民的文化水平总体偏低，且分化程度较全国更高（表 2-9）。其中，广东省样本的高中以上文化程度占比最高，但也不足 40%；云南省和青海省的高中以上文化程度占比最低，均不足 15%（图 2-15）。

由于调查访谈是在工作时间进行，留守家中的乡村人口大多是能力偏弱、年龄较大或劳动技能较缺乏的人口，这与乡村的实际情况相符。

表 2-9 样本村民及 2015 年全国 1%人口抽样调查村民的文化程度分布

文化程度	占调研样本	2015 年全国 1%人口抽样调查
小学以下	19.01%	8.65%
小学	22.47%	35.36%
初中	36.07%	42.28%
高中或中专	13.72%	10.22%
大专及以上	8.73%	3.48%

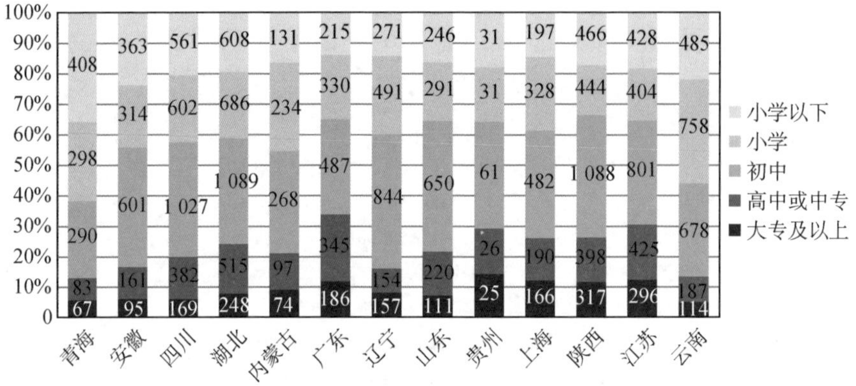

图 2-15 调研省样本村村民的文化程度之数量结构

2.2.5 从事职业

根据调查样本，有 37%的村民从事与农业有关的工作，11%的村民处于半工半农状态，以非农工作为主的企业经营者、普通员工、个体户占比达到 31%（图 2-16）。分省来看，经济发达省市（江苏、上海、广东）从事非农工作的村民较多，均超过了 40%（图 2-17）。

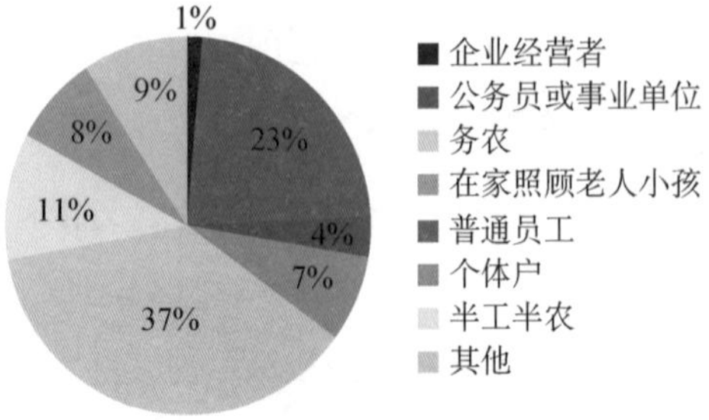

图 2-16 样本村村民的职业分布图

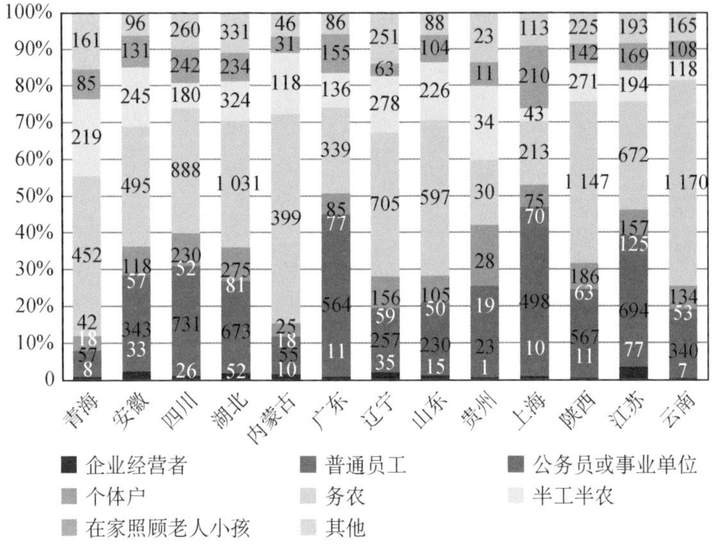

图 2-17　调研省样本不同职业的村民分布

2.3　进城务工人员样本

本次共调查企业 27 家，主要分布于湖北、广东、青海等地。企业类型涉及纺织厂、食品加工厂、化工厂、机械厂、电站、木业、矿产、药业和其他制造业。问卷发放时要求企业员工是农村户籍，共回收 524 份有效企业员工问卷，男女性别比为 58∶42；员工的年龄段分布较为平均，但总体上以中青年为主，50 岁以上的员工仅占 15%（图 2-18）。64%的员工户籍在本市农村，5%户口在本省其他地区的农村，来自外省的务工人员占企业员工总数的 31%（图 2-19）。被访进城务工人员的文化程度较高，达到高中及以上文化程度的占 38%，仅 22%低于初中

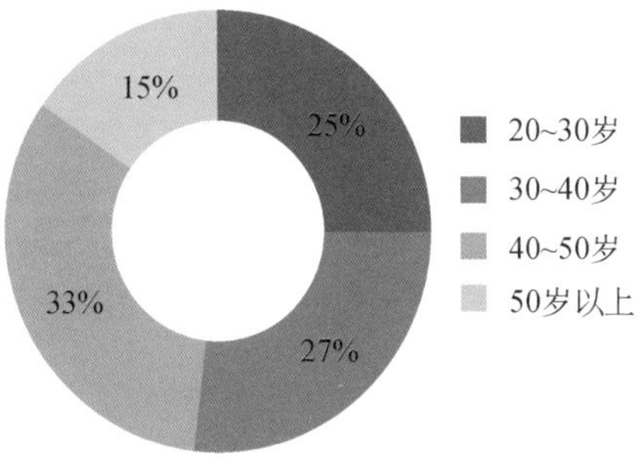

图 2-18　各年龄段样本进城务工人员的占比

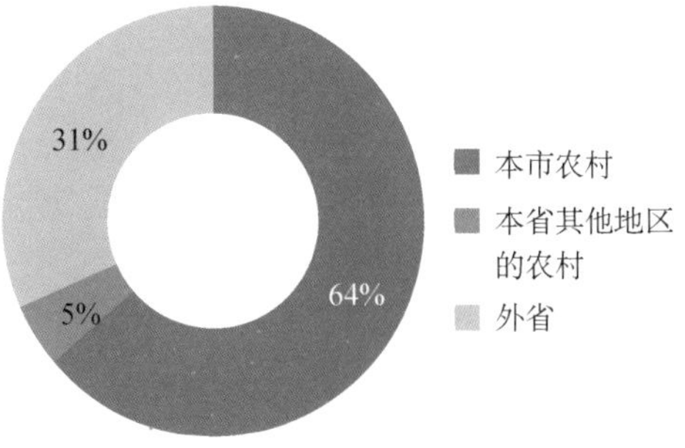

图 2-19　样本农民工的户口所在地

文化水平(图2-20)。从进城务工人员的工作类型看,77%的员工是普通工人。相对于留守在村中的村民,企业问卷提供了审视乡村问题的另一视角,为研究乡村人居环境和乡村外出人口的返乡意愿提供了重要参考(图2-21)。

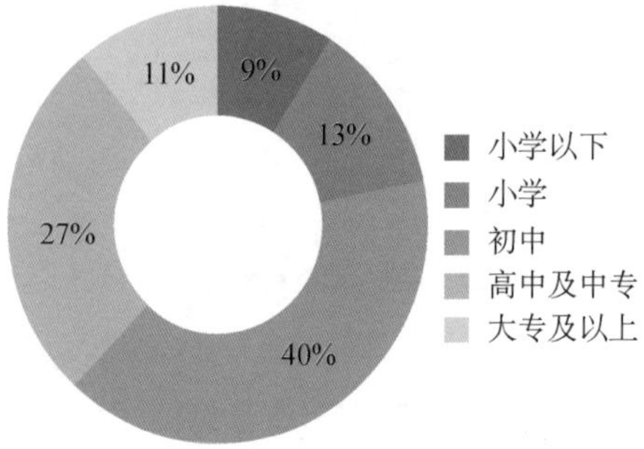

图2-20　不同文化程度的样本进城务工人员占比

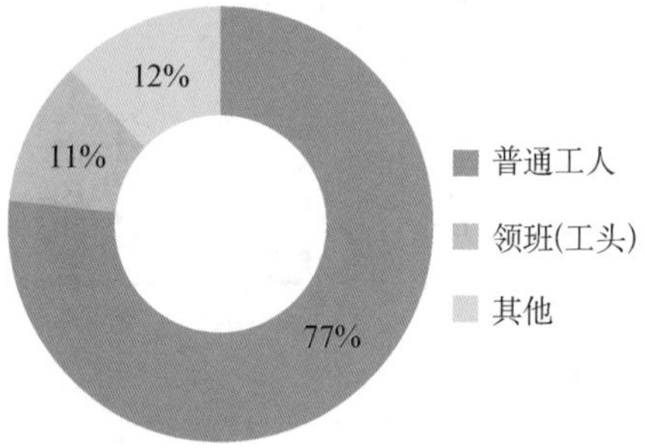

图2-21　不同工作类型的样本进城务工人员占比

第3章 乡村住房建设

3.1 乡村住房建设特征

3.1.1 集中居住广泛推进，村落风貌有所趋同

促进乡村居民点的“适度集聚”是近年来我国乡村建设的主要内容之一。与城市地区不同，与自然环境相依附的“分散与多样”是乡村自发演进下的天然特点。但过于分散的组织模式不利于土地的集约使用、生态的保护治理、设施的充分配置、环境的提升优化以及管理的完善到位。因此，将零散的乡村居民点拆除、搬迁，新建、改建新的居民点，化零为整、统一建设“中心村”“新农村”“集聚区”，重组村落空间，是过去十几年我国乡村规划与建设的主要内容之一。

在此背景下，农民集中居住的程度在提高，居住环境得到了改善；但大规模的快速建设也使乡村逐渐向“集中化、城镇化、样板化”方向发展，各地的村庄建设和乡村风貌趋同日益显见（图3-1）。规划师与决策者往往以城市的思路将乡村问题过于简单化和空间化处理；追求短期高效，缺乏对乡村全面深入的了解，其设计与建造难免粗糙同质（图3-1～图3-3）。在一些历史村落的更新中，体现得尤其明显。不仅乡村特色与文化传统难以为继，机械的复制和符号化的模仿更使得乡村空间和建筑逐渐“异化”（张立等，2019）。

(a) 江苏省宿迁市泗洪县上塘镇垫湖村规划图　(b) 江苏省常州市钱家圩村发展规划图　(c) 广东省汕头市潮阳区和平镇和铺村村庄规划模型图

图3-1 “城镇化、同质化、样板化”的新乡村规划

(a) 江苏省宿迁市泗洪县上塘镇垫湖村　(b) 云南省富宁县剥隘镇甲村　(c) 贵州省黔东南州丹寨县卡拉村

图 3-2　集中建设“均一化”的乡村住宅

(a) 上海市金山区廊下镇万春村集中居住小区建筑立面　(b) 上海市金山区廊下镇万春村集中居住小区道路景观　(c) 江苏省苏州市吴江区盛泽镇人福村

图 3-3　样本村集中建设的“城市化”风貌

3.1.2　农房改造投入大，但政策实施尚需优化

农村危房改造是各地新农村建设和地区扶贫的重要关注点，从中央到地方都将其作为解决三农问题和改善民生的重要方面。就调研的青海省来看，课题组从与当地住建部门的访谈中了解到，2015 年前三季度全省高原美丽乡村建设投入超 20 个亿，其中主要资金用于补贴农房建设以及相关的集中居民点配套，包括农村危房改造、易地扶贫搬迁、乡村人居环境整治、道路硬化等来自不同部门、不针对同范围和对象的补助项目(图 3-4)。

从实际效果上看，危房改造政策确实实现了部分乡村农房的更新改造、显著提升了部分村民的居住条件，经过改造的地区和其他村落相比，人居环境存在明显提升(图 3-5)。但政策受益人群所占比重仍然较小，地区整体面貌的全面改善仍然任务繁重。目前的政策投入仍然以“试点”和“撒胡椒面”的形式展开，人均补助不足、资金缺口巨大。

(a) 青海省海北藏族自治州门源县沙沟脑村　(b) 青海省海北藏族自治州门源县沙沟脑村

图 3-4　青海省海北藏族自治州门源县沙沟脑村高原美丽乡村

(a) 青海省海东市石灰窑乡石灰窑村未经改造的建筑风貌　(b) 青海省海东市石灰窑乡石灰窑村未经改造的建筑风貌

图 3-5　青海省海东市石灰窑乡石灰窑村未经改造的建筑风貌

更为明显的问题是，与资金投入相配套的实施机制仍不成熟。据调研中的基层政府反映，为完成上级补助指标的发放，住房补贴的实际获益人群大多是具有一定建房需求和能力的村民，而非真正的贫困户。因为最贫困的群体，即使有政府补贴，也难以建设新房。因此，危房改造政策扮演的角色往往成了"锦上添花"而非政策计划中的"雪中送炭"。

截至 2016 年年底，国家危房改造政策已经惠及 2 300 多万农户，扶持政策进一步向贫困地区倾斜。2017 年，住房城乡建设部、财政部、国务院扶贫办三部门联合发布《关于加强和完善建档立卡贫困户等重点对象农村危房改造若干问题的通知》，力争到 2019 年基本完成针对 4 类重点对象的农村危房改造，2020 年做好扫尾工作。

3.1.3 农房自建模式粗放、空置浪费现象严重

就全国来看，虽然近年来农民工增速总体呈现递减趋势，但乡村外出人口总量仍居高然不下，农民工总量持续增长(图 3-6)。2019 年，全国农民工 29 077 万人，比 2015 年增加了 1 330 万人①。但乡村住房面积却在持续上升，乡村建房热潮并未随之冷却，房屋空置现象也越发明显。2015 年的 480 个村调查显示，乡村空置住房比例高达 12.21%。

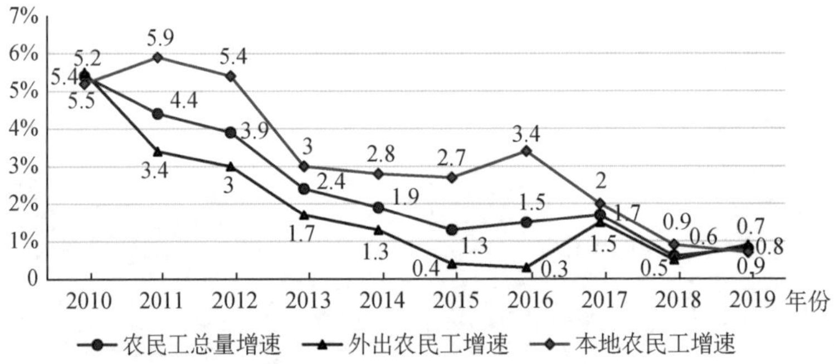

图 3-6 全国跨省流动及本地流动的农民工增速变化趋势
资料来源：2010～2019 年《全国农民工监测调查报告》。

在很多地区，自发的农房建设存在一定盲目性。城乡生活方式不同，农房标准不能与城市商品房同论。但必须承认，由于农房多为村民筹资自建，其建设成本往往较低，加之其在社会观念中的象征性地位和财产继承功能，过度建设较为普遍——尤其是在富裕村(图 3-7)，部分农户的房屋层数甚至高达 4～6 层、大小房屋十几间，但仅有几口人居住，有些甚至整层空置。在一些人口规模较小、并不发达的乡村，这一现象甚至从村委等公共建筑首先开始传递(图 3-8)。东部地区的乡村建设潮流、审美取向已经在向中西部地区蔓延(图 3-9)。

调研发现，中西部省份村民建房热情高涨，村民外出务工收入绝大部分用于自家住房条件改善，但建成后的新房往往超出本身实际居住需求，且由于人常年

① 资料来源：《2019 年农民工监测调查报告》《2015 年农民工监测调查报告》。

(a) 广东省汕头市南澳县深澳镇金山村

(b) 上海市青浦区朱家角镇王金村

(c) 安徽省阜南县地城镇高郢村

(d) 广东省茂名市化州市同庆镇排塘村

图 3-7　样本村过度建设的农房

图 3-8　辽宁省朝阳县北四家子乡政府大楼

(a) 安徽省阜南县高郢村

(b) 云南省黑尔壮族村

(c) 青海省海东市民和县核桃乡安家村

图 3-9　样本村村民正在建设的住房

在外打工，呈空置状态。同时新建住房还效仿东部地区“别墅式”“洋房式”的建设手法，与整体乡村面貌相违和(张立等，2016)。

农民建房缺乏统一引导和管理，闲置资产也尚未得到充分利用。农民作为农房的使用者，其决策往往出于微观利益的考量，缺乏长远眼光和整体统筹。即便长期空置，农民也极少寻求将房屋出租或盘活，调研农户中房屋出租者仅占 4.4%。

各级政府在户籍与宅基地管理、闲置资产如何退出、如何利用等方面的规划管理措施非常滞后。农民一面高墙圈地、盲目建新，另一面将旧房大量空置且不愿拆旧(图 3-10、图 3-11)。这既严重浪费了空间资源，也导致乡村面貌混乱无序，增加了设施配置和后期改造的成本。访谈显示，58.6%的村民没有考虑过空置住房及宅基地的处理利用问题(图 3-12)。

(a) 山东省蒙阴县类家城子村

(b) 山东省招远市草沟头村

图 3-10　样本村的空置住房

(a) 湖北省黄冈市罗田县白莲河乡香木河村　　(b) 青海省海东市平安区洪水泉乡硝水泉村

图 3-11　样本村彻底废弃但没有被拆除的农房、院落

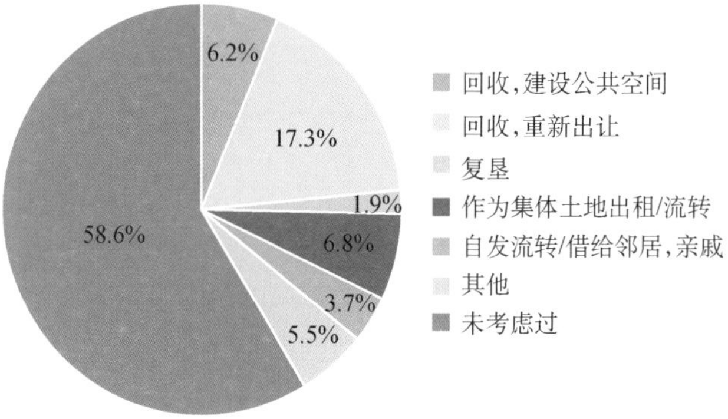

图 3-12　样本村村民对空置住房及宅基地的处理及利用方式的选择

3.1.4　村民的住房满意度较高，但定居意愿有所分异

村民对住房建设的满意度总体较高。随着国家对乡村住房建设的长期关注和支持，加之乡村经济社会的不断发展，农房集中建设和自发建设在逐年递增。调研发现，对住房建设表示满意和较满意的被访者占 70.4%。但仍有 16%左右的村民表示不太满意或很不满意，故乡村住房建设仍有较大的提升空间。从不同收入群体对住房的满意度差异来看，收入越低的村民，满意度也越低（图 3-13）。

住房在村民的生产和生活中扮演着举足轻重的角色。与城市的楼房不同，农房不仅仅是遮风避雨、日常起居的生活场所，也是储存农具、圈养牲畜、种菜种

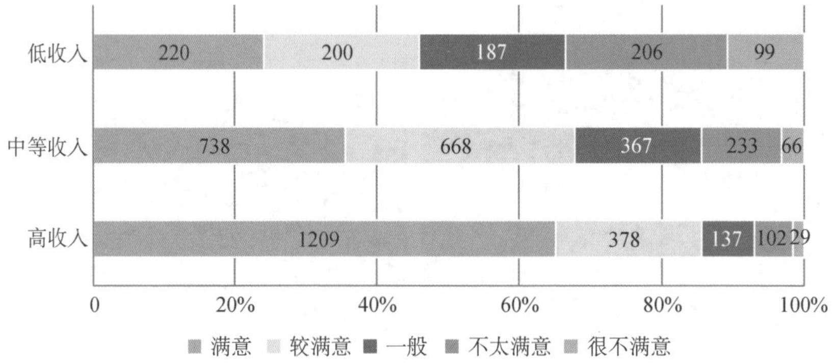

图 3-13 不同收入水平的样本村村民对住房建设的满意度

粮、织衣纺布的生产空间。在基本设施匮乏，社会生活单一的乡村，农房更是“开轩面场圃，把酒话桑麻”等娱乐休闲和社会交往的空间载体(图 3-14)。农房的选址、设计、建造到内部装修均是家庭成员按照其需求协力完成，凝结了村民的大量心血，是重大的家庭私有财产。因此，在很多乡村，农房的外观风貌不仅反映着家庭的经济实力，也象征着主人的成就和社会地位。农民建房、修房不仅是基本的生存需求，更是获取满足感和幸福感的方式。因此，尽管可能现实的居住需求并不大，但村民的建房积极性仍然较高。

(a) 山东省蒙阴县北松林村鸡舍
(b) 山东省蒙阴县北松林村羊圈
(c) 山东省蒙阴县北松林村鸡笼
(d) 辽宁省朝阳市朝阳县波罗赤镇卢杖子村牛舍
(e) 辽宁省朝阳市朝阳县波罗赤镇卢杖子村杂物间及牛舍
(f) 辽宁省朝阳市朝阳县波罗赤镇卢杖子村粮草储物空间及牛舍

图 3-14 样本村民住宅功能(休憩、养殖、储藏等)的多样性

480 个村调查数据显示，村民对住房建设的满意度与对收入的满意度密切相

关，对经济收入满意者对住房条件也基本表示满意。随着未来收入的进一步提高，修葺房屋、改善居住条件极有可能成为农民的首要诉求。即便在农房建设较为完备的经济发达地区，农房仍然是村民重要的生活保障和情感寄托，修葺和完善农房也是农户提升自身居住条件的普遍做法。

相对当下的中老年常住村民和返乡农民工，外出务工的乡村青年未来定居乡村的可能性较低，对位于乡村的住房需求不高。他们更渴望城市生活，对乡村的眷恋远不及父辈。于他们而言，返乡建房的吸引力远不如城镇置业。

480 个村的调查数据显示，近 60%的 17 岁以下村民认为理想居住地在城镇（图 3-15）。即便是“认可乡村”的中老年群体，也大量表示不希望子女继续生活在乡村。不同地区的调查样本显示中，希望子女生活在乡村的仅占 12%，近 80%的村民希望子女生活在县城以上的较大城市（图 3-16）。即便认为乡村是理想的居住地的村民，希望子女也生活在乡村的仅占 14.8%（图 3-17）。由此可见，乡村住房的实际需求从长远来看不会持续增长，自发建设的盲目性需要科学的政策引导。

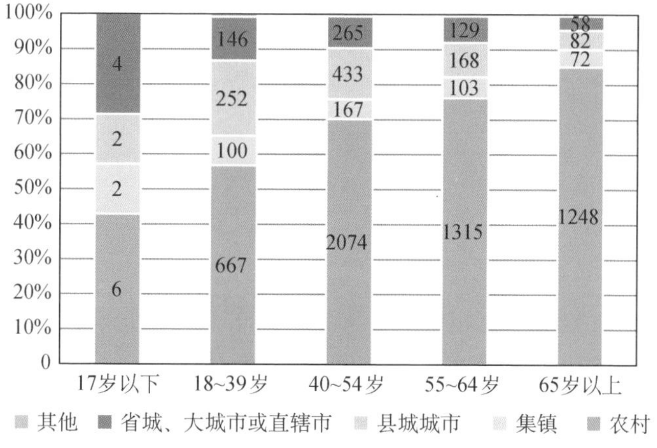

图 3-15　不同年龄段的农民工样本对理想居住地的选择

另外，近年来跨省迁移的农民工趋于减少，返乡态势渐涨，这将导致一定时期内乡村建房需求进一步增大。480 个村调研发现，72%的村民和 38%的农民工均认为“乡村是最为理想的居住地”，这在不同发达程度的地区有着类似的体现（图 3-18、图 3-19）。超过 70%的村民表示如果有合适岗位，愿意回乡就近务

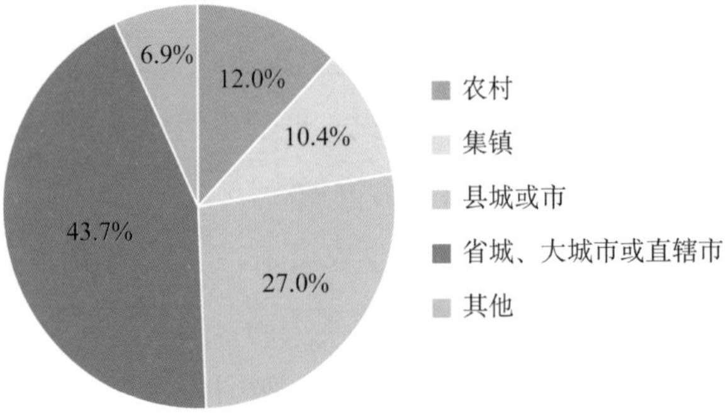

图 3-16　样本村村民希望下一代的生活居住地

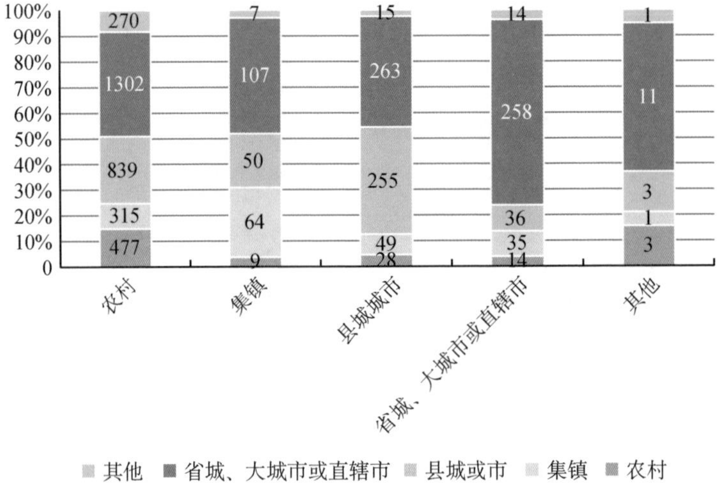

图 3-17　选择不同理想居住地的样本村民希望下一代选择的生活居住地

工，接受“居住在乡村，工作在城镇”的就地、就近城镇化模式（图 3-20）。特别对当下 40～60 岁的中老年进城务工人员而言，农房仍然难以割舍。调研数据显示，80％的村民表示，以后会选择在乡村养老，落叶归根（图 3-21）。

时至 2020 年，调研已经过去 5 年，乡村外出务工群体进一步老化，中老年人口的回流趋势更加显现（杨舸，2020），这将进一步促升乡村建房需求。但是，这类需求并不全部是实际的客观居住需求，更多的可能是心理层面的建设愿望等，需要政府部门予以健康引导。

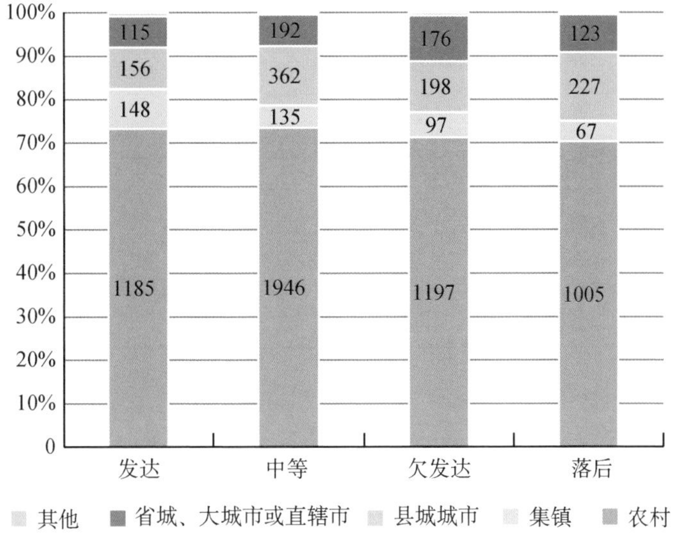

图 3-18　样本村民的理想居住地分布之数量结构

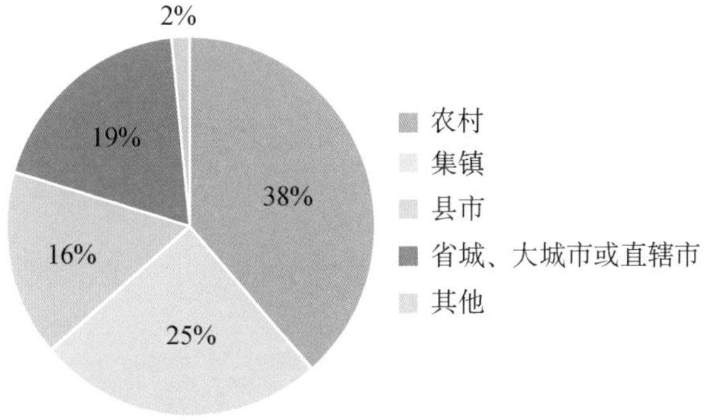

图 3-19　样本农民工对理想居住地的选择

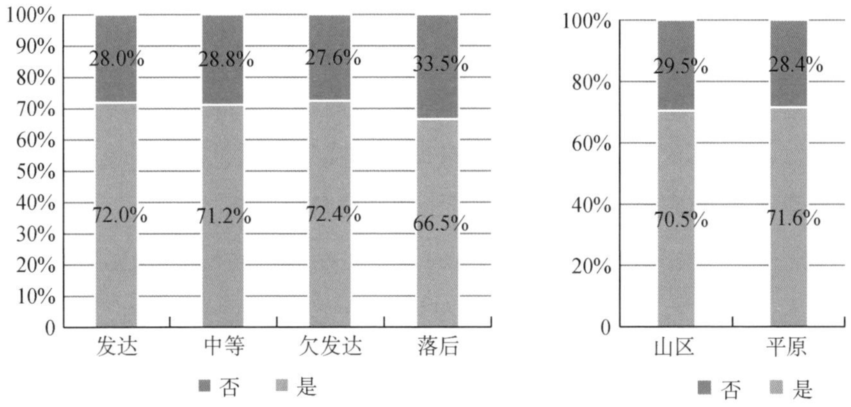

图 3-20　不同地区样本村民是否愿意“居住在乡村、工作在城镇”的选择

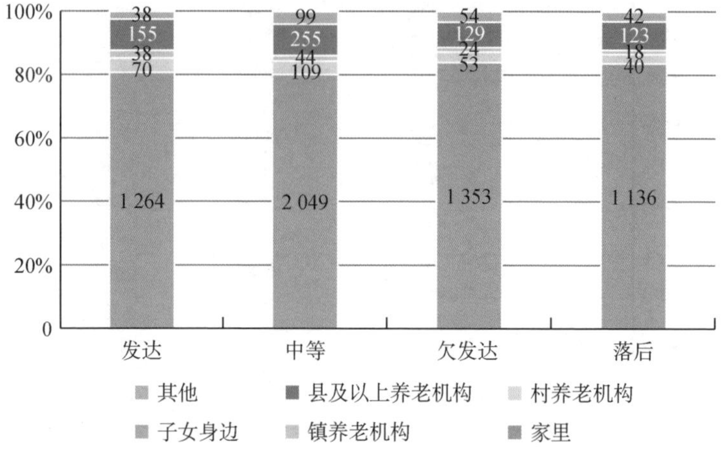

图 3-21　不同经济发展程度地区的村民对养老居住地的选择

3.2　乡村住房建设的区域差异性

3.2.1　各地推进集中居住的目的和形式不同

实地调研发现,各地乡村居住条件改善的推进方式不一,但均与中央和地方政策导向、本地发展基础和实际需求紧密相关。总体来看,主要以下面三个典型案例所代表的三种形式为主。

一是迁村并点,居民上楼集中居住,以城市化居住小区的形式建成(图 3-22)。此类形式在土地指标紧张,经济和产业发展基础良好,实施以"城乡土地增减挂钩"政策激励的地区推行较好,经济发展水平较低的地区往往难以推进。如江苏省的"三集中"政策、川渝地区的城乡统筹综合配套改革政策试点地区,通过产业化促进乡村居民非农收入提升,利用农民集中上楼节余城乡建设用地指标进行城乡建设开发,实现农民生活、就业、居住的现代化整体提升。

二是根据农民实际务农需求和新农村或美丽乡村建设政策激励,将乡村居民点适当就地集中,通过集中式规划布局,统一改善居住条件和设施供给水平(图 3-23)。这一形式在中西部实施试点政策和切实改善需求的地区推进较好,但单个乡村建设投入成本高,难以广泛推广。

案例1:安徽省阜阳市阜南县会龙镇芦庄村村民集中居住社区

(a) 新农居　　(b) 新村景观风貌

图3-22 阜南县芦庄村的新村和新农居

芦庄村位于阜南县西部闻名遐迩的辣椒之乡会龙镇腹地,村民以种植辣椒为主要收入来源。通过集中布局规划,芦庄村将原来分散而居的农户集中至沿河流居民点。考虑到居民务农需求,保留了独门独户二层建筑的农房设计,建筑立面和建筑形象通过徽派建筑风格设计,呈现出整齐划一的布局和井然有序的空间景观,这些都是居民点规划建设的实质反映。

案例2:江苏省宿迁市泗洪县上塘镇垫湖村居民上楼

(a) 村庄卫星图　　(b) 安置住宅楼

图3-23 垫湖村村民“上楼”至集中居民点居住

上塘镇垫湖村地处泗洪县西南岗部地区,是全国“大包干”的发源地之一。村耕地共有767公顷,目前已实现土地全部流转,主要将土地流转给种植大户,鼓励建设家庭农场。乡村集中兴建工业厂房,一方面增加村集体收入,另一方面提供本地就业岗位,鼓励年轻人在本村解决就业问题。2008—2012年将原有13个自然村落合并,村民全部集中至集中居民点居住。垫湖村村民家庭收益主要源于土地流转租金和青壮年外出务工收入。

三是异地扶贫搬迁为主的整体乡村庄搬迁重建。通常是地质灾害多发地区、深山地区的居民搬迁至城镇附近重新选址建设新村，方便解决搬迁农民的就业问题。这一类易地扶贫搬迁村庄往往容易形成“兵营式”建筑形式，有机、自然、低密度的建设布局受限于土地指标、建设成本等原因而难以落实，农民再就业是同时面临的社会问题(图 3-24)。

案例 3:青海省海东市三合镇条岭新村易地扶贫搬迁村

(a) 新村景观

(b) 新村的开敞空间

图 3-24 易地扶贫新建的条岭新村

条岭新村位于海东市三合镇西部，属于近郊村，与城市联系较为便捷，距离城市建成区边界 10～20 千米。条岭新村作为易地扶贫搬迁村落，也是当地政府重点规划设计落地的“美丽乡村”。新建乡村布局注重自然有机，农房建筑以单层、独户独院为主，形成了一个风貌优美、居住条件良好的全新村庄。但由于土地指标紧张、建设成本投入巨大，农民再就业依然是难题，当地政府也明确表示难以再建成“第二个条岭新村”。

3.2.2 广泛推行集中居住，各地村民反响不一

为了不引起当地村民的过多猜想，以及不给当地政府增添工作麻烦，针对迁村并点等相关的议题，调研团队仅派领队前往样本村对村民进行口头访谈，以最大限度减少因沟通不畅带来的误解。

480 个村的田野调查样本中，部分村已经完成了迁村并点，部分村即将被撤并，其余的尚在平静之中。访谈中，询问了村民对迁村并点的态度。大部分村民

较为支持政府的投资和建设行动。因为在人居环境建设滞后、耕作半径较大以及发展程度不高的乡村，集中居住之后相应的服务设施升级、配套更加完善，人居环境得到整体改善。而住房建设本就较新（不超过 20 年的农房翻新），配套设施较为完备、耕作半径较小的地区，由于农耕便利性、生活习惯、农房质量以及资金等方面的原因，农民不愿意放弃现有住宅和土地去安置点重新建房。

与之相应，各地乡村推行迁村并点的难易程度存在很大差异。大体来说，中西部经济落后地区的推进工作相对较为容易，而东部沿海经济发达地区的实施则相对困难。但即使在中西部地区也应考虑农民的实际生产生活方式需求，如内蒙古牧区和青海省牧区的新建集中居民点在牧期几乎无人居住，沦为“空村”（图 3-25），而非牧区农村的农房改造工程则广受欢迎。东部地区以珠三角地区为例，迁村并点难以吸引村民的主动支持。原因在于：一方面乡村土地以（自然村）集体持有为主，以行政村为单位的集中建设需要（自然村）组间协调，实施较为困难；另一方面，这些地区经济较为发达，大部分地区的村民自建房屋的高峰已过，且大部分农房建筑质量相对较好、设施较为完备，重建成本偏高（图 3-26）；此外，这些地区城乡联系较为频繁，地区开放度高，乡村基本公共服务设施配置本就相对齐全，迁村并点难以实现人居环境品质的明显提升。

(a) 青海省河南县优干宁镇阿木乎村

(b) 青海省海北州门源县北山乡沙沟脑村

图 3-25　牧区样本村在牧期空置的集中居住区以及正在实施的新村工程

对于地方政府而言，通过合村并居等措施，可以压缩乡村建设用地，利用国家的建设用地增减挂钩政策，为城镇建设腾挪土地指标，这是很多相对发达地区推进迁村并点的动力所在。

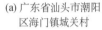

(a) 广东省汕头市潮阳区海门镇城关村　(b) 东莞市茶山镇茶增埗村　(c) 东莞市茶山镇茶增埗村

图 3-26　珠三角地区农村的高密度建设与开发

对于经过迁村并点建成的集中居民点，村民的反响不一。在大部分地区，村民对新居民点表示满意，因为生活环境得以改善，有些村借助设施农业、建造农家乐等产业发展，村民的收入也得到很大增长。同时，也有村民表示新的居住模式为生产和生活带来很大不便，难以适应，甚至由于乡村老宅并未拆除，形成了“通勤交通”的乡村新现象（在居民点和老宅之间轮换居住，在老宅附近耕作）。比如，在云南偏远山区，村民的旧宅因地处山中，拆除成本高，当地政府无动力及时拆除，且村民的耕地几乎都在老宅附近，为方便耕作，村民经常回老宅居住；在内蒙古牧区，村民为减少放牧的活动半径，牧期常常住在草场，而新建的居民点虽房间整齐但基本空置。也有一些新建集中居民点，由于地方政府资金保障不到位，后期的配套设施迟迟未建设，村民的意见很大（图 3-27～图 3-30）。

图 3-27　江苏省宿迁市泗洪县瑶沟乡官塘村

图 3-28　广东省汕头市潮阳区海门镇城关村渔民拆迁后的集中居住小区

图 3-29　江苏省苏州市吴江区松陵镇农创新村

(a) 青海省小泽库县王家乡叶金木村　　(b) 青海省泽库县宁秀乡赛龙村

图 3-30　青海省牧区集中居住的新乡村

总体来看，在不同自然地理条件、不同生产生活习惯、不同经济发展水平的地区，迁村并点集中居住的可行性和必要性存在很大差异。村民自下而上的需求与能力，政府自上而下的资金与配套，综合构成了农民集中居住的实施条件。如果各地盲目按照相同模式粗暴地推行迁村并点集中居住，不仅乡村特色可能会遭破坏，且实施成效难以保证，难以实现改善乡村人居环境的初衷。未来的新乡村建设和乡村振兴工作，不应将迁村并点作为唯一的关注重点和价值取向，尤其在国土空间规划改革的背景下，乡村的迁并和土地的整理要经过科学的评估后再渐次推进。

3.2.3 住房建设水平的区域差异较大

各地的住房建设水平差异很大，这与乡村的经济发达程度密切相关。经济发达村的村民对住房的主观满意度较高，其住宅建设的面积层数、修缮年代、外观立面、材质装饰、内部装修和家具配置等建设标准均相对较高。某种程度上，住房差异体现了乡村经济发展程度和村民生活水平。

就主观满意度而言，虽然村民对住房建设的总体满意度较高，但不同经济发展水平的乡村之间仍然存在较大差距。经济落后地区表示“满意”和“较满意”的村民仅占57.1%，而经济发达地区表示“满意”和“较满意”的村民占比近80%（图3-31）。

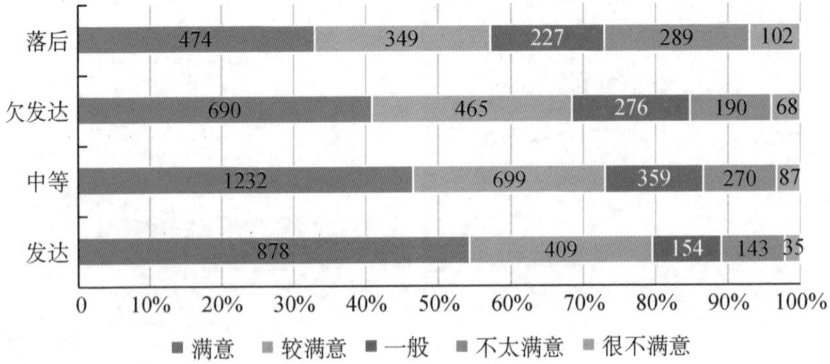

图3-31 不同乡村经济发展程度的样本村民住房满意度

从面积和层数上看，经济发达地区的户均住房面积相对较大，平均为204.51

平方米，住房层数也较高，3 层以上占到 20%左右；欠发达地区住宅面积最小，仅为 146.64 平方米（图 3-32、图 3-33）。

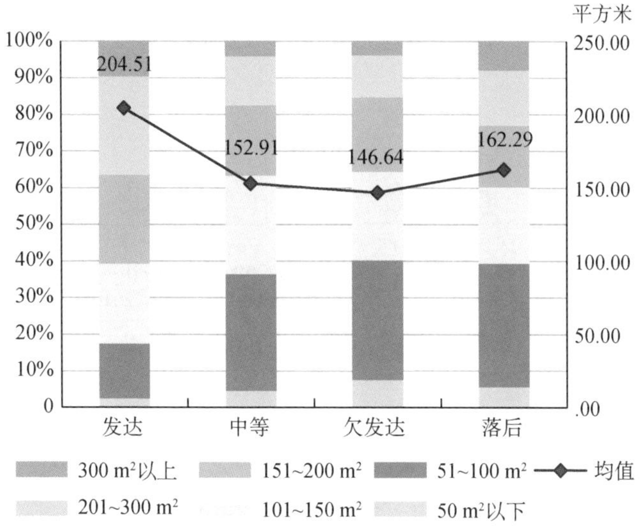

图 3-32　不同经济发展程度地区样本村的户均住宅建筑面积比例分布

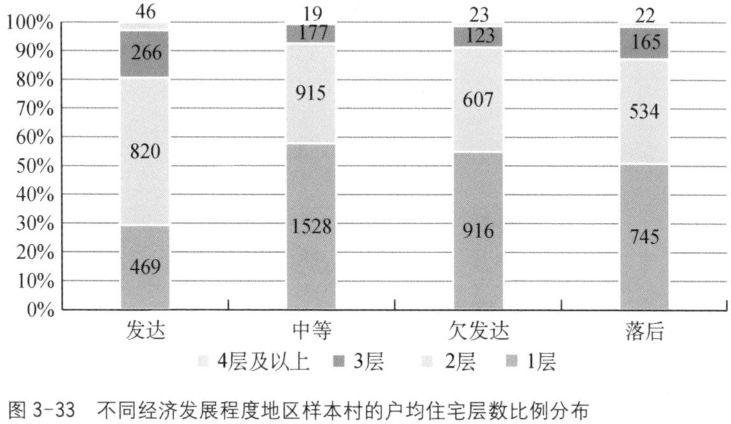

图 3-33　不同经济发展程度地区样本村的户均住宅层数比例分布

就房屋新旧和外观条件来看，大部分的发达地区乡村的住房建设时间较早，最后修缮时间也较早。20 世纪 90 年代是乡村住房建设高峰，在这一时期 60%左右村民完成了房屋建设。这些房屋在 2010 年前完成修缮，外墙完全裸露的房屋很少；而欠发达和落后地区的住房建设年代较晚，超过半数的房屋在近 5 年内更新修缮，且仍有超过 20%的农户住宅的外墙裸露（无粉刷或砖饰）（图 3-34～

图 3-36)。

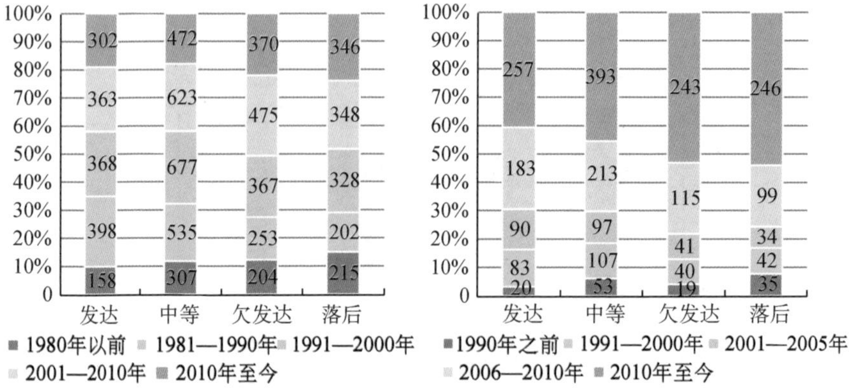

图 3-34　不同经济发展水平的样本村建设年代与最后修缮年代的比例分布

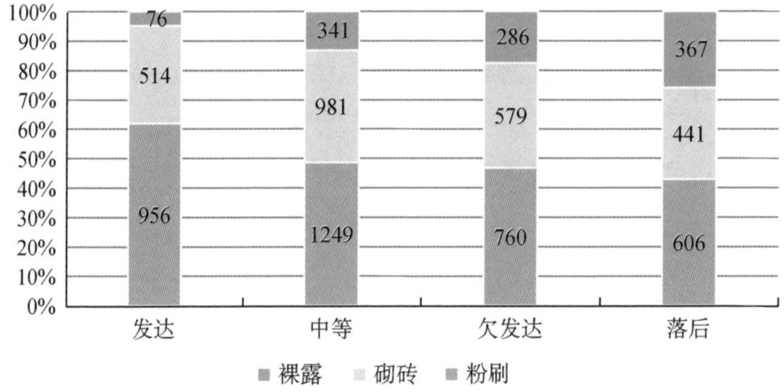

图 3-35　不同经济发展程度地区样本村的乡村房屋外观的比例分布

(a) 上海市金山区廊下镇万春村　(b) 云南省曲靖市薛官堡村　(c) 青海省海东市民和县中川乡团结村

图 3-36　不同经济发展程度的地区样本村住房面貌对比

除住房本身外，室内陈设也有很大差别。在是否有空调、网络、水冲厕所、洗浴设施、独立厨房等方面，经济发达村的室内设施配置整体相对完善(表 3-1、图 3-37)。农房设施配置与农户家庭个体条件十分相关。即使在同一地区，不同农户的室内也会呈现出完全不同的配置水平(图 3-38)。调研仍发现尚有大量乡村居民家庭设施不完备、居住条件较为恶劣,尤其是中西部地区(图 3-39、图 3-40)。如云南省大理州祥云县米甸镇自羌朗村波罗自然村受访农户家仍没有独立厨房,甚至没有餐桌,午饭在客厅炉灶做好后直接置于地面就餐。云南省澜沧县糯扎渡镇竜山村受访农户厨房与储物间共用,环境杂乱,室内地面尚未硬化,客厅间隔用化肥等包装袋做成,居住环境品质极低。青海省海东市循化撒拉族自治县文都乡王仓麻村为方便生火炉取暖并利用炉火做饭,炉灶和炕相连且处于同一空间,整体生活卫生环境仍处于较为落后状态。

总体而言,截至调查时我国乡村地区仍有大量的贫困户农房建设任务。

表 3-1　不同经济发展水平的样本村农房内部设施情况

乡村发展程度	有空调	有网络	有水冲厕所	有洗浴	有独立厨房
发达	68.7%	54.6%	75.9%	84.7%	94.4%
中等	34.3%	33.1%	37.9%	63.9%	89.1%
欠发达	25.1%	22.6%	34.3%	48.3%	87.1%
落后	15.4%	17.0%	23.4%	42.4%	81.5%

(a) 江苏省苏州市吴江区盛泽镇人福村

(b) 广东省东莞市茶山镇茶山村

(c) 山东省蒙阴县南松林村

(d) 四川省眉山市彭山区牧马镇武阳村

图 3-37　不同调研地区的农房室内

(a) 海北州门源县西滩乡西马场村

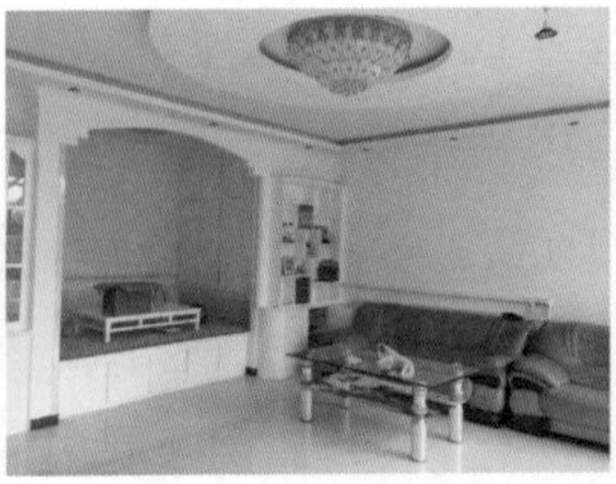
(b) 海北州门源县西滩乡西马场村

(c) 海北州门源县麻莲乡包哈图村

(d) 海东市循化县街子镇三兰巴海村

(e) 青海省河南县赛尔龙乡尕庆村

图 3-38 青海省不同地区农房室内情景

(a) 云南省大理州祥云县米甸镇自羌朗村波罗自然村

(b) 青海省海东市循化撒拉族自治县文都乡王仓麻村

(c) 青海省海东市循化撒拉族自治县文都乡王仓麻村

图 3-39 没有独立厨房的农房室内情景

(a) 山村道路及房屋

(b) 厨房及储物空间

(c) 客厅

图 3-40 云南省澜沧县糯扎渡镇竜山村乡村道路及农房室内情景

第4章 乡村设施供给

4.1 乡村设施供给特征

乡村设施是指为乡村生产和农民生活提供的各项基础设施、公共服务设施和道路、公交等，是乡村人居环境的重要组成部分。乡村基础设施主要包括供水设施、供电设施、通信设施、有线电视设施、燃气设施等。乡村基本公共服务设施主要包括初中、小学、幼儿园、村卫生室、图书室、养老服务、文化体育、商业、公园等。污水和环卫设施在第五章乡村环卫景观阐述。

4.1.1 基础设施覆盖率不断提高，但污水处理等设施仍需完善

经过长时间的建设投入，大部分乡村地区的供水、供电、通信等生活性设施已基本覆盖，建设水平不断提高(图4-1)。相对而言，东部地区、平原地区、发达地区的乡村设施投入建设时间较长，完善程度已普遍较高，基本实现了城乡统筹建设。如江苏、上海等地的乡村早在2000年前后就实现了水电等设施的全覆盖，村民多使用管道煤气作为日常燃料。

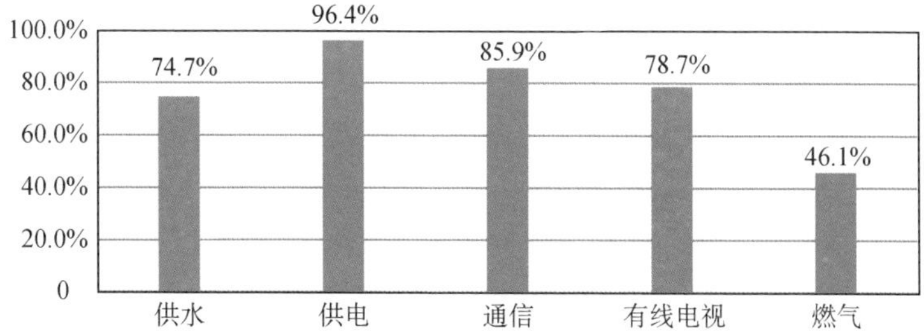

图4-1 供水、供电、通信、有线电视、燃气覆盖率90%以上的样本村占比

西部地区、偏远地区、落后地区的乡村建设起步时间较晚，建设难度和成本均较高，但设施覆盖率已较高，目前仍在逐渐完善中。如四川、云南等地的山区，近年来通电通网建设在加速，基本实现了全覆盖，但设施故障等情况相

对较多；供气设施相对匮乏，村民日常仍大多使用木柴、枯草、沼气等传统燃料（图 4-2）；以井水、河水等当地天然水源为饮用水；污水处理设施在乡村地区的普及率较低。这些地区的乡村基础设施的城乡统筹建设有待进一步提升。

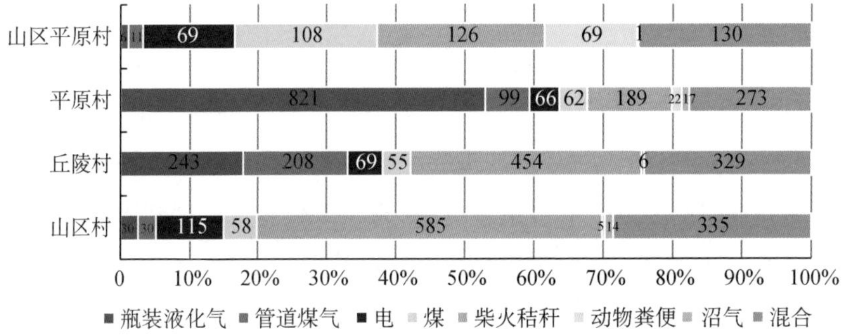

图 4-2　不同地形样本家庭使用的主要燃料

4.1.2　教育、医疗设施大量撤并，设施质量有待提升

以往乡村的设施建设标准是按照服务半径配置。据此，一个行政村需要配置一个小学和幼儿园等设施。但在我国快速的城镇化进程中，乡村人口大量流出、适龄儿童数量不断缩减，乡村学校出现大量“麻雀班级”。分散化的乡村设施配置模式难以实现资源集聚，且存在人员不足、资金不够以及设施服务质量普遍低下等问题。在此背景下，2000 年以来，乡村基础教育设施（幼儿园、小学、初中等）大量撤并，向城镇地区集聚。根据国家统计局公布数据①显示，2010 年之后乡村地区初中和小学数量都出现较大幅度的下降，2015 年以来乡村地区的初中在校学生数和小学在校学生数都呈下降趋势，而城市、县镇则同步上涨（图 4-3、图 4-4）。

调查发现，学校的分布模式在各地区间近乎一致，小学基本被撤并到集镇，大量乡村学龄儿童村外就学。全国乡村已基本没有中学（几乎全部集中在

① 2013 年以后中国统计年鉴口径发生变化，从 2014 年开始统计年鉴不再统计城区、镇区、小学数量，改为统计城区、镇区、小学专任教师数和在校学生数。

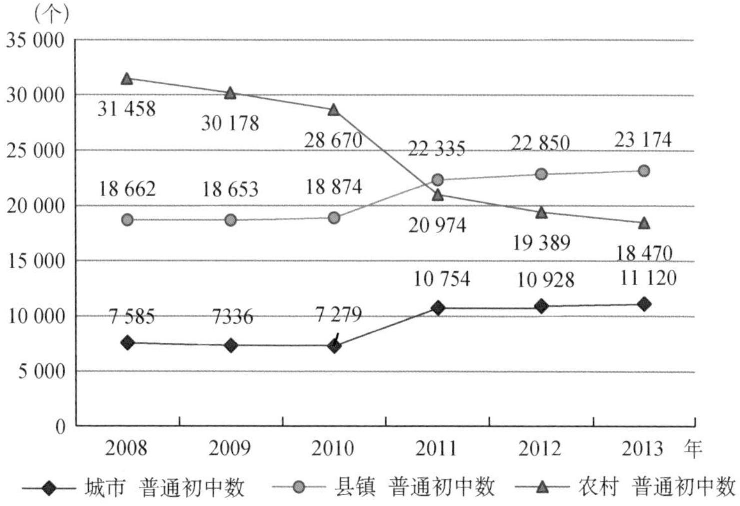

图 4-3　2008～2013 年城市、县镇、乡村地区普通初中的数量变化
资料来源:《中国统计年鉴(2014)》。

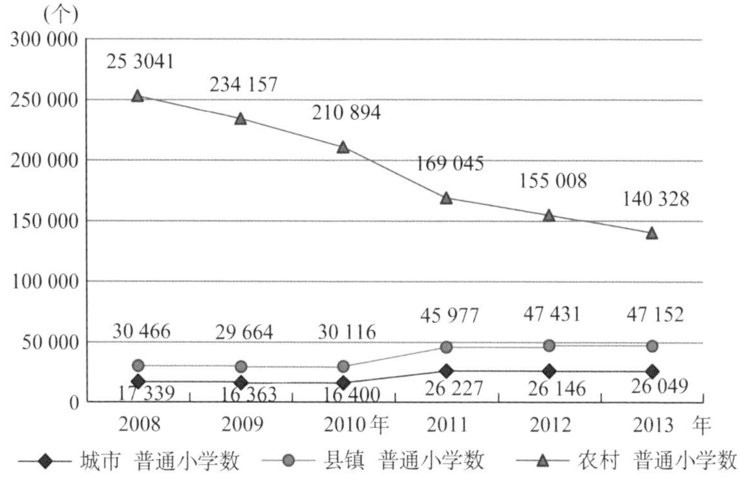

图 4-4　2008～2013 年全国城市、县镇、乡村普通小学的数量变化
资料来源:《中国统计年鉴(2014)》。

镇区),江苏、上海、安徽等地大量乡村地区没有小学,陕西、湖北等地只少量存在若干行政村共用一所小学的现象。在调研的 7 578 户农户中,在本村就读的子女占比仅三成左右,这一比例在各类型的调研乡村中差别不大(表 4-1,图 4-5～图 4-9)。

表 4-1 不同地形样本村各就学阶段的学龄子女在本村及镇区的就学比例

	山区村		丘陵村		平原村		山区平原村	
	本村	镇区	本村	镇区	本村	镇区	本村	镇区
幼儿园	33.9%	38.7%	38.6%	43.1%	36.8%	44.4%	50.9%	36.8%
小学	30.5%	51.5%	29.5%	50.5%	29.0%	46.9%	25.7%	52.4%
初中	4.9%	59.3%	5.1%	75.2%	8.2%	56.4%	4.3%	55.1%

图 4-5 广东省南雄市乌迳镇高溯村小学

图 4-6 广东省南雄市乌迳镇白胜村小学

(a) 大庄村小学大门入口

(b) 大庄村小学教学楼

图 4-7 云南省昆明市大庄村小学

在医疗设施方面，全国乡村卫生室数量在 2011 年达到峰值 66.2 万个，之后逐年下降，2018 年降至 62.2 万个，这与我国行政村数量的变动趋势基本一致（图 4-10）。乡村卫生室基本以行政村为单位，一村一个，并配备 1～2 名医生与若干设施。调查显示，在山区、西部、经济落后地区，村卫生室的使用不是很充分（表 4-2）。

图 4-8　广东省南雄市兰坵村被撤小学

图 4-9　广东省南雄市新田村被撤小学

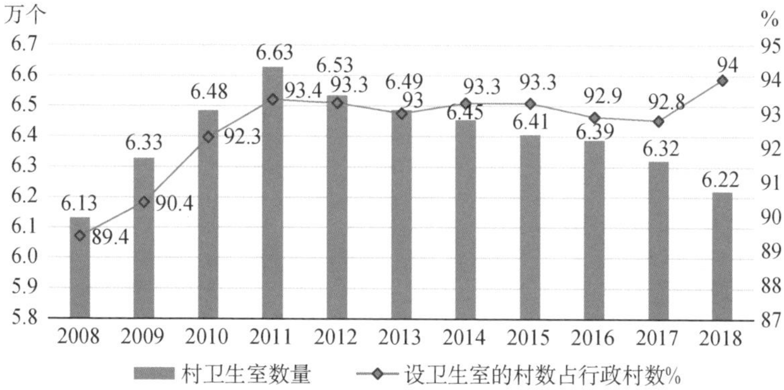

图 4-10　全国乡村卫生室数量(万个)、设卫生室的村占行政村比例(%)
资料来源:《中国统计年鉴(2019)》。

表 4-2　不同地形、区位、发展程度的样本村配有卫生室的比例

地形因素	乡村比例	宏观区位	乡村比例	乡村发展程度	乡村比例
山区村	84.7%	东部	94.3%	发达	91.2%
丘陵村	93.5%	中部	97.4%	中等	90.8%
平原村	92.3%	西部	81.9%	欠发达	88.2%
山区平原村	83.1%	东北	96.6%	落后	86.9%

乡村卫生室虽然基本达到了 1 ∶ 1 的配比,但卫生室建设标准低、设备不健全、药品缺乏、人员不足等问题仍较为明显(图 4-11、图 4-12)。调查发现,大量乡村唯一的医护人员仅为“赤脚医生”,甚至没有开具处方、注射打针等行医资格。若该医生外出上门问诊,此时前来寻医的村民就只能等待,卫生室的药品及设备更是十分有限。村民对卫生设施的满意度(相对教育等其他设施而言)较

低，表示满意的仅占六成左右（图 4-13）。看病难、求医难仍是村民的普遍反映；提升医师水平、更新医疗设备是最为迫切的改善诉求（图 4-14）。

(a) 安徽省阜阳市巩堰村　(b) 云南省墨江县联珠镇曼嘎村　(c) 广东省南雄市高溯村

图 4-11　样本村简陋的乡村卫生室(外观)

(a) 山东省蒙阴县类家城子村　(b) 广东省高州市南塘镇大塘笃村　(c) 云南省思茅区龙潭乡龙潭村

图 4-12　样本村简陋的乡村医疗设施(室内)

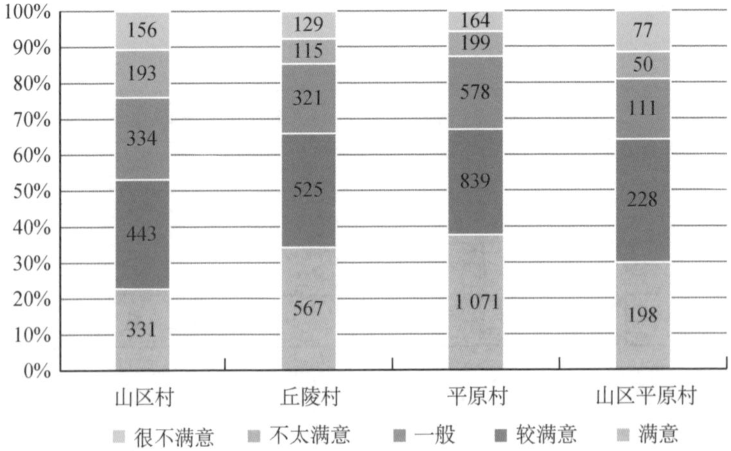

图 4-13　不同地形样本村村民对卫生室的满意度

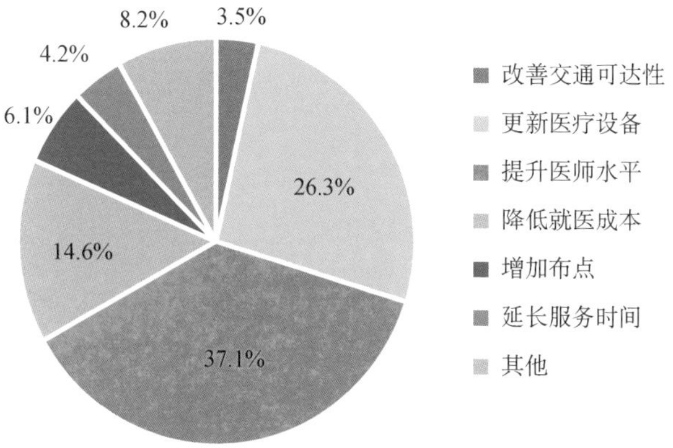

图 4-14　样本村村民认为卫生室最需改善的方面

4.1.3　养老、文体、商业等设施需求大，但建设普遍滞后

随着老龄化程度的加深和生活水平的提高，村民在养老、文体、休闲娱乐等方面的需求愈发旺盛。在受访村民看来，文体设施和教育设施依次是最急需的乡村公共设施，村民对养老、商业、公园绿化等设施的诉求也颇高（图 4-15）。从最需要增加的设施的选项汇总来看，位居前几位的是：文体设施占 35.5%，医疗、养老、商业、幼儿园和公园绿化各占比约 10%（图 4-16）。

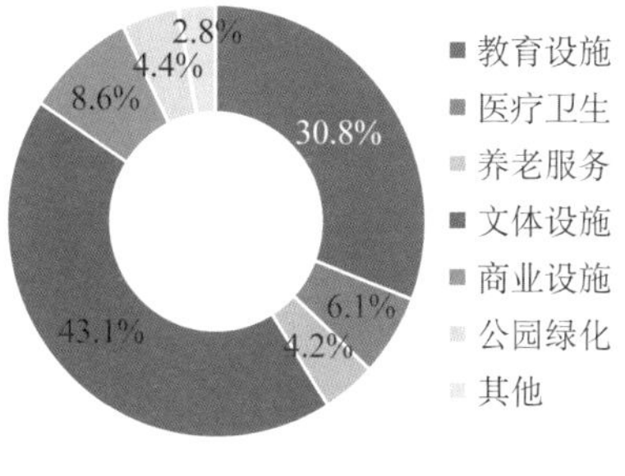

图 4-15　样本村村民急需改善的公共服务设施

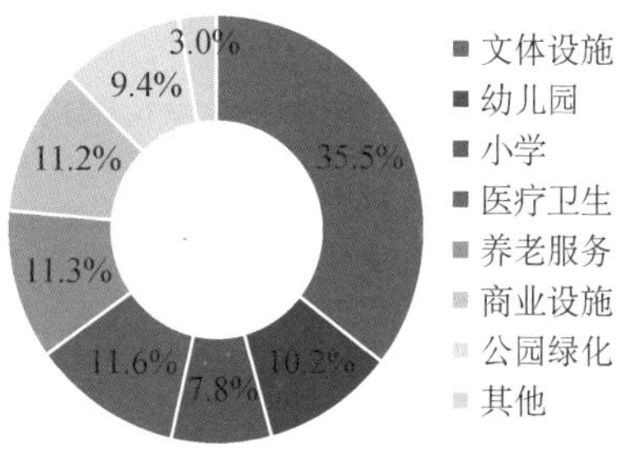

图 4-16　样本村村民急需增加的几项公共服务设施

调研显示，乡村商业设施整体较为简陋，村民的需求主要是大超市、电影院、歌厅、网吧、餐厅等（图 4-17、图 4-18）。此外，村民认为最急缺的空间是公园。

在满意度评价方面，村民对文体设施的满意程度明显较其他设施低，很不满意的近20%，满意和较满意的仅占一半左右（图4-19）。

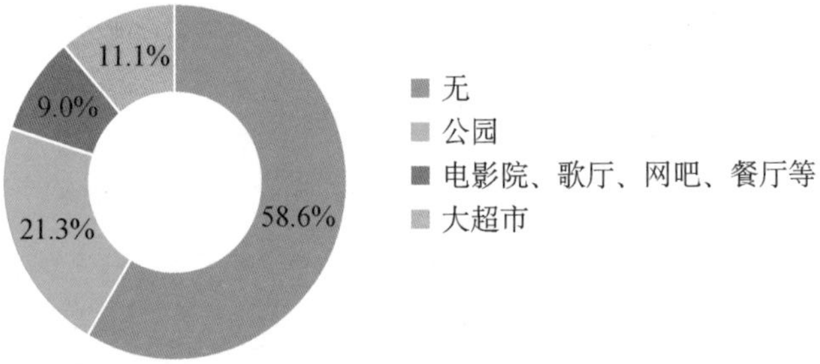

图4-17 样本村村民急缺的商业服务设施及空间

(a) 广东省汕头南澳县深澳镇金山村
(b) 山东省蒙阴县类家城子村
(c) 上海市嘉定区南翔镇永乐村屯二组商业街

图4-18 样本村简陋的乡村商业设施

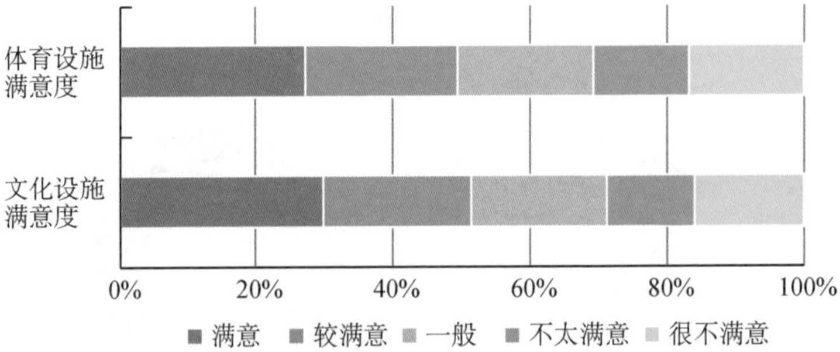

图4-19 样本村村民对文体设施的满意度

上述现象可以依据马斯洛的需求层次理论加以解释。马斯洛需求理论由较低层次到较高层次将需要概括为生理需求、安全需求、社交需求、尊重需求与自我实现需求五类。不同层次需要的发展与个体年龄增长相适应，也与经济收入与文化教育程度有关。因此，在基本的生理和安全需求（也可以概括为“生存需求”）得到满足的情况下，人们对精神生活和社区交往便产生了更加强烈的诉求，对娱乐和休闲设施的需求度和期望值也相应增高。随着经济社会进一步发展和基础设施配置的逐步完善，村民在精神文化生活和休闲娱乐体验等方面的诉求必将不断增强。

与此同时，乡村文体、养老、商业等设施的建设长期以来投入不足。不仅西部、落后地区的乡村文体、养老、商业等设施匮乏，东部发达地区乡村的该类设施建设也较为滞后（表 4-3）。不仅设施供给的总量（数量、面积）不足，服务时间、服务水平、管理维护、实际效用等软性服务方面也明显不足。调研发现，大量的乡村图书室和老人活动室常年门窗紧锁，健身器材、活动场所陈旧老化甚至废弃停用（图 4-20～图 4-24）。设施的供给结构与实际需求也有所“错位”：在很多调研的乡村，篮球场、跑道、乒乓台都是“标配”，然而却很少发挥作用（主要是乡村少年儿童较少），更多时候成为晾晒谷物、跳舞聊天的公共广场（图 4-25），虽然也“阴错阳差”为村民文体生活提供了便利，但仍然造成了一定程度的浪费。因此，乡村设施配置应基于地方发展和村民的实际需求，不断调整优化。

表 4-3　不同地形、区位、经济发展程度的样本村各类设施配建比例

乡村分类		有图书馆的乡村	有娱乐设施的乡村	有老年活动室的乡村	有室外活动场所的乡村
地形条件	山区村	84.87%	60.50%	50.42%	61.02%
	丘陵村	92.66%	79.46%	66.67%	75.23%
	平原村	94.44%	78.02%	66.48%	73.22%
	山区平原村	85.19%	64.15%	50.94%	72.22%
宏观区位	东部	93.4%	85.5%	76.6%	81.5%
	中部	89.7%	64.9%	53.2%	62.3%
	西部	88.8%	65.9%	55.2%	63.7%
	东北	86.2%	79.3%	58.6%	82.8%
乡村经济发达程度	发达	94.4%	82.2%	70.0%	82.4%
	中等	90.2%	73.0%	64.5%	73.6%
	欠发达	87.4%	69.1%	55.9%	60.9%
	落后	87.9%	66.7%	52.0%	64.6%

(a) 广东省南雄市兰垢村　　(b) 青海省循化撒拉族自治县三兰巴海村

图 4-20　样本村图书室的比较

图 4-21　山东省蒙阴县大城子村常年关闭的村乡活动室

图 4-22　广东省南雄市洋湖村破败的老年人活动室

(a) 山东省蒙阴县南松林村　　(b) 山东省招远市草沟头村

图 4-23　样本村被村民用于晾晒的活动场地

(a) 广东省茂名市化州市排塘村

(b) 广东省南雄市白胜村

(c) 南雄市珠玑镇聪辈村

图 4-24　荒废的乡村篮球场和室外场地

图 4-25　安徽省阜南县黄岗镇柳新村:乡村小卖部常扮演“老人活动室”的角色

4.2　乡村设施供给的区域差异性

4.2.1　西部和山区的道路交通设施建设滞后

乡村道路建设的区域差异性最为突出。发达地区和平原地区的大部分乡村道路设施较为完善，镇村基本配置公交，居民出行便捷，城乡联系较频繁（表 4-4）。上海、江苏、广东等沿海发达地区早已实现了乡村道路的全面硬化，电瓶车、摩托车已经成为村民主要的出行方式，小汽车普及率较高；中部的湖北、安徽等地近几年在乡村交通设施方面的建设也在加速（图 4-26）。

表 4-4　不同地形、区位、经济发展程度样本村的镇村公交配备比例

地形因素	有公交的村庄	宏观区位	有公交的村庄	村庄发展程度	有公交的村庄
山区村	50.0%	东部	68.0%	发达	69.2%
丘陵村	46.3%	中部	51.3%	中等	58.5%
平原村	65.6%	西部	43.5%	欠发达	45.0%
山区平原村	47.9%	东北	74.1%	落后	46.5%

(a) 上海市浦东新区大团镇车站村

(b) 上海市浦东新区大团镇周埠村

(c) 江苏省苏州市黎里镇杨文头村

(d) 江苏省常州市金坛市薛埠镇仙姑村

图 4-26　发达地区的样本村乡村道路

在西部山区，村镇之间甚至乡镇的对外联系道路尚未修建完善，居民出行大部分依赖步行和频率很低的客运班车，来往车辆时常受到泥石流等灾害隐患的威胁，交通极其不便。恶劣的交通环境阻碍了人口的流动、产品的运输、信息的传递和观念的更新，成为羁绊居民生活水平提高和乡村经济发展的首要障碍(图 4-27)。

(a) 云南省澜沧县糯扎渡镇竜山村

(b) 云南省澜沧县糯扎渡镇响水河村

(c) 青海省同德县尕巴松多镇科日干村

(d) 青海省海东市平安区硝水泉村

图 4-27　落后地区的样本村乡村道路

调研显示，山区居民对道路交通设施建设的呼声尤其高。山区村 47.8%的村民认为道路设施是最需改善的基础设施，高于第二位给水设施近 30 个百分点，也远高于平原地区认为最亟需改善道路交通的 36.4%(表 4-5)。在对镇村公交的满意度方面，山区和落后地区超过四成村民表示很不满意或表示“根本没有公交”，与平原地区形成鲜明反差(图 4-28)。

表 4-5 不同地形乡村的村民认为最需改善的基础设施(除环卫)

	道路交通	给水设施	电力设施	燃气设施	污水设施	雨水设施	防灾设施	其他
山区村	47.8%	19.4%	4.5%	12.4%	9.6%	2.5%	1.5%	2.3%
丘陵村	39.5%	22.5%	2.7%	16.7%	10.6%	1.9%	2.2%	3.9%
平原村	36.4%	17.7%	2.6%	16.2%	16.4%	3.7%	2.0%	5.0%
山区平原村	36.9%	17.4%	4.4%	21.5%	12.1%	2.4%	1.8%	3.5%

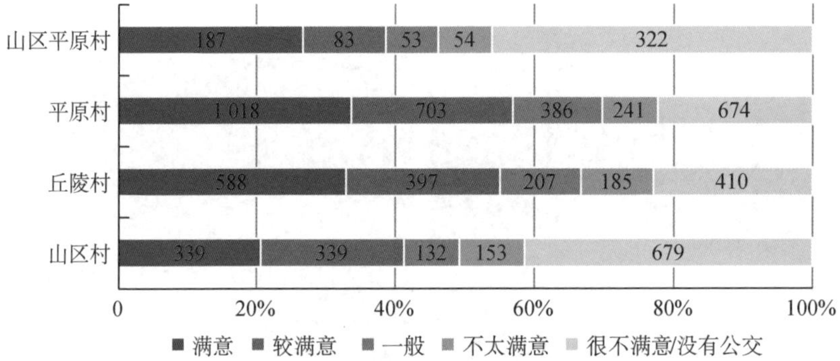

图 4-28 不同地形、区域的样本村村民对镇村公交的满意度

4.2.2 村民对乡村基础教育设施撤并的态度存在较大差异

乡村层面的基础教育设施大量撤并，随之而来的是儿童就学半径的增大和接送孩子的不便。这一模式虽然在平原地区易被接受，因为电瓶车、公交车较为普遍，且道路设施建设较好，但在山区和经济落后地区则问题凸现。调查显示，山区和偏远地区的住校学生较多，包括相当数量的小学生和初中生(图 4-29)。这种就读模式增加了家庭负担，并非家长和学童所愿。然而若不住校，较远的通勤时间和不便的交通条件，难免需要家长来回接送，影响正常的农业生产与日常工作。

就村民满意度而言，山区乡村村民对基础教育设施满意度明显偏低，不仅“满意”或“较满意”的人数少，“不满意”或“很不满意”的比例也远高于平原地区(图 4-30)。就村民对基础教育设施的改善意愿和关注重点而言，平原地区的村民认为“提高教师质量和更新教育设施”是最重要的；山区(含山区平原)的村民则认为“增加学校数量，缩短与家的距离”和“提高教师质量”几乎同等重要(图 4-31)。从分区域来看，西部地区的村民对学校的服务半径更敏感(图 4-32)。

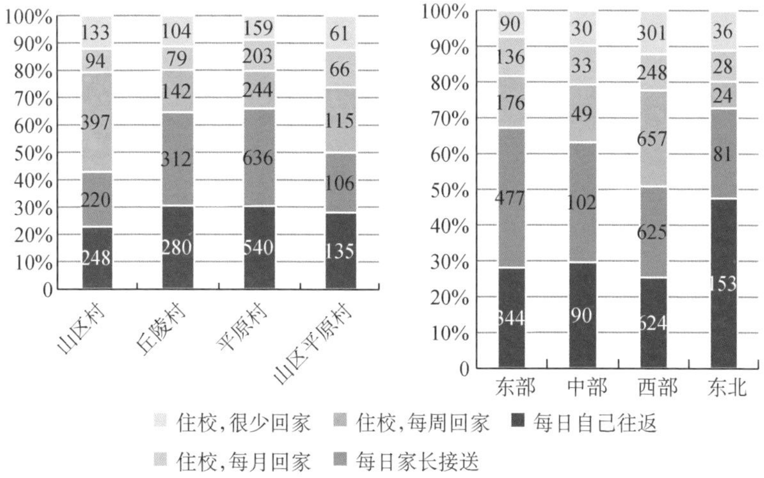

图 4-29　不同地形和不同区域的样本村村民学龄子女的就学方式

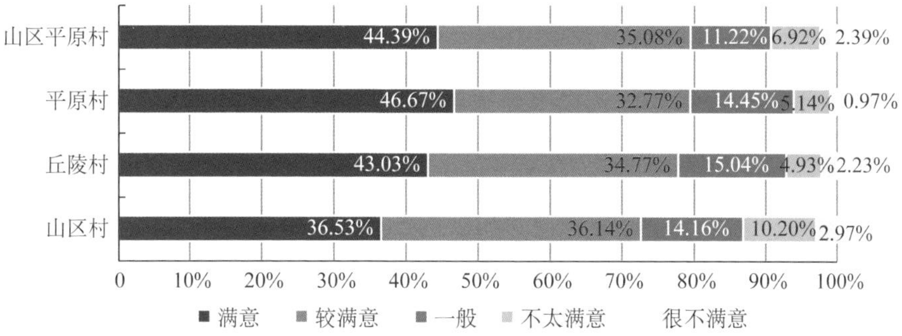

图 4-30　不同地形的样本村村民对学校的满意度

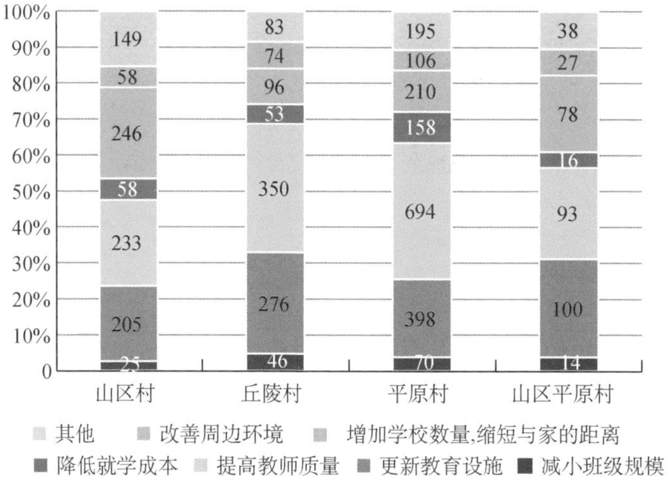

图 4-31　不同地形的样本村村民认为学校最需改善的方面

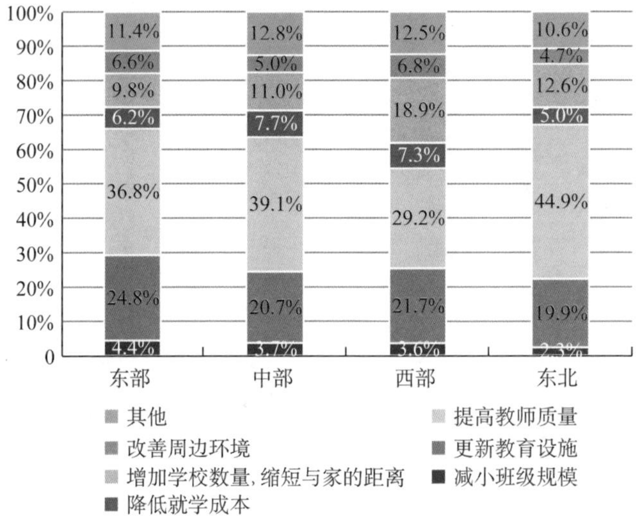

图 4-32　不同区位的样本村村民认为学校最需改善的方面

调查走访中发现,平原地区对教育设施的撤并重组已经基本接受,并认可资源集中带来的教育质量提高。这基本建立在完善的道路交通设施和便捷的城乡联系基础之上。而山区道路交通建设滞后,村民便捷出行的问题尚未充分解决,教育设施服务半径的扩大给村民带来了很大的不便,村民只是被迫适应,并由此对生产生活带来许多负面影响(图 4-33)。

(a) 云南省富宁县追栗街镇塘子边村

(b) 云南省普洱市思茅区龙潭乡龙潭村小学

(c) 四川省凉山彝族自治州布拖县俄里坪乡九年一贯制学校

图 4-33　偏远山区的样本村学校

在云南,课题组驱车从镇上历经 2 小时深入山区村,目睹了村内 30～40 岁的文盲(或近似文盲)村民,其自身的温饱尚未解决,对子女教育的关注和投入近乎放任(图 4-34)。因此,这部分群体的子女受教育机会最需要关注。受道路交通条件的限制,加之家中安排不出单独的闲置劳动力接送子女上学,因此,子女辍学常常发生在这些偏远山区。

从调查来看，中小学的撤并除了要考量集约教育资源外，更重要的是要因地制宜，充分考虑当地乡村的实际情况，充分考虑学校的服务距离，避免过早过快地撤并村小等基础教育设施。

图 4-34　云南省澜沧县糯扎渡镇竜山村文盲青年及破旧的住房

第5章　乡村环卫景观

5.1　乡村环卫景观特征

5.1.1　乡村环境卫生问题突出，相关设施亟待完善

乡村环境卫生问题比较突出，环卫设施大量匮乏，且质量低下。随着农民生活方式的改变以及村镇工业、养殖业的发展，空气污染、水体污染、垃圾污染等在乡村普遍出现（图5-1～图5-4）。然而，乡村环卫设施建设在近几年才逐渐引起重视，发达地区的乡村逐渐配备了保洁员、垃圾箱等设施，但相对城市地区仍然极大短缺（图5-5）；尤其是生活污水处理设施，调查的村落几乎全部以自排为主，建设仍处于起步状态，即便建有设施也极少正常运行（电费太高，村委会负担不起）；村容管理也不够到位，垃圾随意丢弃、

图5-1　江苏省盐城市南阳村环卫设施

(a) 青海省海东市美一村　　(b) 云南省墨江县联珠镇铺佐村

图5-2　样本村生活垃圾随意丢弃

清运不及时等现象普遍存在。调研显示，只有 31.3%的乡村有污水处理设施，这其中只有 37.1%的乡村污水设施在正常运行(图 5-6)。

(a) 上海市浦东新区大团镇赵桥村　(b) 江苏省宿迁市秦桥村　(c) 广东省南雄市高溯村

图 5-3　样本村乡村环境污染

(a) 云南省普洱市响水河村　(b) 安徽省阜南县王家坝镇和谐村　(c) 青海省海东市下科哇村

图 5-4　样本村生活污水随意排放

(a) 山东省蒙阴县北松林村　(b) 广东省南雄市聪辈村　(c) 云南省富宁县追栗街镇塘子边村

图 5-5　样本村的垃圾收集设施

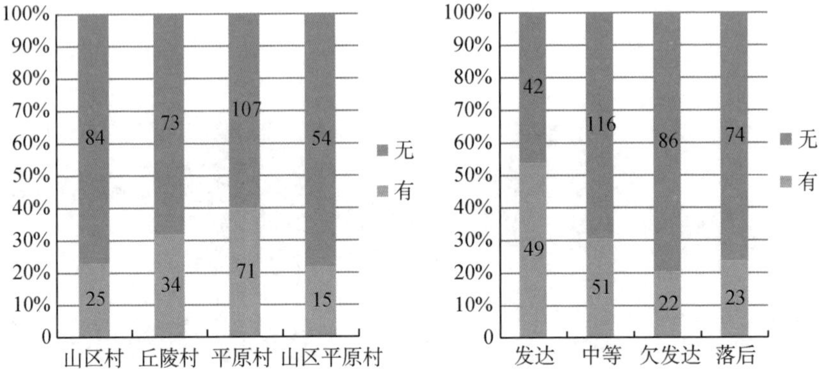

图 5-6 不同地形、不同经济发达程度的样本村污水处理设施配备概况

调研结果显示，村民对环卫设施普遍存在较大的不满，有40%的村民将环卫设施列为最需加强的乡村基础设施，这一反馈在不同类型的乡村中普遍存在(图 5-7～图 5-9)。由此可见，环卫设施的供需矛盾已十分严重，环卫问题已成为影响乡村人居环境建设水平和品质的最为重要的一个方面。

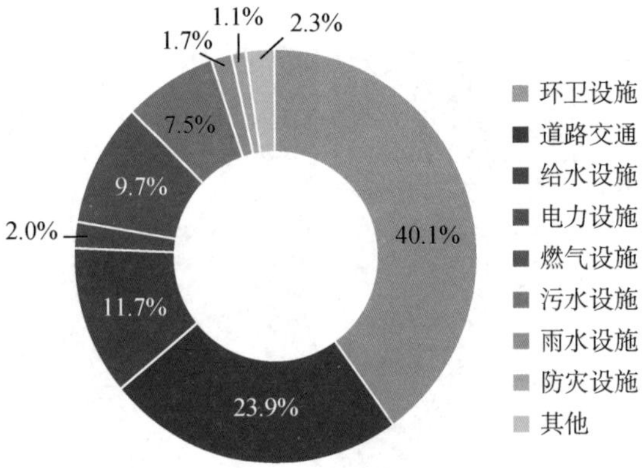

图 5-7 样本村村民认为最需加强的基础设施

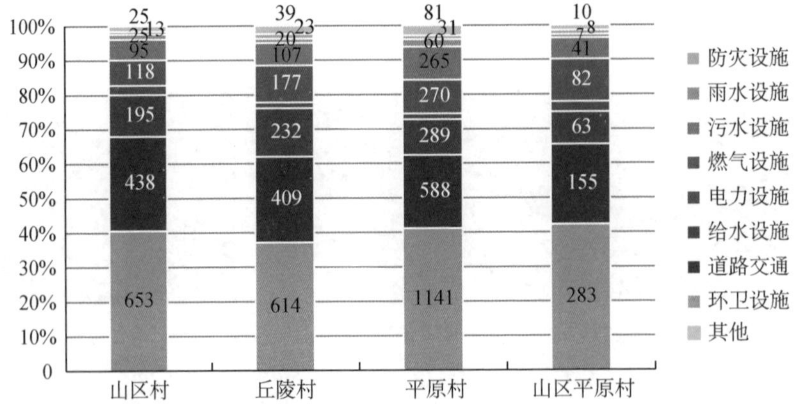

图 5-8 不同地形的样本村村民认为最需加强的基础设施

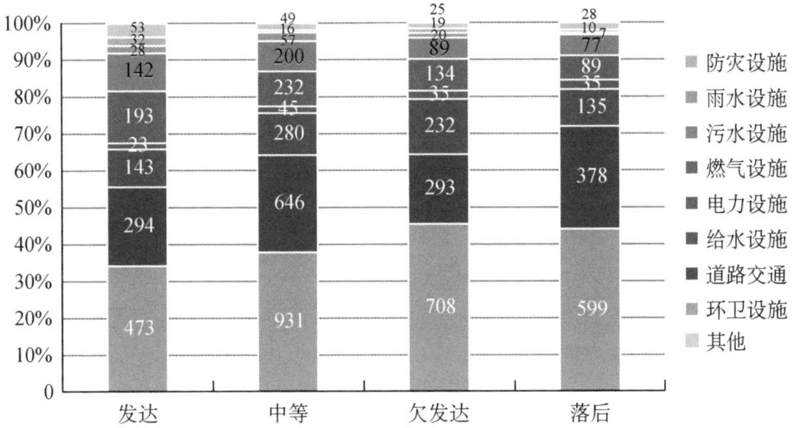

图 5-9　不同经济发展程度的样本村村民认为最需加强的基础设施

5.1.2　现代化建设大力推进，个性丧失

乡村所具有的地域属性既是乡村发展的载体，也是乡村特色的来源。我国自然地理环境变化多样，乡村面貌也随之各具特色。既有江南水乡的水田交错，也有黄土高原的千沟万壑；既有岭南山林的绿林参天，也有草原大漠的日落孤烟。不同的自然地理环境在乡村不同时期的演化过程中催生了不同的社会风俗和行为习惯，形成了珍贵的乡村文化遗存，进一步丰富了乡村特色（图5-10～图 5-14）。

(a) 江苏省常州市溧阳市南渡镇钱家圩村　　(b) 江苏省扬州市仪征市新集镇八桥村

图 5-10　长三角地区的水乡格局

(a) 云南省普洱市澜沧县竜山村　　(b) 云南省曲靖市师宗县黑耳村

图 5-11　云贵地区的山地风光

(a) 广东省东莞市南社村　　(b) 广东省汕头市南澳县三澳村

图 5-12　珠三角地区的岭南特色

(a) 青海省同德县贡麻村　　(b) 青海省同德县德什端村

图 5-13　西北地区的大漠风光

(a) 云南省普洱市文山市塘子边村穿斗结构民居

(b) 云南省普洱市文山市塘子边村房屋装饰

图 5-14　云南的拉祜族传统穿斗结构民居与房屋装饰

近年来，越来越多的乡村开始注重本村特色与资源的挖掘，将其作为旅游休闲产业与文化传承的载体。调研发现 40%的乡村已开发休闲产业和服务业，近 30%的村民认为“古建古树与传统文化工艺”是乡村可以开发的资源，仅次于“矿产资源”（图 5-15）。

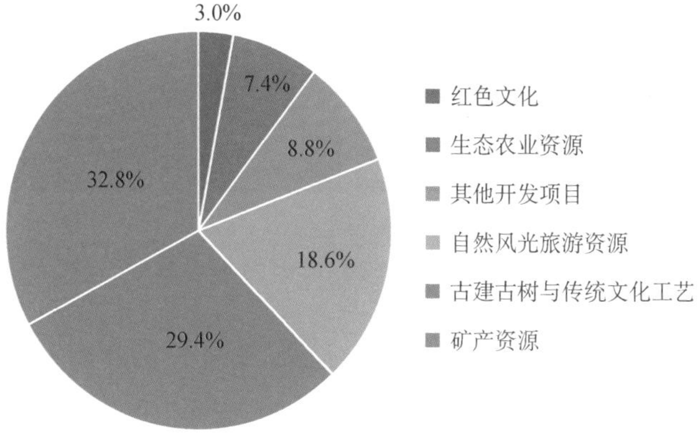

图 5-15　样本村可开发的各类资源比例

近年来，传统文化工艺以及传统民居受到一定程度的重视，在这一过程中，外来资本亦不断进入乡村市场，给乡村发展带来了机遇，但也给乡村景观和文化传承带来了挑战。例如云南洱海周边的乡村，外来经营者承包农户住宅并进行自主设计和经营，其城市化的建设风貌严重破坏了洱海周边的乡村风光（图 5-16）。另一些地方，乡村开发的人工化痕迹明显，指示牌、地图标识等随意置放，破坏了乡村的自然景观（图 5-17）。因此，如何在保存乡村本土特色的原真性与完整性的同时，引导乡村的本土资源在风貌协同的前提下向资产和资本健康转变，是乡村发展过程中需要审慎思考的问题。

图 5-16　云南洱海周边的“乡村建设”(外来经营者通过承包农户住宅自主设计并经营)

(a) 指示牌　　(b) 简介标牌

图 5-17　乡村景观的人工化：山东小山口村结合果树种植打造的“采摘园”

新时代的乡村需要现代化，但是在实际建设过程中，对自然生态环境和社会人文环境造成了一定的侵蚀和破坏。一方面，村民自下而上的主体诉求难以通过传统的建造方式获得充分满足，其从自身出发的建设行为往往难以兼顾乡村环境的保护。另一方面，(大部分地区)政府自上而下以城市空间的组织方式来建设乡村，对乡村传统和特色的保护也缺乏重视，使得乡村景观与自然环境逐渐脱离。在这一过程中，乡村的历史传统被逐渐舍弃，空间风貌的差异性也逐渐减弱(图 5-18、图 5-19)。

上述现象，在历史性村落的建设进程中尤其明显。以云南省曲靖市黑耳壮族自治村为例，其原本自然条件优越、风貌特色保存完整。自大山深处的道路开通后，村民积极外出打工，赚钱回来纷纷拆掉原有的壮族传统民居，乡村传统特色迅速丧失。年轻的村主任或村支书一直呼吁保留传统文化和民族特色，为乡村后续农业和休闲产业的发展预留道路，期望在规划的有效指导下放慢建设的脚步(图 5-20)。

(a) 新建住宅　(b) 老街旧宅

图 5-18　广东省汕头市澄海区隆都镇樟籍村新建农宅与老宅

(a) 卡拉村新村风貌　(b) 卡拉村旧村风貌　(c) 卡拉村民居翻新

图 5-19　贵州省黔东南州卡拉村新旧风貌

(a) 黑耳村优美的自然环境

(b) 黑耳村传统民居　(c) 黑耳村新旧房屋对比　(d) 黑耳村新建房屋

图 5-20　云南省曲靖市黑耳村的自然环境、传统民居和新建房屋

5.1.3 村民参与乡村建设的意愿较强，但缺乏有效组织

天然而优良的生态环境，纯净而田园的生活方式普遍受到村民的珍视。调研中问及对村容村貌状况的满意程度时，近70%的村民表示满意或较满意，不太满意和很不满意的仅占14.1%(图5-21)。能够沐浴清新自然的空气、置身宜人的天地山水、吃到自己种养的食物，是乡村生活最大的追求与乐趣(图5-22)。不论地域、经济差异，这一番“乡土情结”成为不少村民不舍离开、渴望归来、盼望相守的缘由。

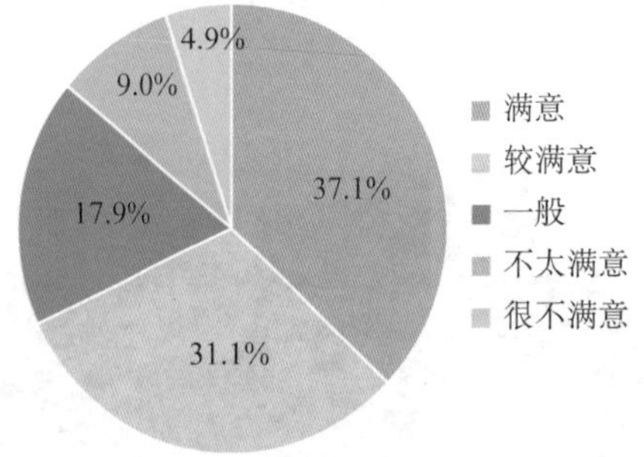

图5-21 样本村村民对村容村貌的满意度

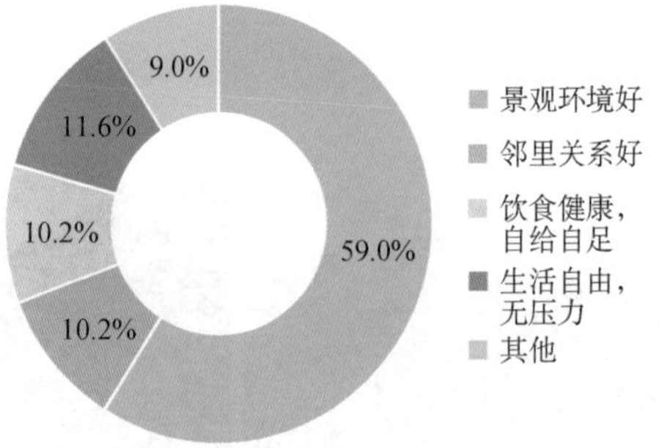

图5-22 样本村村民认为乡村生活最珍贵的方面

与此同时，村民对村落自然与人文景观的保护意识不强。祠堂庙宇、民居风貌等是乡村特色的关键，但村民对这些物质要素的价值缺少足够的认识。近半数的村民认为“村中没啥有价值的东西”，而对非物质文化部分(传统文化、工艺等)认可度相对较高(图5-23)。在历史文化名村，村民的保护意识相对充分，但在未经挂牌却具有一定风貌价值的传统村落中，村民的保护意识较为淡薄(图5-24、图5-25)。例如安徽省宣城市丁家桥镇李园村，非历史文化名村，但其所属的丁家桥镇却是宣纸文化的发祥地，李园村依托丁家桥镇作为宣纸发祥地、中国宣纸生产基地的优势，大力发展宣纸、书画、纸产业，但相应地，并未同步重视物质空间的保护和利用，尽

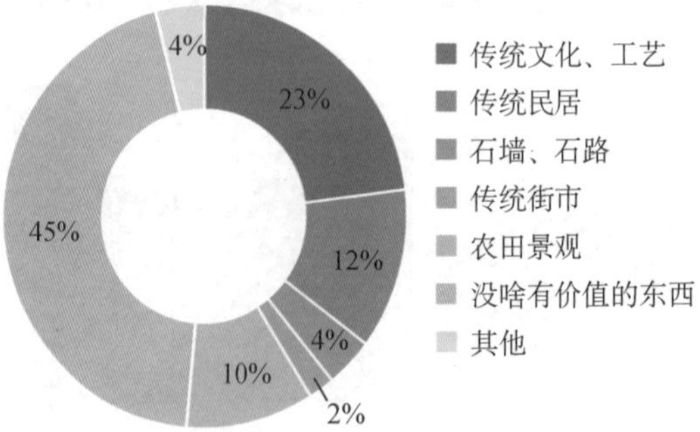

图5-23 样本村村民认为乡村环境中最需要保护的方面

管目前遗存有一处老屋群，已基本无人居住。总的来说，村民对村内具有历史价值的资产的认识尚不清晰（图 5-26）。

图 5-24　无人问津的乡村历史文化遗存：安徽省宣城市丁家桥镇李园村遗存的李园老屋群

图 5-25　尚未引起注意的乡村当代工业遗存：山东省荣成市西利查埠村废弃砖厂

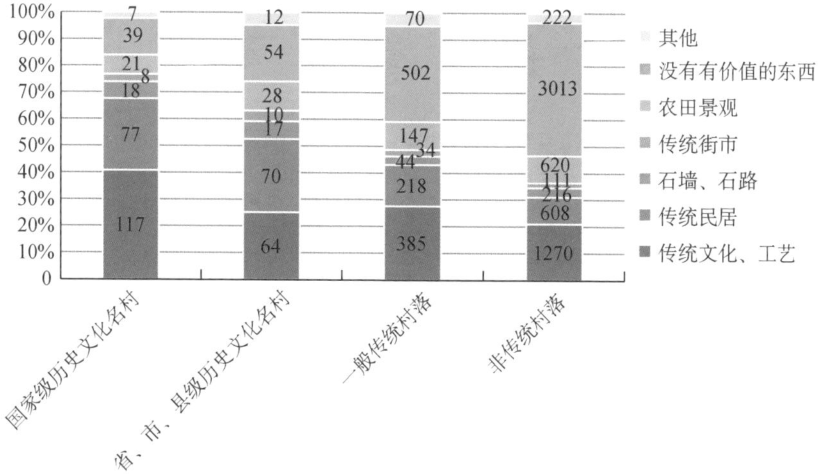

图 5-26　不同等级历史村落中的样本村村民认为乡村环境中最需要保护的方面

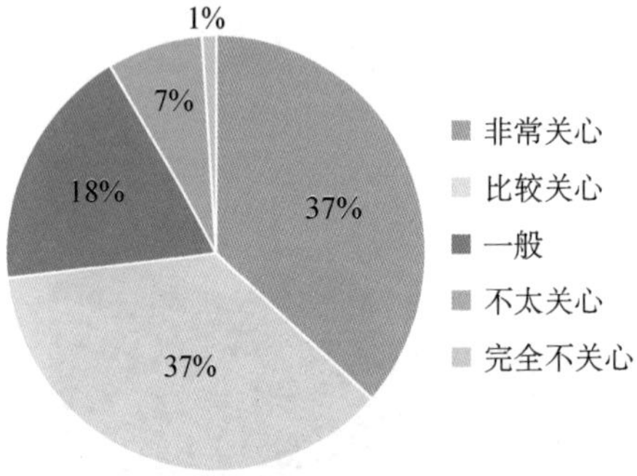

图 5-27 样本村民对村落景观环境关心程度

调研发现，74%的村民表示“非常关心”或者“比较关心”村落景观（图 5-27），87%的村民愿意参与“美丽乡村”等乡村人居环境建设（图 5-28），只有 20%的村民没有做过任何维护村落景观的事（图 5-29、图 5-30）。这说明村民具有主动维护、优化人居环境的意愿和潜力，但参与乡村建设的积极程度极大地受到组织程度与管理方式的影响，因此需要通过各级政府机构通过政策等方法来进一步调动与激发。

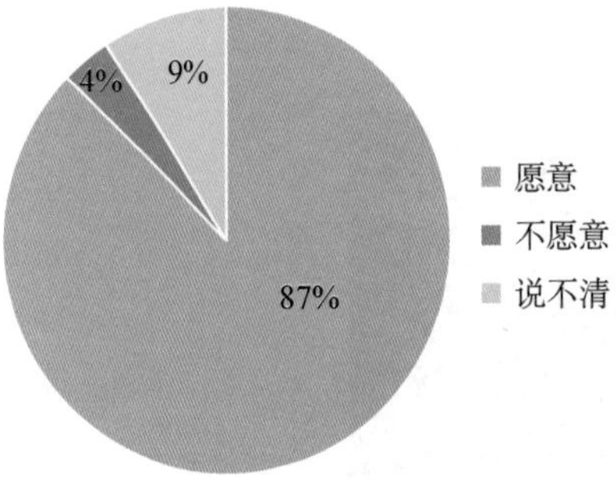

图 5-28 样本村民参与美丽乡村建设的意愿

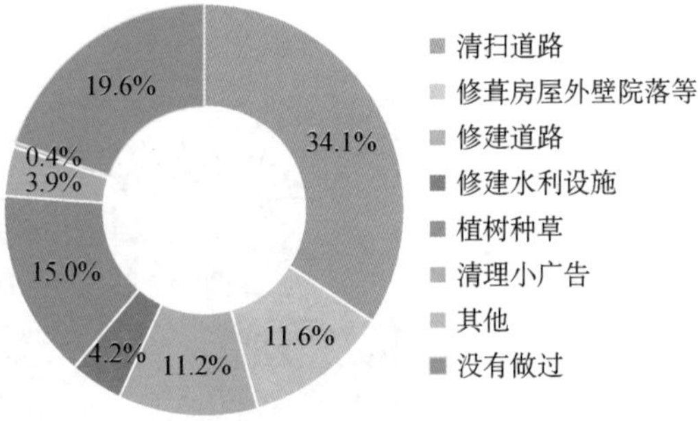

图 5-29 样本村村民主动维护村落景观的方式

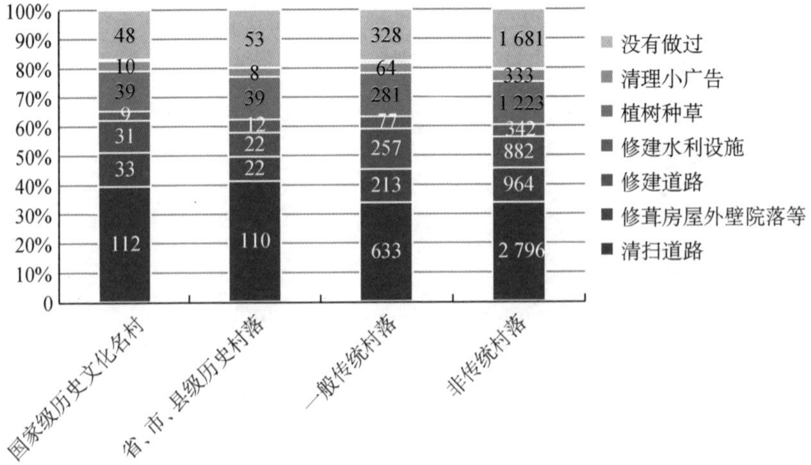

图 5-30 不同等级的历史村落的村民主动维护村落景观的方式

5.2 乡村环卫景观的区域差异性

5.2.1 工贸型乡村的生态环境质量总体较低

乡村产业门类（尤其是工业）对生态环境有显著影响。按照五等级划分方法，将村主任或村支书对乡村生态环境（空气质量、水环境和卫生环境）的评价进行量化，“满意”为 5 分，“较满意”为 4 分，“一般”为 3 分，“较不满意”为 2 分，“不满意”为 1 分。数据分析发现，工业型和商贸型的乡村，其环境污染明显更加严重，尤其是水体污染；其次，5 千米范围内有污染型工业的乡村，其空气质量和水环境也明显较其他乡村要差（表 5-1）。

表 5-1　不同非农产业类型的样本村生态环境质量评价得分汇总表

非农产业类型		工业型	商贸型	专业服务型	旅游型	其他类型
空气质量评分	1	1	0	1	1	0
	2	2	1	0	2	3
	3	8	5	1	4	11
	4	21	7	21	15	25
	5	28	10	12	35	61
	平均	4.22	4.13	4.23	4.42	4.44
水环境评分	1	5	1	0	0	2
	2	3	4	1	6	4
	3	8	5	4	8	26
	4	23	5	20	19	32
	5	23	8	10	24	37
	平均	3.9	3.65	4.11	4.07	3.97
卫生环境评分	1	0	2	0	0	2
	2	2	2	0	1	3
	3	8	4	9	4	23
	4	29	7	21	28	42
	5	23	8	5	24	31
	平均	4.18	3.74	3.89	4.32	3.96

注：由村主任或村支书对各方面环境质量进行优、良、中、较差、很差的评价，对应 5～1 分，下同。

进一步排除自然地理环境和经济发达程度的影响，取平原地区发达村和山区落后村作为极端的比较对象，同样发现污染型工业对乡村生态环境的影响更加显著，尤其体现在对空气质量和水体环境的影响上（表5-2）。而与之相应，这两类极端类型的乡村，其生态环境质量均较好。

表5-2 平原发达村和山区落后村的样本村生态环境质量评价得分汇总表

5千米范围内是否有污染型工业		总体评分		平原发达村		山区落后村	
		有	没有	有	没有	有	没有
空气质量评分	1	6	0	1	0	0	0
	2	7	4	1	0	0	0
	3	15	34	2	5	2	1
	4	34	120	9	11	4	9
	5	22	212	6	29	2	26
	平均	3.7	4.46	3.95	4.53	4	4.69
水环境评分	1	7	6	2	0	1	1
	2	12	27	1	2	1	4
	3	22	59	5	3	3	4
	4	23	132	6	19	1	8
	5	20	150	5	21	2	20
	平均	3.44	4.05	3.58	4.31	3.25	4.14
卫生环境评分	1	1	6	0	0	0	1
	2	2	12	0	2	0	1
	3	11	77	0	4	3	10
	4	49	160	10	21	3	13
	5	21	119	9	18	2	12
	平均	4.04	4	4.47	4.22	3.88	3.92

在实地调研中，调研团队明显感受到，村内的产业结构，尤其是非农产业类型，是形成生态环境质量差异的主要原因。以江苏省盐城市大丰市的南阳村、新团村和诚心村为例，南阳村二产相对发达，主要有抛丸机厂、钢管厂、酒厂等；新团村以建设果园、开办农家乐等形式发展休闲旅游业；诚心村则以种植业为主。三者同为经济发达地区的平原村落，但调研团队对其生态环境的差异感受很大。南阳村水体污染明显严重，工业污水基本未经处理直接排入河流，调研期间正值夏季，水体发黑、蝇虫四处飞舞，环境堪忧。而新团村和诚心村虽然也没有污水处理设施，

生活污水也就近排入河流，但整体环境情况相对较好。尤其是新团村，由于旅游发展的需要，主观感受到的乡村生态环境和卫生清洁度更优（图 5-31）。

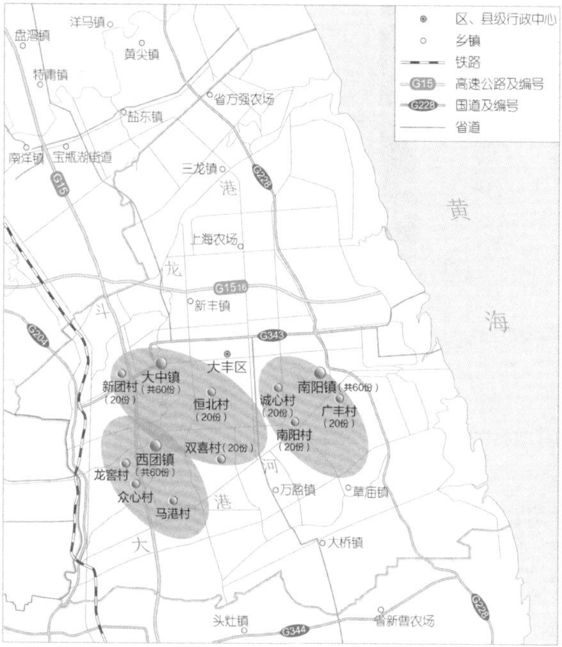

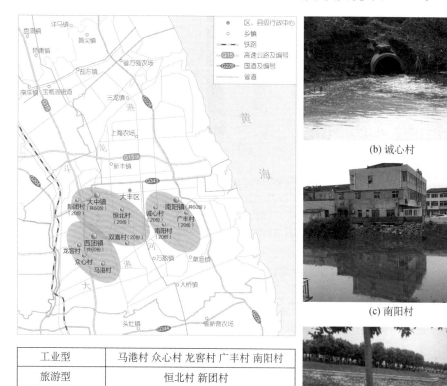

工业型	马港村 众心村 龙窑村 广丰村 南阳村
旅游型	恒北村 新团村
商贸型	双喜村
基本无非农产业	诚心村

(a) 样本村位置及类型

(b) 诚心村

(c) 南阳村

(d) 新团村

图 5-31 江苏省大丰市的不同乡村人居环境建设的差异

5.2.2 产业发展导致乡村生态环境问题，源头治理水平的差异较大

自然条件奠定了乡村生态环境的基底，产业发展很大程度上是产生污染的源头，相应设施的建设和治理的强度则进一步导致了其现实差距。以污水收集处理设施为环境卫生设施的典型代表，配置较为完善的村落，其环境卫生状况和水体质量明显较优（图 5-32）。示范村、试点村、重点保护村落等重点财政投入地区的环境卫生情况明显优于其他的普通乡村。

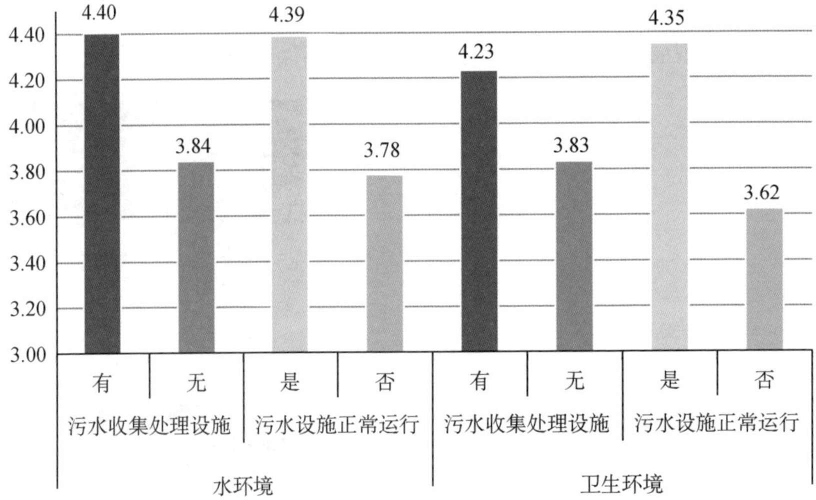

图 5-32 环境设施配置程度不同的样本村水环境、卫生环境评分

由此可见,污染源和治理程度可以解释不同类型乡村的环境质量差异。例如,经济落后地区乡村工业通常较弱,污染源较少;经济发达地区虽然污染源更多,但治理方面的投入也相对充裕。综合而言,欠发达或中等地区既不能完全保有天然的环境品质,也没有足够的资金投入环境治理,导致整体评分较低。山区乡村生态基底本身优良,但设施配建难度较大,管理监督难以到位;平原乡村更易受到周边城市生产和生活方式影响,但设施建设不仅相对成本更低,还便于城乡共用。因此,各类型乡村的生态环境质量是各项因素综合作用的结果,不能一概而论。

在乡村生态环境的保护和治理过程中,当地政府的重视程度和治理水平起到决定性作用。具体企业门类的选择、布局,设施投入、维护的力度,管理的到位、政策的合理与否都直接影响了县、市,甚至省级、国家层面的政府决策与资源分配。目前,东部地区对乡村建设的重视程度相对较高,如江苏、上海、浙江均已在省级成立专门的乡村工作管理机构,并对乡村环卫情况分外重视,每个乡村配备专业保洁员、绿化管理员,做到生活垃圾日清,积极探索乡村垃圾分类,村民自主管理等多种举措,取得了积极明显的效果(图 5-33)。

需要指出的是,地域的经济发达程度与重视程度不一定完全一致,如南方某省,村民个人与村集体收入均较高,乡镇工业发达,污染问题本就较为严重,但对乡村环境问题缺乏足够的重视、污染治理不及时,严重影响了乡村环境风貌和村

(a) 上海市崇明区三星镇大平村农田环境

(b) 江苏省扬州市仪征市月塘镇尹山村

图 5-33　样本村农田及道路卫生环境

(a) 广东省南雄市高溯村污水

(b) 云南省昆明市晋宁县六街镇龙王塘村生态处理设施

图 5-34　样本村排水沟渠与污水处理设施

民的生活品质。

中西部一些省份，如云南省的乡村经济状况虽不乐观，但部分村落乡村人居环境整治情况较好，排水设施较为普及、完善。而发达的广东省一些相对偏远地区的村落同样面临排水设施不足、环境脏乱问题(图 5-34)。

5.2.3　山区和经济落后地区的乡村景观面临较大的维系压力

山区和经济落后地区的乡村由于发展缓慢，环境闭塞，往往保留了乡村的自然风貌和环境，云贵地区具有典型代表性。我国公布的五批传统村落名单中，共有 6 803 个村，其中，贵州、云南排名靠前，分别有 724 个和 708 个，占比分别达到 10.6%和 10.4%。作为多山、多民族和经济欠发达地区，山地为乡村提供了天然的地理屏障和优美的自然风光。多民族的文化特色和经济缓慢发展的开发建设过程，亦使诸多村落原始风貌得以留存。但随着交通条件的改善，乡村旅游快速发展，这些传统村落也面临着难以维育的现实冲击。

由于经济基础薄弱，维护资金缺乏，此类乡村虽然自然环境优美，但对生活生产产生的污染治理能力较弱。偏远山区和落后地区交通不便，乡村经济基础薄弱，其道路交通建设、基础设施配置能力较弱，尤其是污水设施、环卫设施等建设滞后加剧了乡村生态环境的污染问题。调研所及的一些偏远地区的贫困村落甚至至今仍存在人畜混居现象，生活污水随意排放，垃圾不能有效处理，对乡村的原始风貌和生态环境都带来负面影响(图 5-35)。

案例 1:云南省普洱市思茅区龙潭乡麻栗坪村

(a) 麻栗坪村民居

(b) 村民简陋的木屋住宅

(c) 进村道路

图 5-35　麻栗坪村传统风貌维系较为困难

麻栗坪村为汉族和彝族聚居村落。村内房屋大多是瓦屋顶木构架，充满民族特色。整个乡村被绿树、花草环抱，景色优美。但乡村的卫生条件较差，村民的卫生意识仍需加强。现代生活所带来的塑料等不可降解垃圾在村里堆积，严重影响了村容村貌。村主任认为基础环卫设施的缺乏是导致目前村里垃圾堆积的主要原因。目前的村里年轻人普遍不重视也不在乎传统习俗文化，民间的手艺也大多失传，传统风貌维系较为困难。

山区和经济落后地区乡村人口流失相对严重，进一步加剧乡村风貌和环境治理的难度。过于封闭的村落由于人口流失、传统文化维持的艰难给村落带来不可避免的衰败趋向，诸多具有本土特色的历史建筑年久失修、难以保存，如云南省响水河村、贵州省大利村(图 5-36、图 5-37);另外,随着现代化的推进,交通条件得以改善,村民外出务工机会的增多,会将外地不适宜本土特色建筑形式照搬回来,其中不乏贪大求洋的审美追求,而乡村规划和管控尚不足,对原来充满特色的村落风貌带来建设性破坏,前文提到的云南省黑耳壮族村即为此类。

案例 2:云南省普洱市澜沧县糯扎渡镇响水河村

(a) 响水河村自然环境　(b) 活动场地　(c) 入村道路

图 5-36　响水河村房屋、道路和环境景观

村子的景观环境异常优美,遍布村庄的台地层叠分列,泉山环绕,形成一条优美的天际线,这里旅游资源丰富。从村中的制高点向下望去,台地、远山、山路和中心的广场构成了一幅精致的构图。山中的拉祜族民居给人以恬静悠闲的感觉,这里民风友好淳朴,村子整洁。但穿过响水河上的桥后需要走 20 千米的盘山路才能抵达响水河村。盘山路宽约 4 米,勉强可以会车,没有路灯,车辆通行困难且危险,雨天常遇滑坡泥石流,也导致响水河村与外界联系困难,人口大量流出、年轻女性减少,影响了水河村的进一步建设和维护。

案例 3:贵州省黔东南州榕江县栽麻乡大利村

(a) 大利村传统花桥　(b) 入村寨门　(c) 民居客栈

图 5-37　大利村侗寨民居亟待修缮

大利村的侗寨民居古老多样,集中连片,多建于清末民国初年,均为榫卯结构的木构建筑。这些建筑保存良好,有吊脚木楼、连廊木楼、回廊木楼、四合楼院等。村内民居依山傍水,分布于利侗溪两岸,逐渐蔓延至东西两边的山脚,然后层叠而上山坡,鳞次栉比,高低错落,构筑了与众不同的自然与人文融合的景观。但受现代文化影响,少量民居将瓷砖、水泥等用于建筑局部,严重影响了建筑的传统风貌。部分明清时期修建的建筑由于年久失修,破损严重,亟待修缮。

第6章　乡村人居环境评价

6.1　评价体系

仅依据调研获取的问卷信息和访谈信息尚不足以对乡村人居环境进行全面评价。因此，本书提取住建部全国农村人居环境监测数据涉及的480个村的相关信息，结合本次田野调查数据，整合建立乡村人居环境评价的指标体系，展现基于480个村的乡村人居环境全貌。

6.1.1　评价体系建构

乡村人居环境评价的研究已形成丰富的成果，涉及国家、区域、省域、市域、县域、乡镇和乡村的各个层面，且在其内涵方面基本达成共识：综合评价应涵盖经济、社会、环境、生活等各个方面。在指标选择时，定性与定量指标的结合更能真实全面地反映宜居水平（夏荣景、吴雨桦等，2019）。定量指标体系通常包含：一是代表环境质量和生活水平的生态环境、基础设施、公共服务、居住条件等，二是代表乡村经济社会发展水平的经济社会条件、乡村文化和社会治理等，可将上述内容归纳为"人居环境建设"。定性指标体系是基于村民主观的满意度（刘学、张敏，2008；陈雷，2017等），可将其归纳为"村民满意度"。

基于既有乡村宜居性评价的研究结论和研究方法，根据本次13个省（直辖市）、自治区的调研经历，同时参考国内外研究成果和住建部全国农村人居环境信息系统的基础数据情况，经专家讨论、意见征询后，本书拟建构包括乡村人居环境建设和村民满意度两个系统的人居环境综合评价体系，形成由"系统层—结构层—指标层"构成的梯度指标体系。系统层即为"乡村人居环境建设"和"村民满意度"。其中，"乡村人居环境建设"系统层包含住房条件、基本设施、自然条件、环境卫生、经济发展、区域环境、人文环境和政策环境8个结构层，进一步分解为28个具体指标；"村民满意度"系统层包含综合满意度、住房条件满意度、基本设施满意度、自然条件满意度、环境卫生满意度、经济发展满意度、政策环境满意度、乡村发展潜力 8 个结构层，进一步分解为 14 个具体指标。

利用德尔菲法将问卷反馈给各省调研团队负责人和同济核心团队成员及相关专家，进行指标体系优化并给出指标重要性得分。根据各专家对乡村调研的熟悉程度和参与程度赋予专家不同的权重数值。其中乡村研究资深专家学者和课题负责人的权重为 0.9～1.0，参与调研的各子课题负责人的权重为 0.7～0.8，同济核心团队成员的权重为 0.5～0.8，专家咨询合计 20 人。最终得出的各指标权重如表 6-1 所示。

6.1.2 数据处理

在上述的指标体系形成后，以调研的 480 个乡村作为对象进行分析查验。在对相应指标数据筛选后，首先查验各指标数据的极值及数据分布，剔除错误录入的数据和空白数据，从而保证原始数据的准确性；其次进行无量纲化，将所有指标量化到 0～1 之间，以保证指标处在同一比较量级。本次无量纲化采用公式：

$$X'_i=\frac{X_i}{\max}$$

即每一个指标变量除以该指标变量的最大值，从而使指标变量最大值为 1，而最小值在 0～1 之间；最后得出指标的评分与排名。

本次评价体系中，所有数据均进行了指标正向化处理，即得分越高，代表乡村人居环境建设水平越好、村民满意度越高。

6.1.3 评价内容

乡村人居环境综合评价结合上述评价指标表，主要从区域和省(直辖市)、自治区两个层面展开分析。其中，区域层面按照我国宏观地理区位，将调研过的 13 个省(直辖市)、自治区划分为三大区域：东部地区，包含上海市、江苏省、山东省和辽宁省 5 个省(直辖市);中部地区,包含安徽省、湖北省、内蒙古自治区 3 个省(自治区);西部地区,包含四川省、陕西省、云南省、贵州省和青海省 5 个省。

在评价内容方面,先进行总体评价分析,再根据结构层相应对分项指标展开分析。评价内容共分为三大部分:第一部分反映乡村人居环境的建设水平,第二部分反映村民的满意度,第三部分展示乡村的宜居性。

6.2　乡村人居环境建设评价

6.2.1　指标体系

乡村人居环境建设的评价根据总指标体系,形成包括住房条件、基本设施、自然条件、环境卫生、经济发展、区域环境、人文环境和政策环境共八个结构层的评价指标体系(表 6-1)。每个结构层,各自的指标权重加总等于 100%,权重比例按照前述德尔菲专家打分法比例进行换算。比如住房条件的三个指标,户均住房面积、建筑质量、房屋内生活设施配置占比三个指标权重加总等于 100%。

表 6-1　样本村人居环境建设评价的指标体系

结构层	结构层占比	指标编号	指标	指标占比	单位	计算方式	数据来源
1 住房条件	14.70%	A1	户均住房面积	28.83%	平方米/户	总住房面积/村庄户数	村主任或村支书问卷
		A2	建筑质量	34.68%		质量较好农房的套数/户籍农户住房套数	住建部
		A3	房屋内生活设施配置占比	36.49%		有厕所的房屋配备比例;有厨房的房屋配备比例;有空调的房屋配备比例;有网络的房屋配备比例	村民问卷
2 基本设施	12.64%	A4	人均道路面积	19.93%	平方米		住建部
		A5	基础设施普及率	21.92%		供水普及率是否达到 90%;供电普及率是否达到 90%;供气普及率是否达到 90%;电话普及率是否达到 90%	村主任或村支书问卷
		A6	村镇公交普及率	15.94%		是否有村镇公交	村主任或村支书问卷

（续表）

结构层	结构层占比	指标编号	指标	指标占比	单位	计算方式	数据来源
2 基本设施	12.64%	A7	公服设施普及率	21.81%		行政村是否有卫生室；是否知道本村有养老服务；行政村是否有文体设施；行政村是否有图书室；行政村是否有公共空间	村主任或村支书问卷
		A8	子女小学就学单程距离	20.40%	米		村民问卷
3 自然条件	7.10%	A9	本村气候属性	38.41%		热带：50%；亚热带：100%；暖温带：80%；中温带：50%；寒温带：30%；青藏高原区：30%	村庄区位
		A10	本村地形属性	24.64%		平原：100%；丘陵：90%；山区平原：70%；山区：50%	乡村属性
		A11	本村的自然灾害属性描述	36.95%		宜人：100%；一般：50%；干旱/洪水/塌方：20%；地震/多灾：0%	村主任或村支书问卷
4 环境卫生	8.25%	A12	是否有污水处理设施	27.88%			村主任或村支书问卷
		A13	是否有垃圾收集设施	37.77%			村主任或村支书问卷
		A14	5 千米内是否有污染型企业	34.35%			村主任或村支书问卷
5 经济发展	20.42%	A15	农民人均可支配收入	50.54%	元		村主任或村支书问卷
		A16	人均农林渔牧收益	25.16%	元	农林渔牧总收益/常住人口	统计年鉴
		A17	村中休闲农业和服务业开发进展	24.30%		正在建设：40%；进展顺利：100%；初具规模：60%；进展一般：40%；经营困难：0%；准备开始：20%；没有：0%	村主任或村支书问卷
6 区域环境	11.53%	A18	所处省份的发达程度	35.09%		根据 2014 年全国各省份农民人均纯收入而定的分级指标	乡村属性
		A19	所处地级市的发达程度	64.91%		根据 2014 年全国人均 GDP 而定的分级指标	乡村属性
7 人文环境	12.03%	A20	与村里亲友邻里来往关系	27.83%		往来密切：100%；往来一般：50%；偶有往来：0%	村民问卷
		A21	村内能人的带动作用	39.29%		有能人且发挥作用：100%；有能人但未发挥作用：50%；无能人：0%	村民问卷
		A22	村庄历史文化属性	32.88%		中国传统村落名录：100%；省级历史文化名村：70%；一般传统村落：50%；非传统村落：0%	乡村属性

（续表）

结构层	结构层占比	指标编号	指标	指标占比	单位	计算方式	数据来源
8 政策环境	13.33%	A23	人均政府拨款	41.07%	元/人	政府拨款总额/乡村人口	政府当年拨款金额/常住人口
		A24	户均社保补助金额	26.75%	元/户	社保补助金总额/户数	社保补助金额平均值
		A25	每千人专职村庄保洁员拥有量	32.18%		专职村庄保洁员数量/乡村人口数×1 000	村庄专职村庄保洁员数量/常住人口

6.2.2 总体评价

从人居环境建设的总评分来看，我国乡村地区人居环境建设水平总体呈现出从东到西，依次减弱的特征（图 6-1）。东部地区乡村人居环境建设水平最高的是上海，最低的是广东；中部地区最高的是湖北，最低的是内蒙古；西部地区最高的是陕西，最低的是云南。东部地区的上海和江苏总体水平明显高于其他省份，中部地区的内蒙古和西部地区的云南则明显低于所属区域的其他省份，这与课题组实地调研感受基本一致。

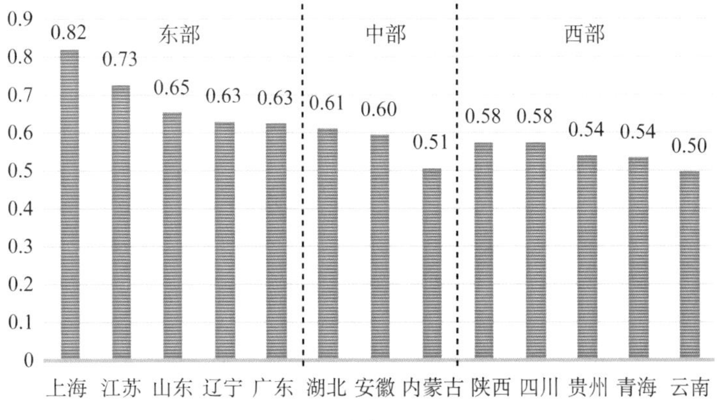

图 6-1 调研省样本村人居环境建设总体评价

将各省的乡村人居环境指标的八个结构层数值以雷达图呈现，可以更全面地认识各省的人居环境建设差异。

区域总体层面，我国东部、中部、西部各省的乡村人居环境建设水平呈现出截然不同的特点（图 6-2）。东部地区省份在人文环境和政策方面有所欠缺，

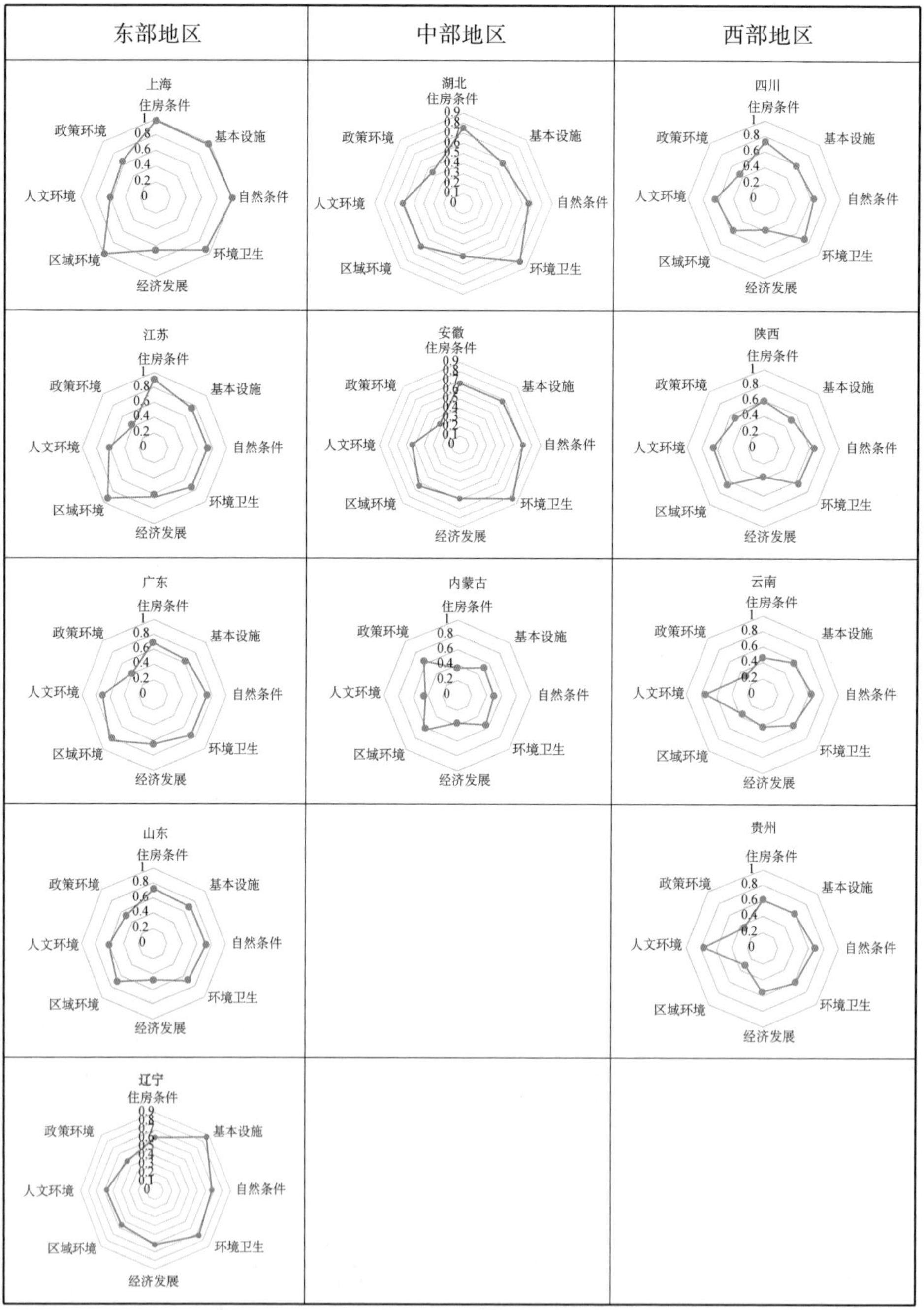

图 6-2　调研省的人居环境建设评价雷达图

其他方面整体表现较为均衡，且优于中西部地区。中部地区除内蒙古之外，整体水平介于中西部地区之间。西部地区虽然总体情况弱于东部和中部，但在人文环境方面优势明显，且在自然条件方面与东部和中部基本持平。中西部地区除内蒙古和青海两个牧区省份的政策优势明显之外，整体在区域环境、经济发展、基本设施等方面与东部地区存在较大差距。

区域内部及分省层面，东部地区各省份的情况相对均衡，辽宁省与本区域内其他省市相比差距明显，江苏、山东乡村经济发展水平较区域内其他省份有差距，但仍要优于中西部绝大部分省份；江苏、广东政策方面得分偏低。中部地区的安徽、湖北两省的人工环境得分明显优于其他各项得分，这与调研时中部地区正在大力推进人居环境改善工作的认知相一致。西部地区的青海、云南、贵州作为少数民族和传统村落最为密集的省份，人文环境优势突出；而除人文环境外，这三个省的各指标均表现为“全面塌陷”。同属中西部的四川和陕西两省则在区域及人工环境方面明显优于西部其他省份，因此呈现出更为均衡的评价结果。

6.2.3　住房条件

住房条件包括户均住房面积、建筑质量、房屋内生活设施配置占比 3 个指标。总体而言，东部各省（直辖市）的住房条件优于中部，中部优于西部，但也有例外情况出现（图 6-3）。如东部地区的辽宁和广东要低于中部的湖北和西部的四川，辽宁进一步低于安徽和青海。从具体的住房指标看，上海、江苏、广东、四川各项指标得分均衡。随着建筑工艺的整体改善与提升，除以牧区为主的内蒙古和木结构建筑仍广泛分布的云南省之外，其他各省之间在建筑质量方面无明显差距。北部各省户均住房面积明显低于南部各省，这与南北部建房习惯和方式非常相关。生活设施配置上则表现出较大的差距，内蒙古的房屋内设施配置明显滞后，这与其牧区的乡村散居有一定关联性。偏远山区较多的贵州、青海、云南三省以及东部地区的辽宁农房内设施配置水平同样明显落后于其他省份。

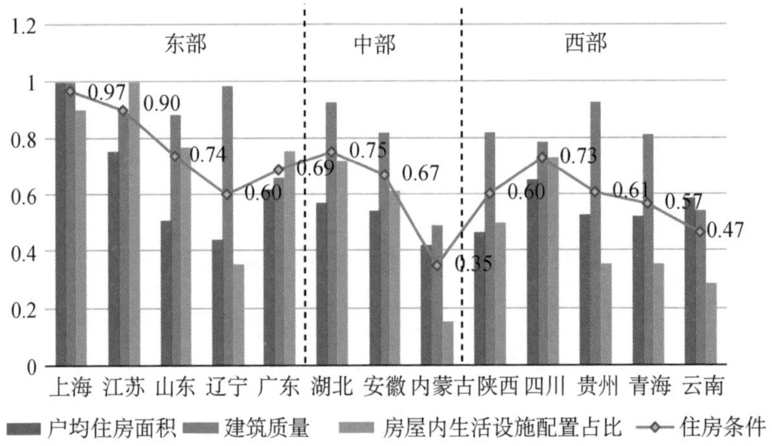

图 6-3 调研省样本村的住房条件评价

6.2.4 基本设施

基本设施评价包括人均道路面积、市政设施普及率、村镇公交普及率、服务设施普及率和子女小学就学单程距离 5 个指标。总体来看，东部地区优于中西部地区，中部和西部地区差异不大(图 6-4)。近年来，中西部地区通过新农村、美丽乡村建设等大力推进乡村人居环境改善工作，弥补农村地区建设短板，其主要精力放在改善乡村公共服务设施、基础设施建设及危房改造方面。因此，从评价结果看，市政设施普及率和服务设施普及率的区域差距并不明显。区域差距主

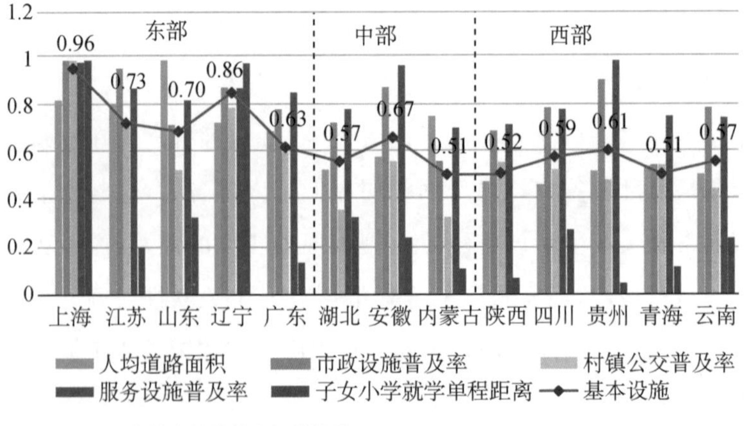

图 6-4 调研省样本村的基本设施评价

要体现在人均道路面积、村镇公交普及率两方面，东部地区的这两方面优势明显。子女小学就学单程距离一项普遍存在短板，内蒙古、陕西和贵州尤甚。除去子女小学就学单程距离一项，东部地区其他四项指标总体较为均衡，仅山东省村镇公交普及率与区域内其他省份间略存差距。

6.2.5 自然条件

自然条件评价包括乡村气候、地形及自然灾害属性 3 个指标。自然条件表现为东部、中部、西部地区依次下降。分指标看，乡村气候属性除上海以外，其他省份差异不大，各地对其后的适应能力较为一致（图 6-5）。乡村地形方面，从东到西地形条件依次变差，尤其西部地区乡村受山地地形影响较大。乡村自然灾害方面，中西部地区乡村受自然灾害的威胁较东部地区更严重，内蒙古、青海和云南等地尤甚。内蒙古的自然灾害主要有洪涝灾害、沙尘暴（风灾）、疫灾等，青海和云南等多山地区往往受泥石流、山体滑坡等灾害影响更为严重，青海同时面临地震、雪灾、低温冷冻的威胁，乡村地区生产生活条件相对恶劣。

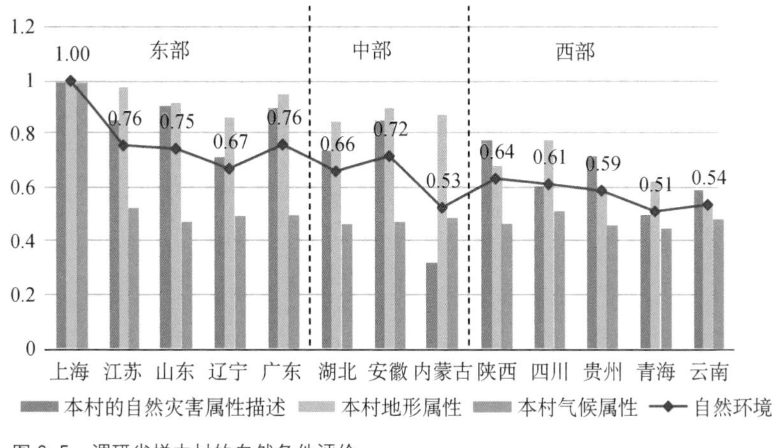

图 6-5　调研省样本村的自然条件评价

6.2.6 环境卫生

环境卫生评价包括是否有污水处理设施、是否有垃圾收集设施和乡村5 千米内是否有污染型企业 3 个指标。从总体评分来看，除了得分最高的上海和得分最低的内蒙古，环境卫生的水平呈现出中部地区高，东部地区次之，西部地区最低的特征（图 6-6）。分指标看，垃圾收集设施配备水平和 5 千米内是否有污染型企业与总体特征呈现出较为一致的趋势。上述现象可能与日常的认识有一定偏差，但亦可解释。东部地区的江苏和山东污染企业分布得分低于中部的湖北和安徽，主要原因在于江苏、山东的乡镇工业相对较多；安徽和湖北两省的乡村垃圾收集设施得分高于江苏、山东，主要原因可能是安徽、湖北两省 2015 年前后在乡村垃圾治理方面投入力度非常大。

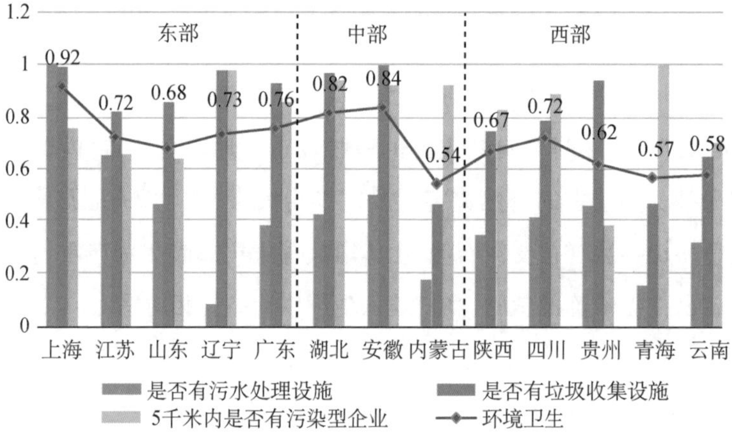

图 6-6 调研省样本村的环境卫生评价

上海的污水和垃圾收集设施配置水平最高，具备较强的污染治理能力。贵州的垃圾收集设施配备水平较高，青海则由于乡村工业发展基础薄弱和生态环境的脆弱性等原因，受工业化污染的威胁较小。污水处理设施配备水平在各地呈现出较大的差异性，辽宁、内蒙古和青海省污水处理设施配置水平整体较低。

6.2.7 经济发展

经济发展包括人均可支配收入、人均农林牧渔总产值和村中休闲农业和服务业开发进展 3 个指标。从区域层面看，乡村经济发展总体呈现出从东部到中部和西部依次降低的特征，东部地区广东不及中部的安徽、湖北，主要是珠三角内部和外围乡村发展的巨大差异所致(图 6-7)。分指标看,人均可支配收入亦大体呈现东部、中部、西部逐步降低的特征,这与区域经济发展水平梯度相一致。另外两项指标则表现出较大的省际差异性,人均农林牧渔总产值东部和中部地区要高于西部地区,其中辽宁最高、内蒙古其次,而上海则较低,可见上海的乡村收入来源更加非农化。东部地区的江苏、山东,中部地区的安徽以及西部地区的云南、贵州的休闲农业和服务业开展情况较好。

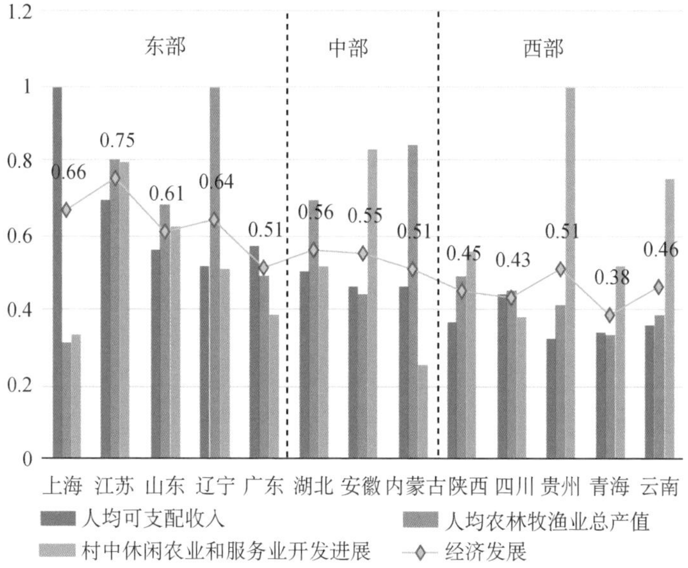

图 6-7　调研省样本村的经济发展评价

6.2.8　区域环境

区域环境评价包含乡村所处省份、所处地级市(地区、州)的经济发达程度 2 个指标。可以明显看出,总体评价呈现东—中—西三个梯度依次降低的趋势,但西部地区的陕西省则高于中部三省水平,东部地区的辽宁省则呈现出较低的乡村发展环境水平,西部地区的云南、贵州、青海在区域环境方面与其他各地存在明显差距(图 6-8)。这也间接证明区域发达程度对乡村人居环境有正向的促进作用。对比各省市及地级市发达程度来看,东部地区的省域发达程度更为突出,西部地区的省域发展总体落后。

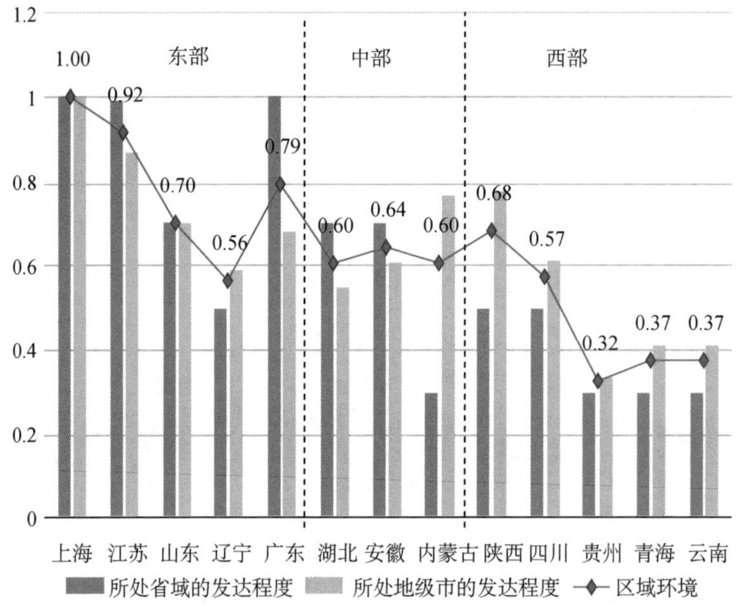

图 6-8 调研省样本村的发展环境评价

6.2.9 人文环境

人文环境评价包括村民与亲友邻里的来往关系、村内能人带动作用及乡村历史文化属性 3 个指标。总体来看，西部地区人文环境水平最高，东部地区次之，中部地区最弱(图 6-9)。东部和西部地区村民与亲友邻里关系更为和睦，西部地区乡村的历史文化属性更为突出，且能人带动作用更明显，中部地区整体偏弱。本次调研的 480 个村中，列入中国传统村落名录的乡村 18 个，各级历史文化名村 12 个，一般传统村落 74 个，其中大部分位于西部地区。在工业化进程较为落后、经济发展水平总体不高的背景下，西部地区乡村的能人对本村发展带动作用较为明显。

6.2.10 政策环境

政策环境包括人均政府拨款、户均社保补助金额和每千人专职乡村保洁员拥有量 3 个指标。总体来看，内蒙古和青海是重要的政策扶持区，上海得益于较

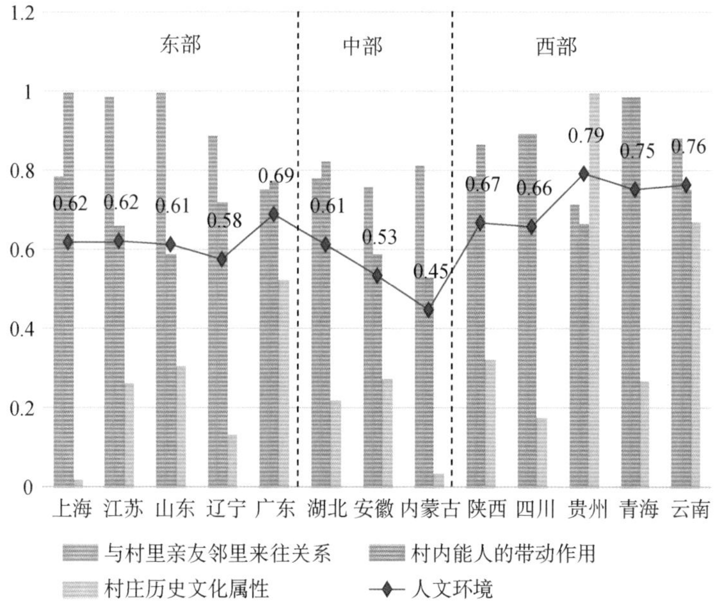

图 6-9　调研省样本村的人文环境评价

高的人均政府拨款，总体评分也较高（图 6-10）。分指标看，东部地区优势主要体现在人均政府拨款，而中西部更依赖于户均社保金额和每千人专职乡村保洁员数量。政策环境和乡村人居环境建设的紧迫度有明显的相关性。

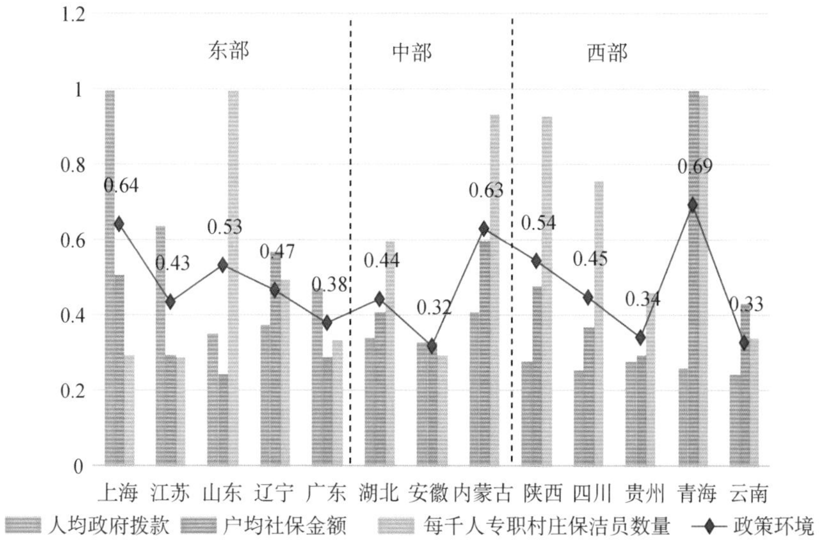

图 6-10　调研省样本村的政策环境评价

6.3 村民满意度评价

6.3.1 指标体系

调研发现，不同地区的村民受不同环境的影响，对人居环境的感知和评价不同(即便是同等质量的建设成果)。因此，课题组进一步考察了村民对人居环境建设的主观感受。在实际的田野调查中，课题组询问了村民对乡村人居环境不同方面的满意度(5 分为非常满意，1 分为很不满意，逐次递减，由此得到乡村的五梯度满意度得分)。村民满意度评价包括综合满意度、住房条件满意度、基本设施满意度、自然条件满意度、环境卫生满意度、经济发展满意度、政策环境满意度和乡村潜力认知 8 个结构层。各指标权重的确定方法与 6. 2. 1 节中的权重换算方法一致，形成指标体系如表 6-2 所示。

表 6-2 村民对乡村人居环境满意度评价的指标体系

结构层	结构层占比	指标编号	指标	指标层占比	计算方式	数据来源
1 综合满意度	27. 01%	B1	目前生活状态满意度	68%	满意度评分×20%	村主任或村支书问卷
		B2	村庄建设满意度	32%	满意度评分×20%	村民问卷
2 住房条件满意度	10.81%	B3	个人住宅满意度	55.40%	满意度评分×20%	村民问卷
		B4	村庄居住条件满意度	44.60%	满意度评分×20%	村民问卷
3 基本设施满意度	12.25%	B5	公共交通设施满意度	27.64%	满意度评分×20%	村民问卷
		B6	村卫生室满意度	24.87%	满意度评分×20%	村民问卷
		B7	对子女就学满意度	27.64%	满意度评分×20%	村民问卷
		B8	文体活动设施满意度	19.85%	满意度评分×20%	村民问卷
4 自然条件满意度	5.08%	B9	本行政村空气质量、水质量评价	100.00%	(空气环境质量 + 水环境质量)评分×10%	村主任或村支书问卷
5 环境卫生满意度	4.86%	B10	本行政村环境卫生状况评价	100.00%	环境卫生状况评分×20%	村主任或村支书问卷
6 经济发展满意度	7.94%	B11	对生活在村内的经济条件是否满意	100.00%	满意度评分×20%	村民问卷

（续表）

结构层	结构层占比	指标编号	指标	指标层占比	计算方式	数据来源
7 政策环境满意度	12.65%	B12	村民对政府实施的政策项目的总体评价	100.00%	满意度评分×20%	村主任或村支书问卷
8 乡村发展潜力	19.40%	B13	村民对村庄未来发展的信心	45.40%	发展更好：100%；发展一般/说不清：50%；发展恶化：0%	村主任或村支书问卷
		B14	2010 年以来年新建住房占比	54.60%	2010 年以来年新建住房数量/总住房数量	村主任或村支书问卷

6.3.2　总体评价

如图 6-11 显示，村民的满意度与乡村人居环境的建设水平并未表现出明显的一致性。进一步而言，乡村人居环境建设水平较高的东部地区，村民的满意度并不高，反映出其对乡村人居环境建设水平的更高期望，而人居环境建设评价较

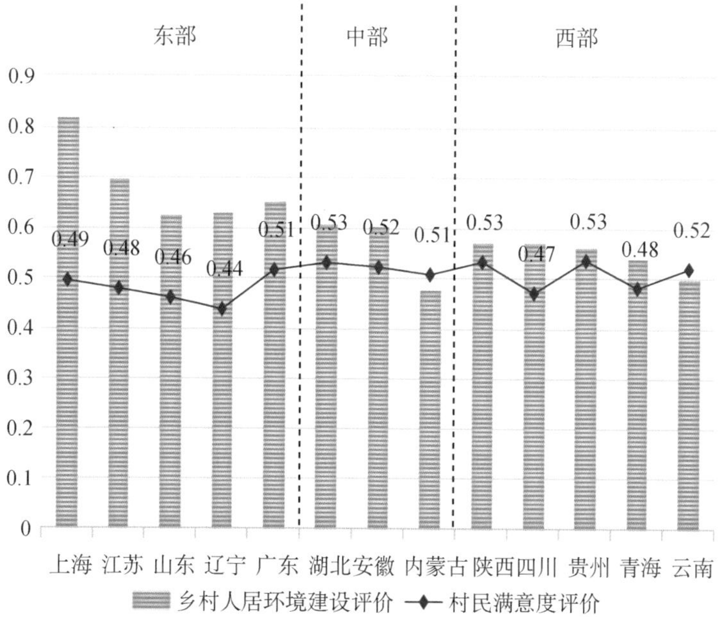

图 6-11　调研省样本村村民对乡村人居环境满意度的总体评价

低的中西部地区，其村民的满意度并不低。结合实际调研，对于人居环境建设评价较高的乡村而言，其村民对各项建设的满意度和调研团队的主观认知基本一致。需要指出的是，对于人居环境建设较差乡村村民，由于视野所限，其对乡村人居环境建设的（偏于满意的）主观认知往往不符合本村的实际水平，即实际建设水平比其主观认知要差很多。

进一步观察村民满意度的结构层雷达图（图6-12），可以发现，村民对乡村的环境卫生和自然条件满意度相对较高，但对乡村的公共服务设施和住房条件以及经济发展的满意度偏低，且在东、中、西部呈现出较为一致的评价特征。从政策环境来看，东中西部的区域差异较为明显，不同区域内部的省份也有较大的差异。东部地区的上海、江苏、广东，中部地区的内蒙古和安徽，西部地区的陕西和贵州，村民对政策环境较为满意，但辽宁、湖北、四川和青海四省的村民对政策环境的满意度相对不高。尽管大量村民对乡村人居环境建设的满意度不高，但村民大都看好乡村的未来，认为乡村未来会朝着好的方向发展，只有内蒙古地区的村民信心较弱，有一半的村民对乡村发展存消极态度。而经济最发达的上海市和广东省的村民，对乡村的未来发展的积极态度仅略好于内蒙古。

6.3.3 综合满意度

综合满意度包括对“目前生活的满意度”和“对乡村建设的满意度”两个指标。总体来看，13个省（自治区、直辖市）的总体满意度都不高，平均只有2.05分，即“较不满意”。如图6-13所示，西部地区的综合满意度反而略高于东部和中部地区。普遍而言，村民对目前生活的满意度要稍高于对乡村建设的满意度，但平均分也只有2.11和1.91分，仍然处于“较不满意”的状态，东部地区村民对生活状态和乡村建设的评价较为一致。西部地区的村民对目前生活的满意度要高于东部和中部地区的村民，其中云南省最高，但也仅为2.51分，介于“一般”和“较不满意”之间；值得注意的是，山东省得分最低，仅为1.73分，处于较不满意和很不满意之间。这说明，乡村人居环境建设不能一刀切，要针对不同地域的实际需求制订相应的支持政策。

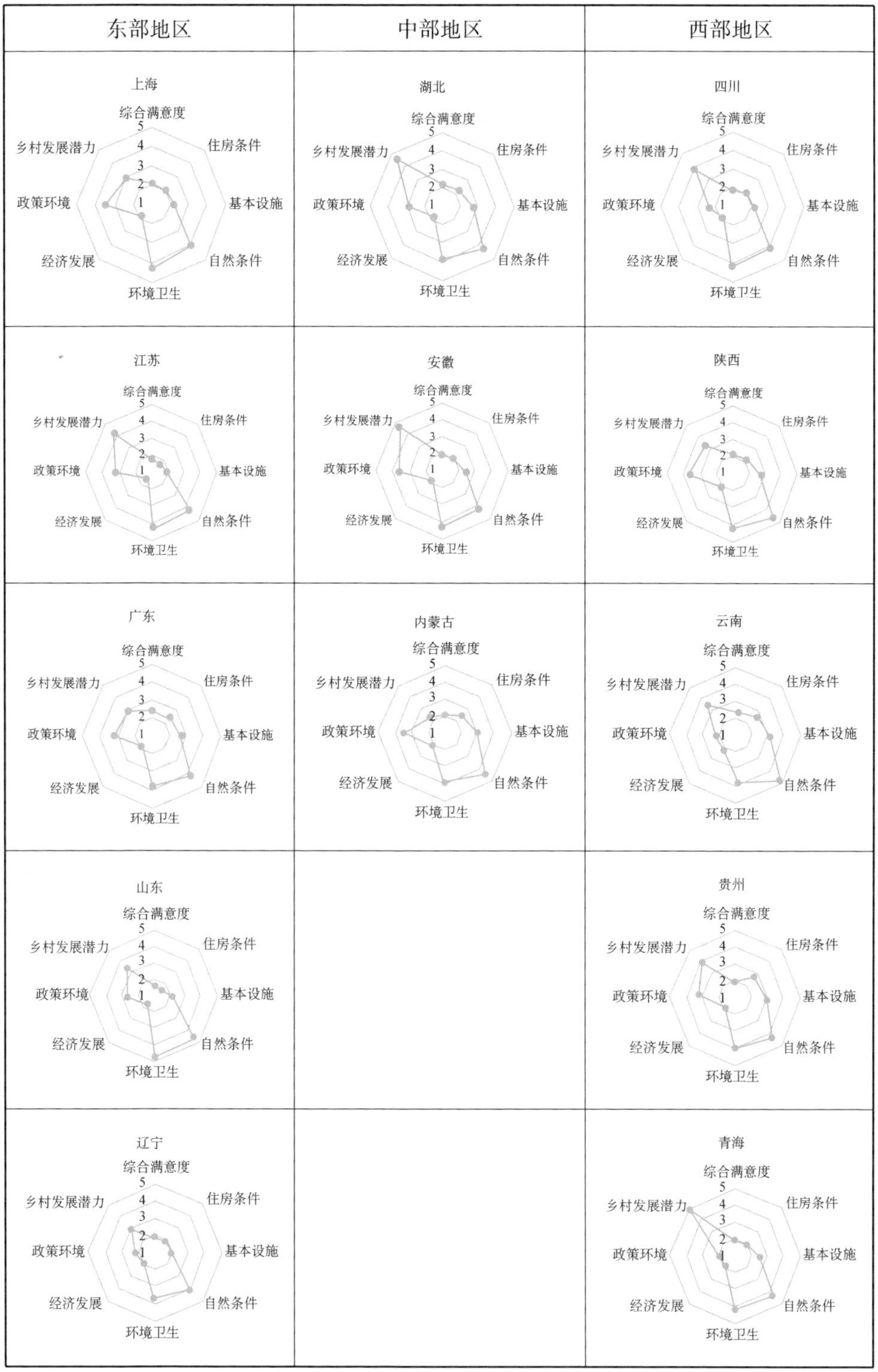

图 6-12　调研省样本村民的满意度评价雷达图

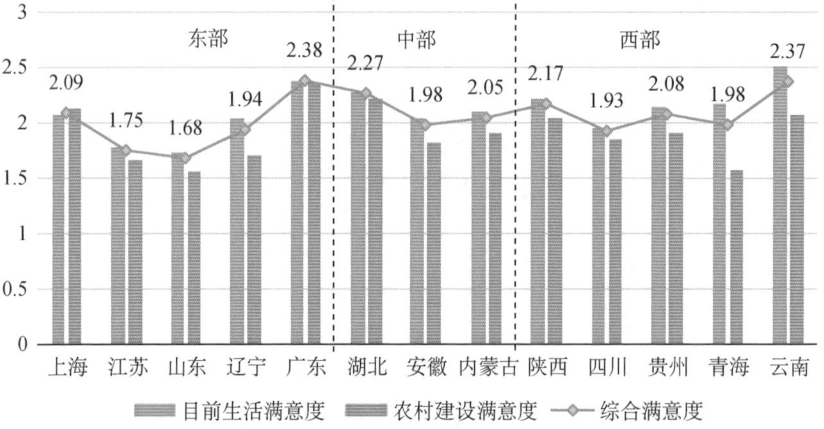

图 6-13 调研省样本村民的综合满意度

6.3.4 住房条件满意度

住房条件满意度包括“对个人住宅的满意度”和“对乡村居住条件的满意度”。从住房条件满意度来看，整体处于较低水平，满意度平均得分只有 2.28，介于“较不满意”和“一般”之间。横向比较来看，东部、中部和西部地区的村民对住房条件的满意度并无明显差别。在乡村住房条件客观评价(图 6-14)中得分最高的上海，村民主观满意度并不高，而客观评价最低的内蒙古，其村民的主观满意度却很高。内蒙古和云南的村民主观满意度评价要高于客观建设评价，其余省

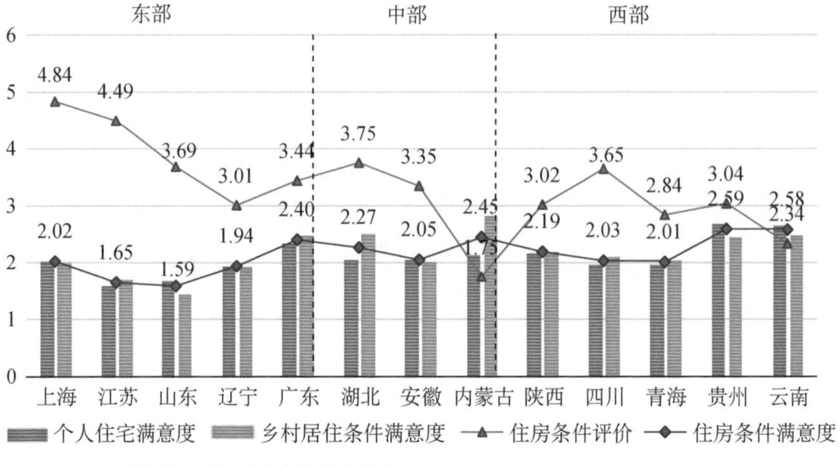

图 6-14 调研省样本村民对住房条件的满意度

份则是主观满意度低于客观评价。另外，村民对个人住宅的满意度要高于对乡村居住条件的满意度，客观反映出乡村整体建设水平的滞后。总体来看，东部地区虽然住房建设取得了一定进展，但村民对住房条件的要求也渐次更高，中西部地区村民对于住房条件的提升主要是基于对现状的一定改善。

6.3.5　基本设施满意度

基本设施满意度包括“对公共交通设施的满意度”“对村卫生室的满意度”“对文体活动设施的满意度”“对子女就学的满意度”。总体来看，中部和西部地区的村民满意度高于东部地区（图 6-15）。客观建设评价中得分最低的内蒙古自治区，其村民对基本设施的满意度反而最高，但评分也仅为为 2.95，即满意度“一般”。基本设施中满意度最高的是公共交通设施，最低的则是对子女就学的满意度，得分仅为为 1.94，即较不满意。东部地区主观满意度与客观评价普遍差距较大，其中上海和辽宁的主观和客观评价差距最大，中西部地区相对差距较小。虽然中西部地区的基本设施客观供给条件较东部差，但其主观满意度相对较高。

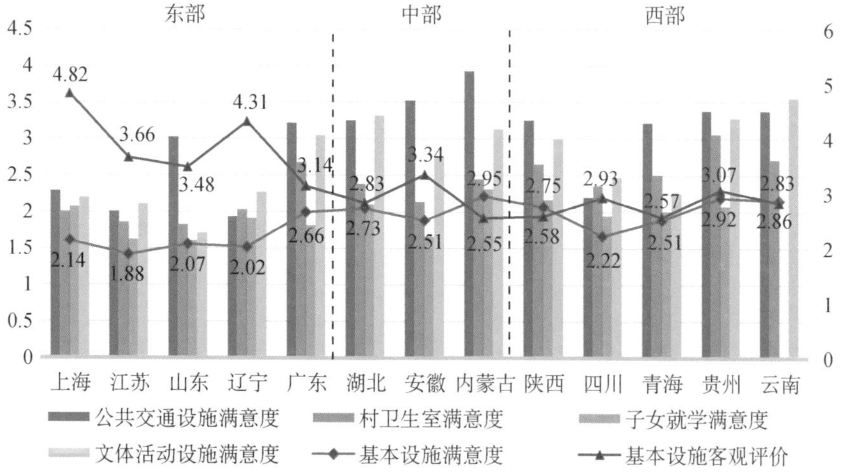

图 6-15　调研省份样本村村民对基本设施的满意度

对公共交通设施的满意度，中部地区高于东西部地区，内蒙古评分最高为 3.93，达到了较满意的水平，而辽宁评分最低仅为 1.94，即较不满意。对村卫生室的满意度，西部地区满意度更高，但整体满意度水平偏低。对子女就学的满意度，中西部要高于东部地区，但山东省最低仅为 1.60，近乎“很不满意”；内蒙古最高，但也仅为 2.31，即“较不满意”。对文体设施的满意度，中西部地区相近且评分高于东部地区。这进一步说明，村民的满意度是建立在现状条件的改善基础之上，而不是绝对建设水平。

6.3.6 自然条件满意度

自然条件满意度包括对乡村的空气质量、水质量的评价，整体评分较高，达到了 4.2，即“较满意”。对空气质量的评价略高于对水环境质量的评价。中西部地区村民的满意度略高于东部地区。除上海市以外，其余省市自然条件满意度均高于对自然条件的客观评价(图 6-16)。

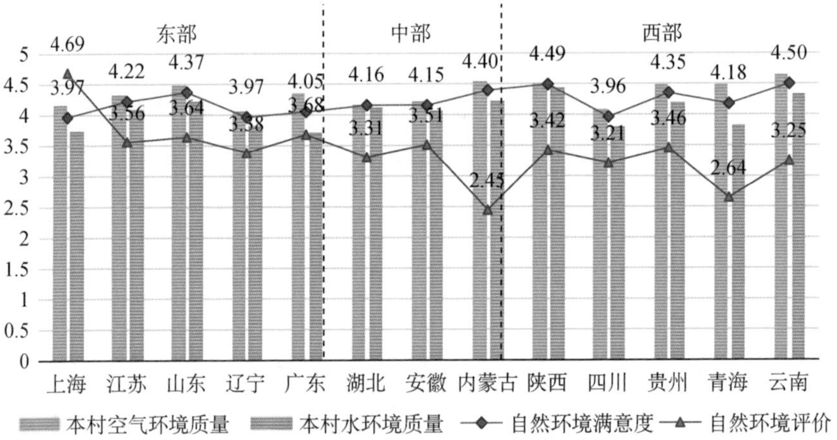

图 6-16 调研省样本村村民对自然条件的满意度

6.3.7 环境卫生满意度

环境卫生满意度反映在对乡村环境卫生状况的评价上，总体评分较高，为 4.03，即“较满意”。东部地区的村民对环境设施的满意度高于中西部地区，其中山东最高，达到了 4.60，即“很满意”；辽宁最低，但也达到了 3.62，即近似“较满意”。上海和湖北两地的环境卫生的客观评价低于主观满意度评价(图 6-17)。

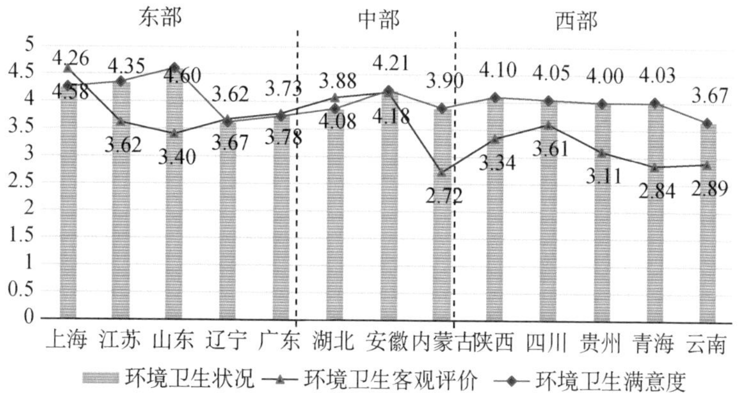

图6-17 调研省样本村村民对环境卫生的满意度

6.3.8 经济发展满意度

经济发展满意度的整体评分较低，平均只有1.86，村民对乡村的经济发展都较不满意。总体上看，三大地域之间差异不大，内蒙古、陕西和云南两地村民对经济发展的满意度要略高于经济发展的客观实际(图6-18)。或者可以说，上海、江苏、广东等发达省份虽然经济较为发达，但村民对乡村的经济发展却很不满意，反映出经济发达省份的城乡发展尚不融合，乡村居民对乡村的经济发展有更高的期望。

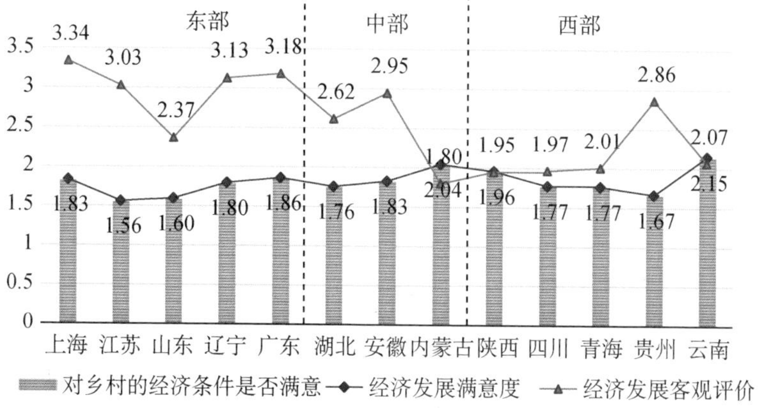

图6-18 调研省样本村村民对经济发展的满意度

6.3.9 政策环境满意度

从对政策环境满意度来看，中部地区普遍相对较高，西部地区最低。西部地区的青海评分最低仅为 1.87，即较不满意；陕西评分最高为 3.59，即近似较满意（图6-19）。在政策方面，客观评价与主观满意度较为接近，青海省在政策方面的主观满意度远低于客观评价，说明乡村建设政策的执行与政策本身的意图可能有较大的偏差。

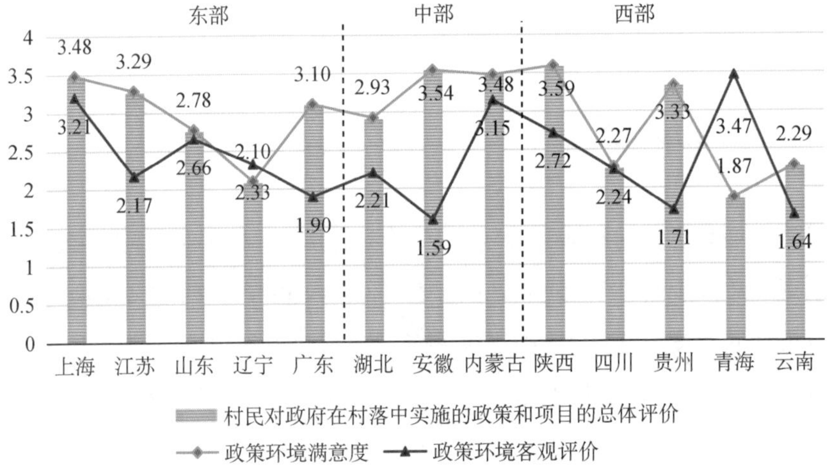

图 6-19 调研省样本村村民对政策环境的满意度

6.3.10 乡村发展潜力的认知

乡村发展潜力的认知包括村民对乡村未来发展的信心以及 2010 年以后新建住房的比例（其间接反映了村民对乡村发展潜力的认可）。总体来看，中部和西部地区的村民对乡村发展潜力的认可要优于东部地区（图 6-20）。村民对乡村未来发展的信心普遍较高，13 个省（自治区、直辖市）评分平均为 4.3，接近“很满意”的水平，其中江苏最高达到了 4.86（很满意），内蒙古最低，但也达到了 3.28，接近“较满意”。除内蒙古和江苏外，中西部地区 2010 年后建房比要明显高于东部地区，一定程度也反映出这些地区村民对乡村发展潜力的（相对于东部）更高的认可。

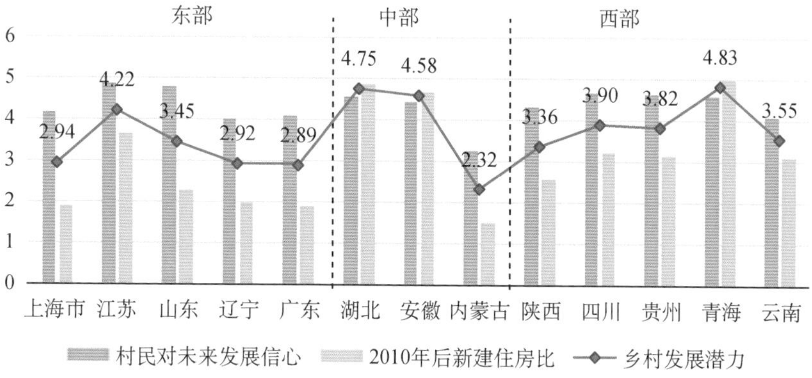

图 6-20　调研省样本村村民对乡村发展潜力的认知

第7章　乡村人口流动与人居环境的宜居性

7.1　乡村人口流动趋势

7.1.1　乡村人口流出与回流并存，老龄化加剧

480个村的调研显示，乡村的空心化非常明显，被访者主要是中老年人口，如第2章指出，40～69岁占比高达73％(图2-14)，青年人普遍外出或就近到镇上或县城兼业打工。青年人口的流出比例非常大，即便留守的年轻人亦有强烈的离开乡村的意愿(图7-1)。

而农民工的问卷调查则显示，城市中的中老年外出务工人员有较为强烈的返乡意愿。在外出村民的理想居住地以乡村为最，占38％，选择集镇的比例达到25％，选择县城或中小城市的比例达到了16％，选择省城及大城市的甚至于高达19％(图7-1)。深入追问"如果考虑各方面的现实情况，您最终会选择在哪里定居?"。这时，选择县城的比例提高到了21％，选择集镇的下降到了21％，选择乡村的下降到了32％(图7-2)。

显然，乡村的青年流出与城镇的老年外出务工人员回流，二者的流动态势叠加，将进一步加速乡村人口的老龄化。乡村活力的维持将面临更大压力。

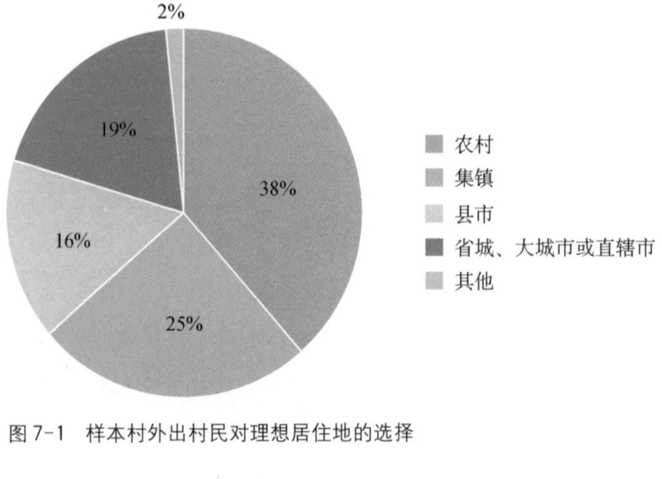

图7-1　样本村外出村民对理想居住地的选择

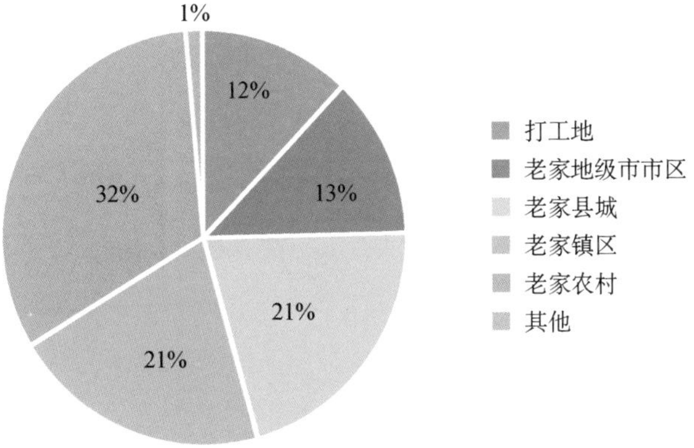

图 7-2　样本村外出村民考虑现实因素后对理想居住地的选择

7.1.2　乡村产业发展对人口形成拉力

乡村大量村民的流出主因在于务农收入过低，希望通过进城务工来提高收入、改善生活。客观来看，乡村的第一产业已无法支撑乡村经济发展。近年有不少乡村利用所处地域的资源优势，引进相应的企业，利用能人带动乡村产业发展，开拓新领域，为村民提供就业岗位，以此留住乡村人口(图 7-3)。另有部分传统村落根据自身环境优势，发展乡村旅游业，为乡村带来新的财富，使村民逐步富裕(图 7-4)。

案例 1：李园村宣纸产业

图 7-3　李园村宣纸产业

安徽宣城市泾县丁家桥镇李园村。丁家桥镇是宣纸发祥地、中国宣纸书画纸生产基地、安徽宣纸生产加工产业集群镇；李园村紧跟丁家桥镇的发展方向，将宣纸、书画纸产业的发展作为抓好经济工作的重点，不少村民返乡自主创业，依附宣纸产业致富，乡村经济迅速发展，乡村人居环境建设亦逐步完善。

案例 2:石头寨村蜡染产业与休闲旅游

(a) 蜡染一条街 (b) 农家乐 (c) 水上美食节

图 7-4 石头寨村蜡染产业与休闲旅游景观

贵州省安顺市黄果树管委会黄果树镇石头寨村是闻名的“蜡染之乡”,随着黄果树风景区的不断发展,石头寨以其优美的自然景色和传统精湛的蜡染、织锦民族工艺,吸引了不少国内外游客前来观光,规划意将其建设成为中国西南首个国际慢城联盟小镇。调研时村委正在进行乡村产业转型,引导农民利用村寨现状建筑开发民俗客栈、农家客栈、布依族美食餐饮、民俗表演、民俗工艺品生产展销等民俗旅游服务业,推进乡村人居环境改善。石头寨村村民的生活有了很大改善。

类似的产业发展较好的乡村还有很多。随着乡村经济的发展,村内的各项基础设施逐步完善,村民的生活水平也逐步提高,有些乡村甚至已经有外来打工者慕名前来,逐渐成为人口输入型乡村。这样的良性循环使得乡村人居环境建设得以提升,村民生活质量得以提高,乡村重新恢复盎然生机,缩小了与城市各方面的差距,某些方面甚至已经优于城市。

7.2 乡村人口流动的核心影响因素

7.2.1 乡土环境和生活气息留住部分村民

部分居民不愿意迁出乡村,除了“城市消费水平高、工作不好找”外,“舍不得乡村,城镇生活不习惯,城镇空气环境质量差”等成为主要原因,亦或说“乡村的环境、生活氛围和生活习惯吸引着村民继续定居”(图 7-5)。在被更直接地问及“最喜欢乡村什么”时,村民一致认同的是“环境好”,其次是“能够保持自给自足、邻里关照的生活方式”(图7-6)。可见,在乡村生活了半生的中老年村民普遍对乡土环境的情感浓厚而深重,眷恋乡村生活。

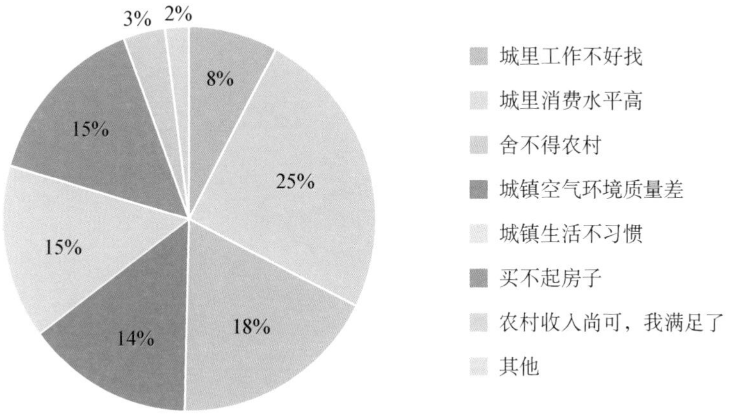

图7-5　样本村村民不愿迁出乡村至城镇生活的原因

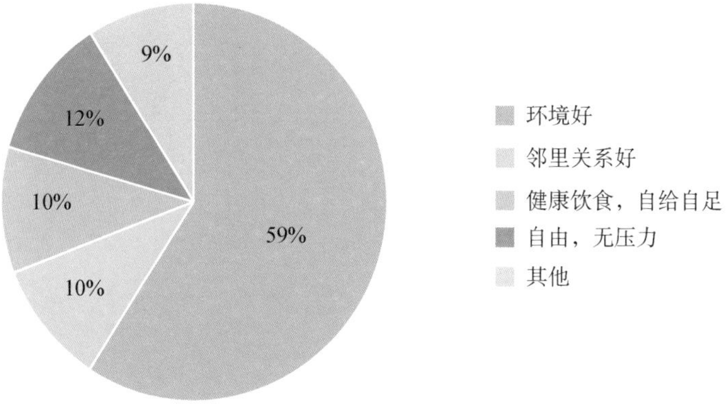

图7-6　样本村村民最喜欢乡村的方面

7.2.2　就业岗位不足是村民外出的主要原因

调研人员询问村主任或村支书“您认为村里为什么留不住人?”统计结果,可以归纳出两方面主要原因:务农收入低及就业岗位少(图7-7)。关于“您认为村里留得住人的主要原因是什么?”统计结果显示,“产业发展和就业机会”是主要原因(图7-8)。正反两个问题,反映了当下乡村人居环境建设中人的核心动力问题。乡村要保持活力,就需要人,留住人就需要经济发展和就业岗位。

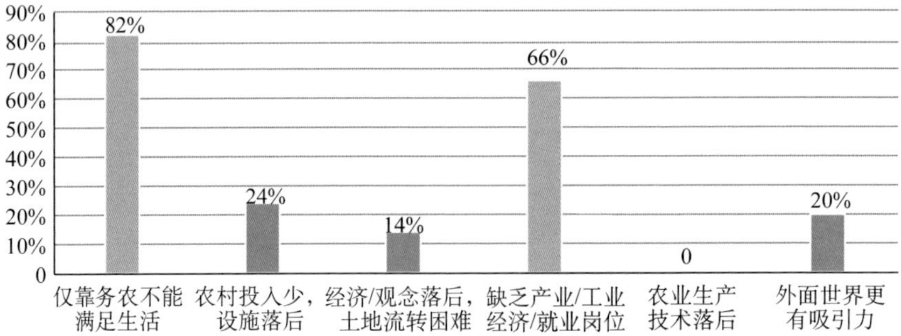

图 7-7 样本村村干部认为乡村留不住人的原因

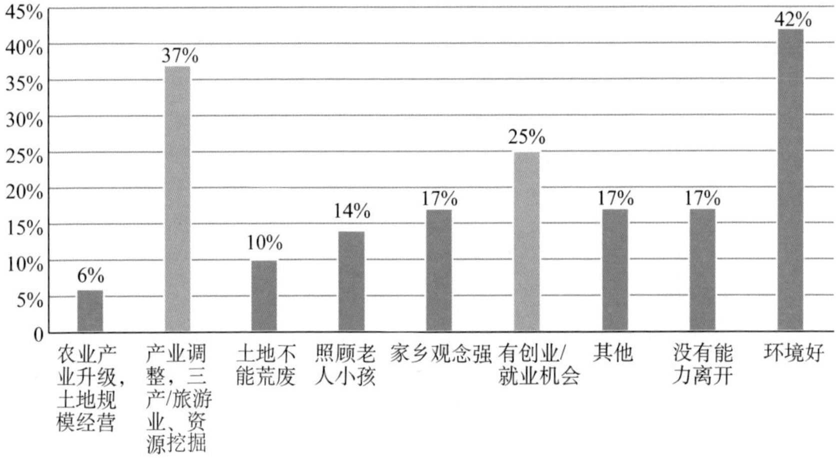

图 7-8 样本村村干部认为乡村能留住人的原因

从与村干部的访谈中了解到，86%的年轻人外出的最主要原因是“务农收入太低，希望外出寻求机会、增加收入”（图 7-9）。这与实际调研反馈完全一致。

实际的田野调查验证了上述判断，自身有一定产业基础或区域经济较好的乡村，其人口迁出相对较少。区域发达程度高或乡村经济发展好的地区，乡村人口大量流出的乡村比例明显较少（图 7-10、图 7-11）。例如珠三角、长三角地区村镇工业发达，村内往往具备有一定数量的工业企业，解决了大部分村民的就业（图 7-12、图 7-13）。针对广东省东莞市茶山镇茶山村村民的访谈中反馈，甚至有早期移民香港的村民想回村定居。

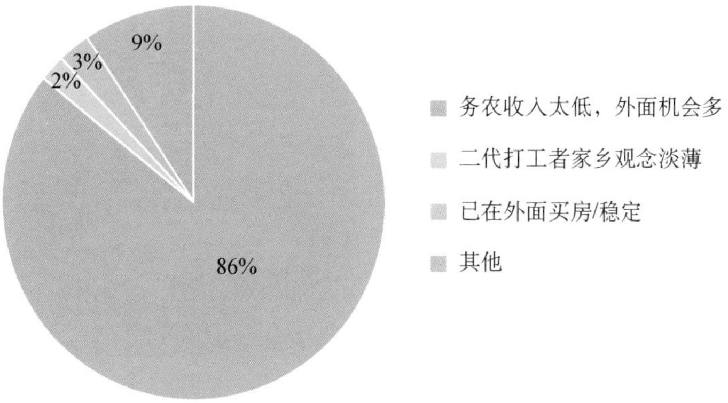

图 7-9　样本村村干部认为乡村年轻人普遍外出的原因

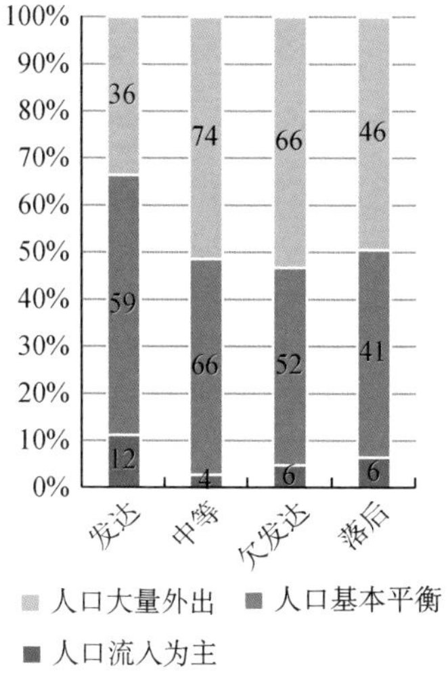

图 7-10　不同区域发展程度样本村人口迁出情况

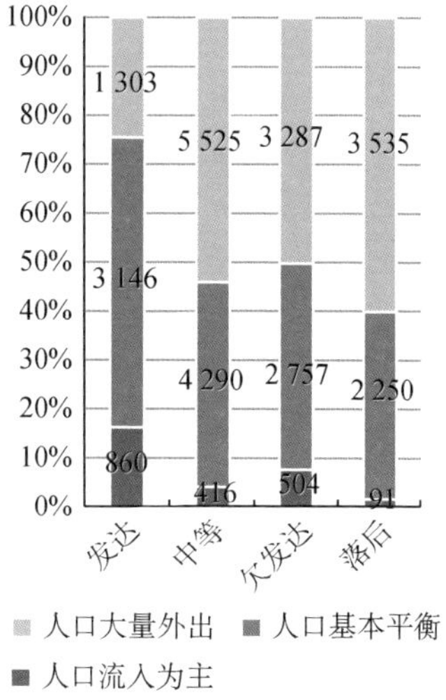

图 7-11　不同乡村发展程度样本村人口迁出情况

即使在中西部地区，拥有一定产业基础的乡村也会明显减缓乡村人口流出。比如位于"中国柳编之乡"的安徽省阜南县黄岗镇柳新村，村内有柳编加工厂和饮料厂，2014 年全村户籍人口数为 5 236，常住人口为 5 213，人口迁入迁出大体平衡（图 7-14）。调研的各省的富裕村，村民基本上较少外出务工，或者早期外出务工，现在陆续返乡。

(a) 企业厂房

(b) 工人工作环境

图 7-12 广东省汕头市潮阳区和平镇俊达电器

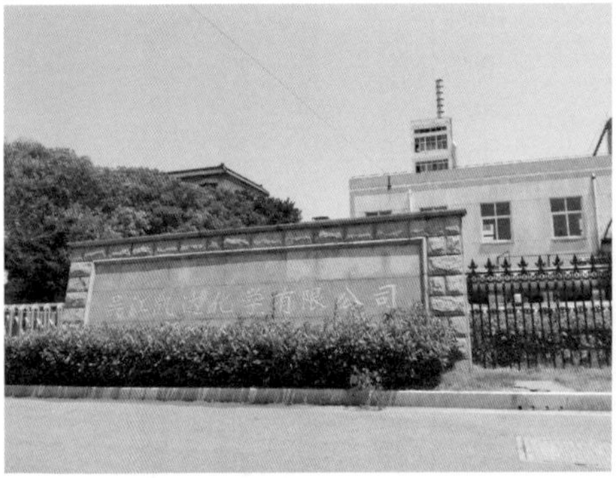

(a) 江苏吴江凯达化学有限公司

(b) 江苏苏州星岛金属制品有限公司

图 7-13 江苏省苏州市吴江区黎里镇杨文头村企业

(a) 村民加工柳编产品

(b) 村民加工竹编产品

图 7-14 安徽省阜阳市阜南县黄岗镇柳新村柳编产业对村民的带动

调研也发现有些经济发展明显滞后的山区村和偏远村，人口外出比例并不高，这些乡村受制于村民的懒惰陋习和较低的文化技能，长期处于贫穷状态。

7.2.3 更高的收入和完善的设施吸引村民进城

相对充足的就业和完善的设施是城市对村民迁移选择的主要驱动力。“什么因素导致村民希望迁出乡村到城镇定居?”调研反馈最主要的原因是“子女教育质量高”，其次分别为设施完善、生活便利、医疗条件优、工作机会多以及就业收入高等(图 7-15)。而那些长期在外务工的村民也认为城市的工作稳定且收入高、设施完善、生活便利是最吸引他们的系列因素(图 7-16)。

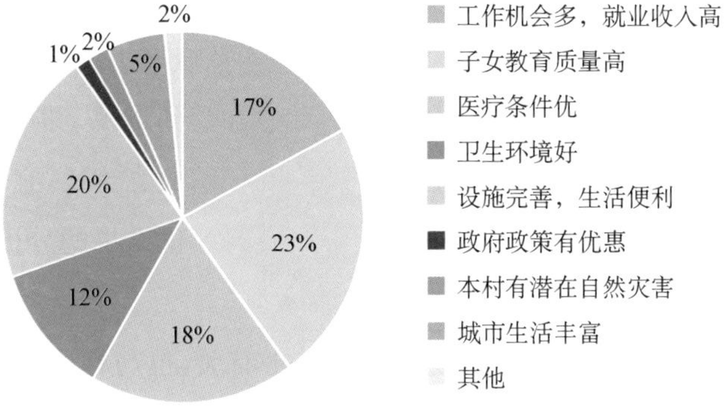

图 7-15　样本村村民希望迁出乡村到城镇定居的原因

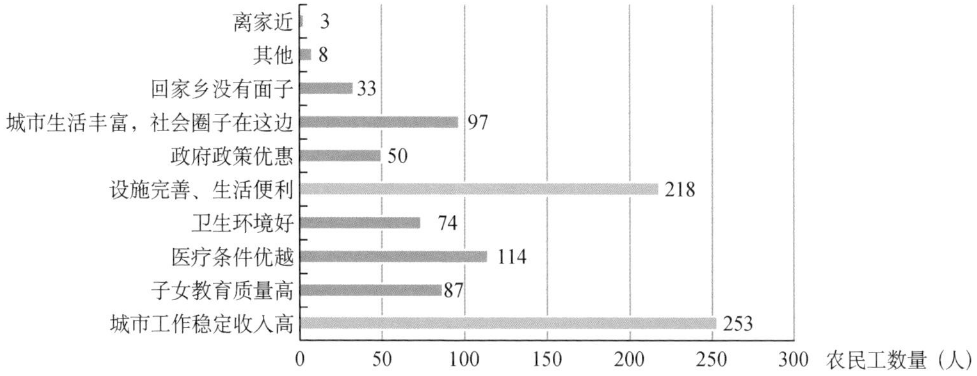

图 7-16　样本村外出进城务工人员长期在外打工的原因

7.3 乡村宜居性与人口流动

7.3.1 宜居性的概念

"宜居"一词源于城市研究，且与人居环境形成天然依附、绑定关系。1996 年联合国第二届人类住区（Human Settlements）大会对"宜居性"做了说明："宜居性是指空间、社会和环境的特点与质量。"此后针对人居环境宜居性的研究在国际社会引起广泛关注，且主要集中于城市层面。直至 20 世纪 90 年代，国内才出现宜居一词，亦是始于评价大都市的人居环境（宁越敏，查志强，1999）。乡村宜居性的研究大体开始于 2000 年之后，直到 2014 年国务院发布《关于改善乡村人居环境的指导意见》，关于乡村宜居性的研究快速从城市扩展至乡村。随着国家乡村振兴战略的实施，乡村人居环境的宜居性愈加受到重视。但是，目前国内无论针对城市还是乡村，都尚未对"宜居性"形成统一的概念定义，宜居性的研究通常落脚于宜居性评价，包括评价体系的构建以及对评价结果的分析，并试图在宜居性评价中探索宜居性的内涵。

乡村的宜居性并不仅仅与客观的建设水平有关，也与村民的主观满意度紧密联系。因此，本节将基于乡村人居环境的客观建设水平和村民的主观满意度，探析不同地区乡村人居环境的宜居性特点，并通过人口流动评价检验乡村宜居性的提升是否能够使农民乐意留在乡村地区继续生活。

7.3.2 乡村人居环境的宜居性

乡村的宜居性是乡村人居环境的客观建设水平（表 6-1）和主观满意度（表 6-1）的加权汇总，各自的权重仍然依据前述的专家打分法确定，分别为 67.51%和 32.49%。人居环境的宜居性与人居环境的客观建设水平和村民满意度均有较高的相关性，相关系数分别达到 0.905 和 0.515。图 7-17 显示，东部地区的乡村宜居性评价得分更高，均在 0.66 以上，其中上海市是唯一突破 0.8 得分的省份，中部湖北省的宜居性高于东部的山东、广东和辽宁，内蒙古的宜居性得分较低，但与中西部省份的差距不大。西部各省的宜居性得分较为平均，均在 0.62～0.67 之间。虽然中西部地区人居环境的客观建设水平相对东部弱，但村民较高的主观满意度使得中西部地区的宜居性水平总体上并不低。

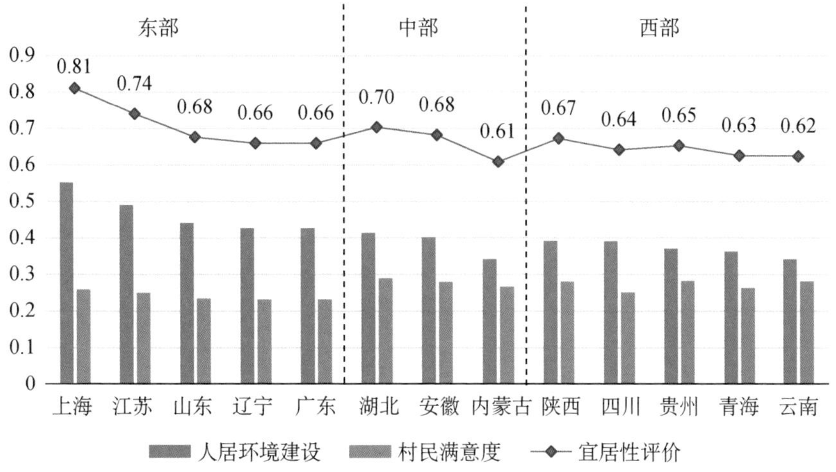

图 7-17　调研省份样本村宜居性评价

从各省的乡村宜居性雷达图（图 7-18）来看，各省份的乡村宜居性差异较大。

在东部地区，上海的短板在于村民对人居环境有更高的期望以及人文环境偏弱；江苏的短板除了村民的较高期望外，乡村政策方面似有待加强；山东省的最大短板是村民对生活质量的满意度较低；广东省和辽宁省相似，其短板都是乡村发展的区域环境和村民对乡村潜力和政策满意度偏低。

在中部地区，安徽省的最大短板是乡村政策；湖北省的短板是乡村设施供给、区域环境和政策方面的客观供给偏弱；内蒙古除了政策方面尚可以外，客观供给全面塌陷，但是村民的满意度却很高，反映出了村民对乡村人居环境的期望并不高；四川省和陕西省在经济发展、区域环境和设施供给方面都是短板，但陕西省的村民满意度更高；云南省和青海省除了人文环境以外，乡村人居环境的客观供给全面滞后，但云南省村民的综合满意度较高，而青海省村民对政策方面的满意度偏低；贵州省的村民满意度普遍较高且人文环境好，但区域发展环境偏弱。

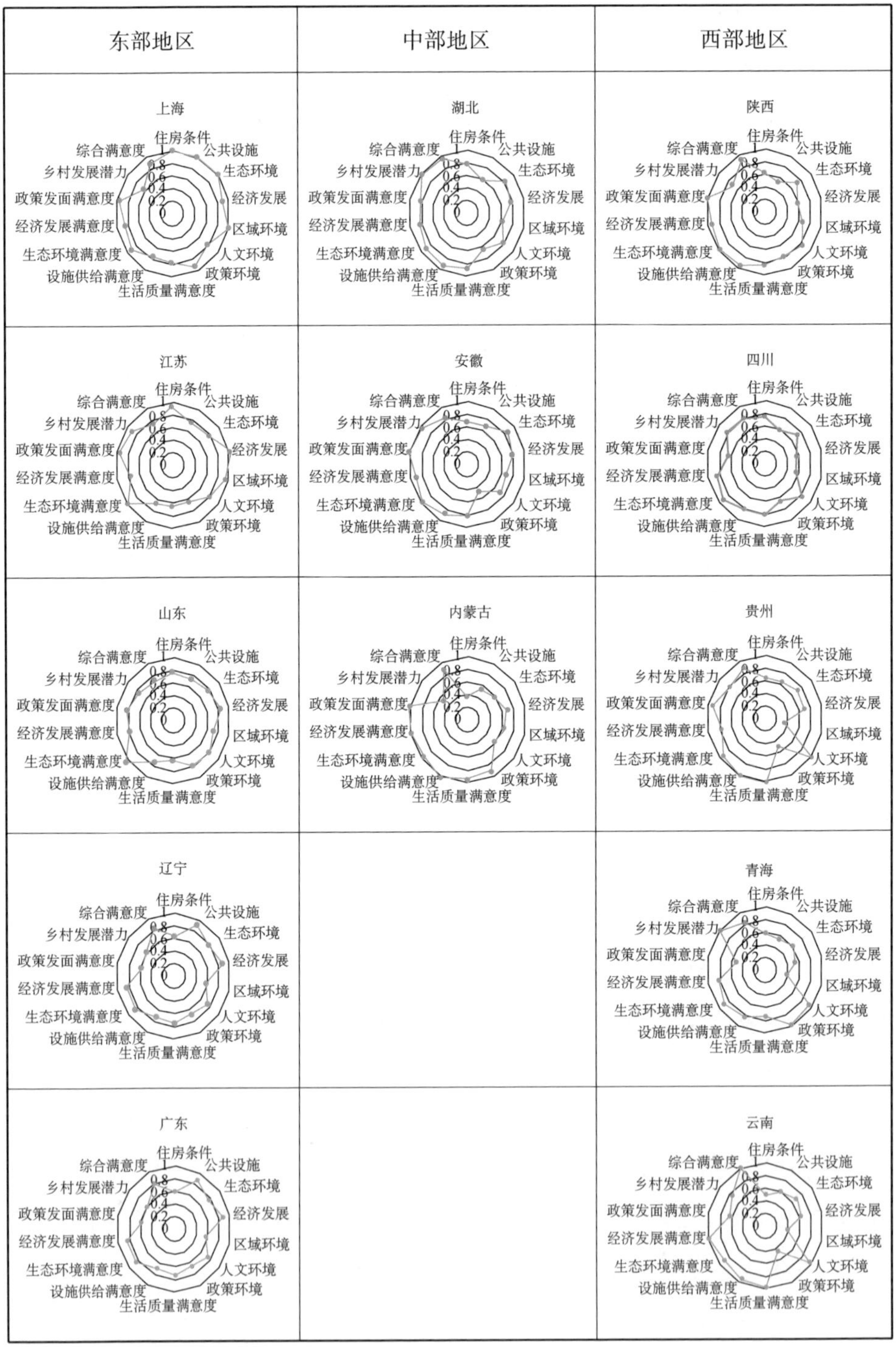

图 7-18 调研省样本村的宜居性评价雷达图

7.3.3　乡村宜居性与人口流动的关系

人口流动体现了村民在各方面因素影响下的居住意愿，它包括家庭、社会、经济等，乡村人居环境是若干影响因素之一。那么，宜居性高的乡村是否能够留住乡村人口呢？乡村人口的流动是否主要考虑乡村的宜居性？

计算 2014 年当地的常住人口与户籍人口之差与户籍人口的比值作为人口流动系数，直观反映地区当年人口流动情况。为了方便与宜居性评价做对比并分析其与宜居性评价之间的相关关系，进一步对结果进行标准化，公式为：

$$X'_i = \frac{x_i - \min}{\max - \min}$$

从各省人口流动系数直接计算结果看，东部地区各省总体表现为人口流入，因此人口流动系数明显高于中西部地区（图 7-19），中部地区乡村人口流出情况一定程度上比西部地区更严重。从 13 个省的乡村宜居性评价和人口流动评价相关性分析来看，二者显著相关，但根据课题组对 480 个乡村的数据相关性分析，则发现乡村宜居性和人口流动评价相关性并不明显（表 7-1）。这说明，微观数据对乡村研究的重要性，这亦是本书的核心价值所在。

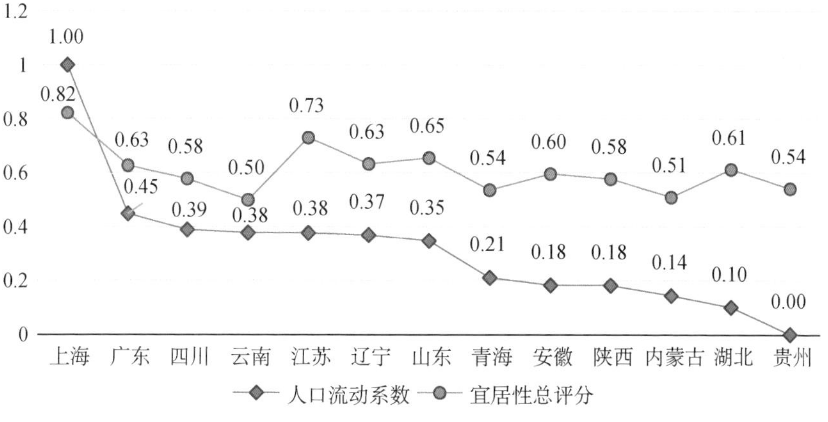

图 7-19　调研省份样本村人口流动系数与宜居性总评分

分省（直辖市）来看，上海乡村地区人口流入情况最为显著，广东乡村地区人口流入情况也较为明显，调研发现，上海本地务农者越来越少，吸引外地来上海

表 7-1 调研省样本村宜居性评分与人口流动系数相关性

		人口流动系数
宜居性总评分	Pearson 相关性	0.755**
	显著性(双侧)	0.003
	N(13省)	13
宜居性总评分	Pearson 相关性	0.100*
	显著性(双侧)	0.028
	N(480个村)	480

注：** 在0.01水平(双侧)上显著相关。
* 在0.05水平(双侧)上显著相关。

务农者越来越多，而广东省乡村地区人口流入则与其乡村工业化较为发达相关。中西部地区除四川和云南有少量调研村有人口流入之外，其余均为人口流出，故这两个省份人口流动系数评价要优于其他省份。湖北和安徽虽然近年来大力投入乡村物质环境建设，宜居性评价得分较高，但人口流动评价得分靠后。结合调研来看，缺乏就业机会和独特的乡村资源是其乡村地区普遍面临的发展短板。因此，单一的人居环境建设并不一定使得人们乐于留在乡村，高满意度也不一定意味着村民会选择留下。从评价数据来看，人口流动的选择是基于物质环境建设和乡村发展动力的综合判断结果，且后者的影响更为明显直接。这为乡村人居环境建设提供了更广阔的研究视角。

人居环境建设的目的是提升人的生活水平，让乡村物质环境能够更好地服务于人。因此，课题组在调研中对乡村人居环境的使用者，即常住村民(现在的使用者)和外出村民(潜在的使用者，非常态的使用者)的流动意愿、决策因素和流动趋势做了初步的调查研判。这些关于留守村民和外出村民的流动性的研判，有利于更全面地认识乡村人居环境建设的方向，以及相关政策的制定与完善。

7.4 留守村民的城镇化意愿

7.4.1 迁出乡村的意愿不强，对中小城市和县城有更高的认可度

480个村调查显示，留守村民对乡村有较强的眷恋感，若无政策推动等条件，

迁出乡村的积极性并不高。数据统计显示，有 72％村民的理想居住地是乡村；而在进一步考虑现实条件后，84％的村民没有迁出的打算。

将选择乡村作为理想居住地的 72％村民排除，对其余的 28％村民的选项进行比例分析，其中 22％选择了集镇，46％选择了县城或中小城市作为理想居住地，30％选择了省城、大城市或直辖市(图 7-20)。分地区的情况来看，除上海以外，县城或中小城市对留守村民均构成了较强的吸引力，其次是地级以上的大城市以及小城镇(图 7-21)。

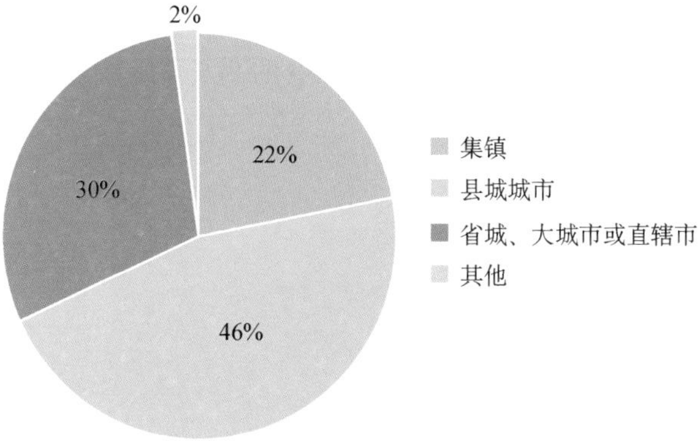

图 7-20　排除“乡村”选项后样本村村民对理想居住地的选择

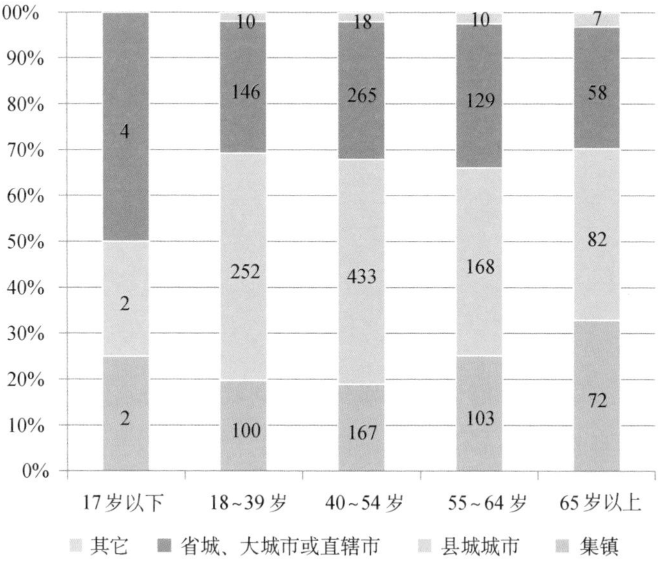

图 7-21　样本村不同年龄组村民的理想居住地选择

7.4.2 年龄越小、受教育程度越高，迁移意愿越强

进一步交叉分析显示，在青年及成年留守村民中，年龄越小，迁出乡村的意愿越强烈，且对省城等大城市更为向往(图 7-22)。近年来，乡村青年与城镇接触较多，对于现代化的生活方式适应性强，且由于乡村小学的撤并等工作推进，大部分乡村儿童从小学阶段就脱离乡村和农业生产而进城读书，乡村生活和生产的经验积累较少，他们普遍对个人的发展和城镇丰富的生活存有强烈憧憬。访谈显示，不少乡村青年将定居城镇作为生活目标，其未来继续留在乡村的可能性很低。

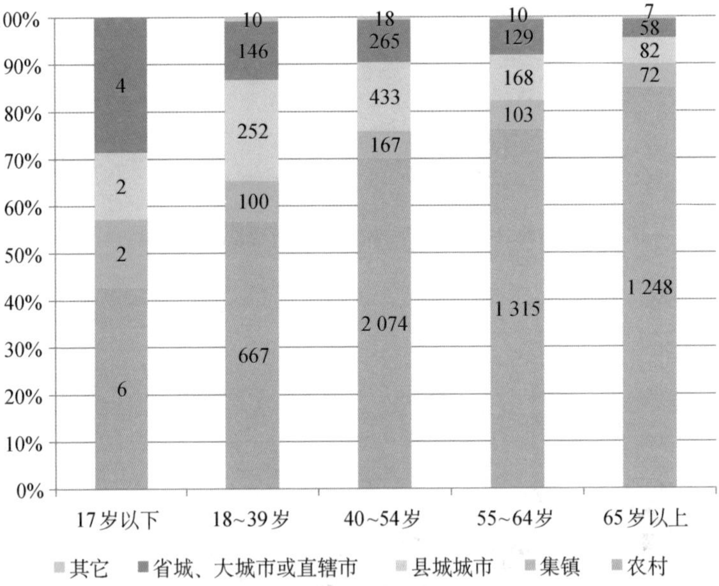

图 7-22 样本村不同年龄段村民对理想居住地选择

文化程度越高的村民越倾向于离开乡村到城镇定居生活(图 7-23)。因村内教育设施有限，且教学质量不高，文化程度高的村民大多选择将子女送到县城甚至大中城市接受基础教育，使得这些青少年逐步对城市有了更全面的了解，更加追求城市的丰富生活。

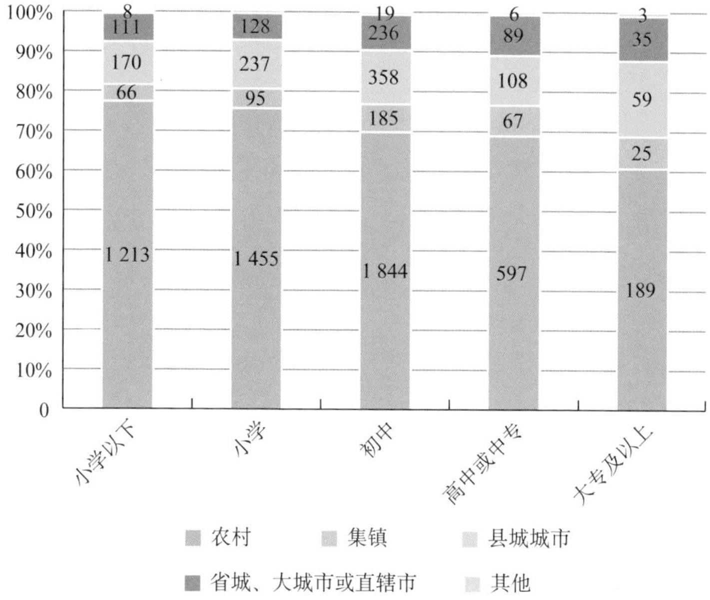

图 7-23　样本村不同文化程度村民对理想居住地的选择

7.4.3　希望子女迁往城镇,就业是最主要因素

虽然被访的留守村民普遍不愿意离开乡村,但当问及"希望下一代生活在哪儿?"时,仅有 12%的村民选择乡村,而超过 70%的村民希望子女到县城及以上的城市生活。其中,44%的留守村民最希望自己的子女定居在省城等大城市,有 27%的留守村民希望自己的子女定居在县城等中小城市(图 7-24)。

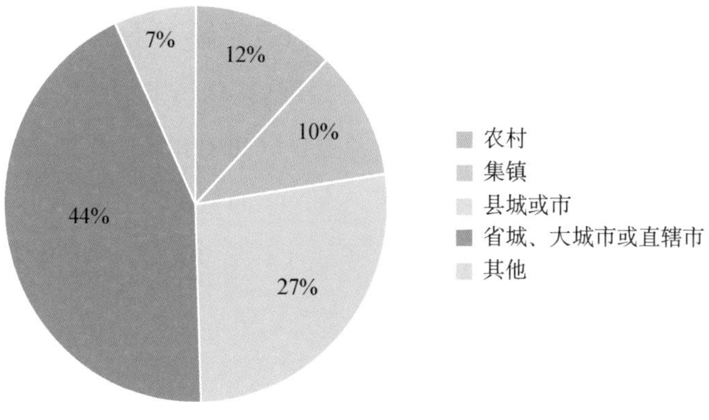

图 7-24　样本村民希望下一代选择的居住地

课题组在选项后设置了开放式的关于选择原因的提问。对这些影响迁移选择的因素进行归纳后发现，就业是影响村民及其（希望）子女选择县城或城市的最主要因素，但也存在一些差异。选择县城作为子女定居地的留守村民主要是基于县城的就业机会多、工作比乡村更稳定，基本没有提出其他的影响决策的因素（图 7-25）。将省会等大城市作为子女定居地的留守村民的迁移考量则更多元化，大城市的繁华、设施便利等是重要的考量因素（图 7-26）。

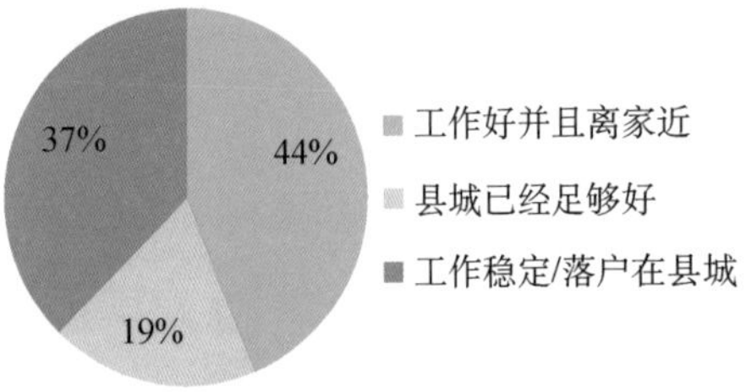

图 7-25 样本村民希望下一代住在县城的原因

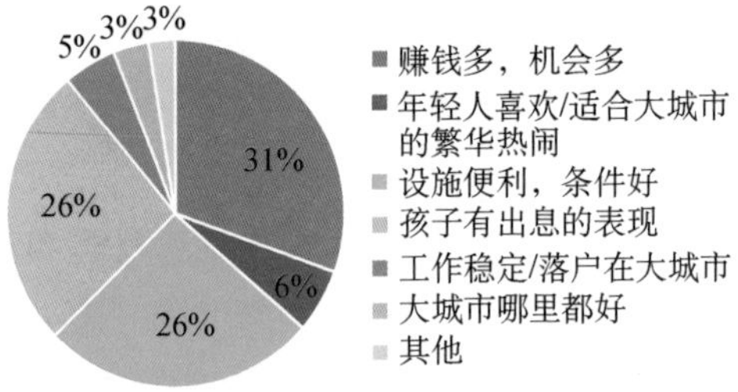

图 7-26 样本村民希望下一代住在大城市的原因

7.5 外出务工村民的城镇化意愿

7.5.1 返乡意愿趋于强烈，选择镇村的比例高

针对乡村外出务工人员（俗称"农民工"）所进行的询访结果显示，其对未来定居地的选择中，受访者中 61%的人表示将来会返乡定居（表 7-2）。对受访者的返乡意愿和计划返乡时间进一步分析发现，年轻人不返乡者占比最高，达 26.8%；中年人虽然返乡时间多有不定，但其返乡意愿更趋强烈，选择返乡者总占比高于不返乡者。从学历来看，受访者主要以初中和高中学历为主，且绝大多数为普通员工。数据进一步表明，拥有一技之长的员工更希望走出乡村，不再返乡；而公务员或事业单位工作者和半工半农工作者更倾向于在退休或年龄太大无法在外务工时能够回到乡村养老。

表 7-2 样本外出务工人员返乡意愿(按年龄、学历、工作性质分)

分类		随时可以返乡	1～2 年	3～5 年	5～10 年	15～30 年	不返乡
按年龄	年轻人	3.0%	4.7%	6.0%	6.0%	3.8%	26.8%
	中年人	1.7%	2.6%	10.2%	5.5%	3.8%	22.6%
	老年人	0.0%	0.4%	0.8%	0.4%	0.0%	1.7%
按学历	小学以下	0.4%	0.4%	1.3%	0.9%	0.0%	6.4%
	小学	0.0%	0.4%	2.2%	0.9%	0.0%	8.6%
	初中	2.1%	4.3%	6.0%	4.7%	5.2%	18.1%
	高中或技校	2.2%	1.7%	6.0%	3.0%	2.2%	12.0%
	大专及以上	0.4%	0.4%	1.7%	1.7%	0.4%	6.4%
按工作性质分	企业经营者	0.4%	0.0%	0.0%	0.0%	0.4%	2.5%
	普通员工	3.4%	6.8%	15.2%	9.7%	3.4%	43.0%
	个体户	0.0%	0.4%	0.0%	0.0%	0.0%	0.9%
	公务员或事业单位	0.0%	0.0%	0.4%	0.4%	0.0%	0.4%
	务农	0.4%	0.0%	0.4%	0.4%	0.4%	2.6%
	半工半农	0.9%	0.0%	0.4%	0.9%	3.0%	2.5%
	其它	0.0%	0.0%	0.4%	0.0%	0.4%	0.0%

在关于日常返乡频率的问题上,中年人每年的返乡频率最高,而老年人最低(图 7-27)。愿意返乡的外出村民大多表示,在退休(干不动了)后回乡养老,若家乡有合适就业岗位,愿意在家乡的城镇就近工作。

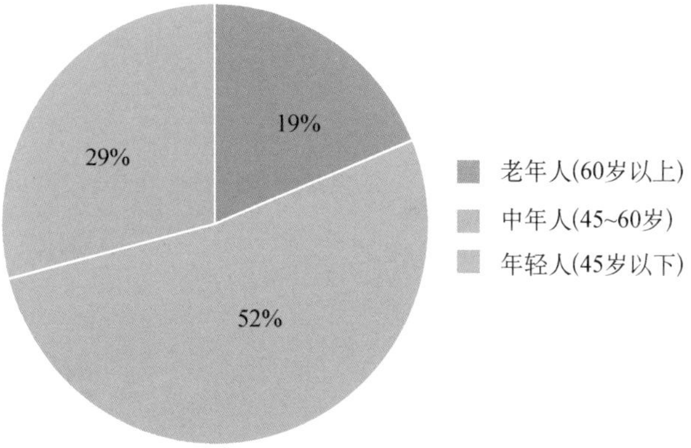

图 7-27 样本村每年都会返乡的村民年龄层分布

调研人员进一步询问了选择返乡的原因，最主要是在城里买不起房子，无论是年轻人、中年人还是老年人，返乡的主要原因都是因为买不起房子而选择家乡住房、城里消费水平太高（图 7-28、表 7-3），其次分别是城市空气质量差及消费高。此外，乡土情结也是重要的影响因素。从学历的角度看，会发现与初中及以下学历者相比，高中及以上学历的外出务工人员更看重乡村的生活环境，更加具备家乡情结。同样，对比普通员工，务农和半工半农的务工人员的乡土情结要更重一些（表 7-3）。

在打工地定居的最大障碍方面，主要是在于户口和买房问题（图 7-29）。课题组在与多位企业人力资源经理的访谈中了解到，外出务工人员不愿定居在打工城市的主要原因是经济实力所限，无力购置房产，也难以有稳定的工作来维持城市生活的各种开销。城市的高房价、高消费以及户籍限制仍是阻碍农民工市

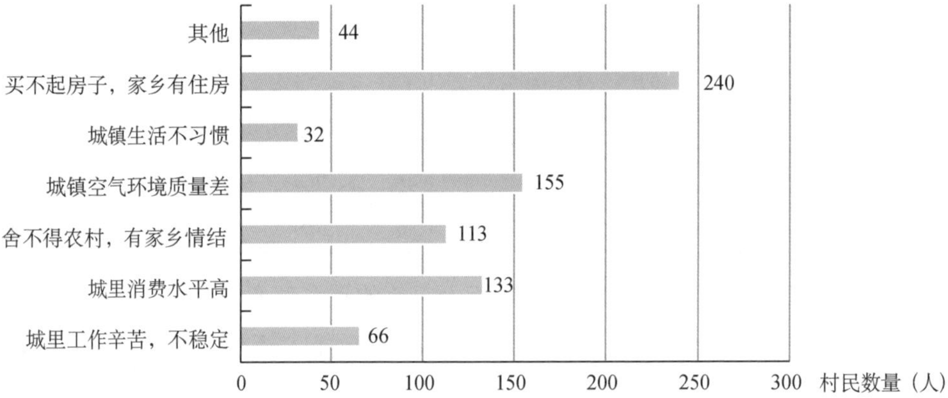

图 7-28 样本村民愿意返乡的原因

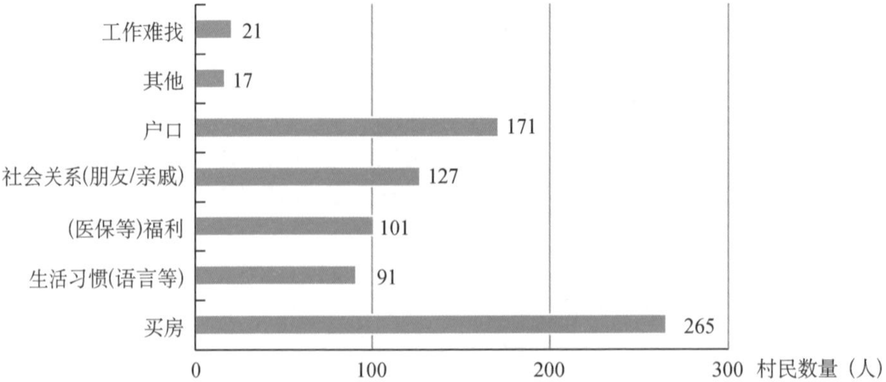

图 7-29 样本外出务工人员在打工地定居的最大障碍

民化的最大障碍。此外，社会关系、福利、生活习惯三个社会因素也对外出务工人员在打工城市定居形成了障碍，这三部分的影响占全部影响因素的 40%（图 7-29）。可见外出务工人员市民化的进程中，不仅要提供经济支持，社会融入方面亦有很多工作要做。

表 7-3　样本外出务工人员想要返乡原因(按年龄、学历、工作性质分)

分类		城里工作太辛苦，不稳定	城里消费水平高	城镇空气环境质量差	城镇生活不习惯	买不起房子，家乡有住房	舍不得农村，有家乡情结	其它(未填写)
按年龄	年轻人	4.7%	8.1%	8.1%	2.4%	11.9%	6.8%	2.4%
	中年人	9.2%	8.8%	9.5%	1.7%	11.2%	8.8%	4.1%
	老年人	0.3%	0.3%	0.3%	0.0%	1.0%	0.3%	0.0%
按学历	小学以下	1.4%	1.0%	1.7%	0.7%	1.0%	2.4%	1.7%
	小学	1.7%	2.4%	3.8%	0.3%	3.1%	1.0%	1.7%
	初中	7.3%	8.4%	5.9%	1.0%	11.1%	8.0%	2.1%
	高中或技校	3.1%	5.2%	5.6%	1.7%	1.7%	4.5%	1.0%
	大专及以上	1.0%	1.4%	2.4%	0.7%	0.7%	1.4%	1.0%
按工作性质	企业经营者	0.0%	0.3%	0.6%	0.0%	0.0%	0.0%	0.0%
	普通员工	11.0%	13.6%	15.3%	3.9%	19.8%	10.7%	7.1%
	个体户	0.0%	0.0%	0.0%	0.0%	0.0%	0.3%	0.0%
	公务员或事业单位	0.0%	0.3%	0.6%	0.0%	0.0%	0.6%	0.0%
	务农	1.3%	0.6%	0.3%	0.3%	1.0%	0.0%	0.0%
	半工半农	1.3%	1.9%	1.0%	0.0%	2.3%	3.6%	0.0%
	其它	0.0%	0.3%	0.3%	0.0%	1.0%	0.3%	0.0%

7.5.2　村民个体外出与举家外出并存

乡村依旧是大部分外出村民的根基所在。外出打工现象在各地十分普遍，但举家迁移的现象并不明显，男性青壮年迁出比例较大，留守妇女、儿童和老人成为乡村常住人口的主体(图 7-30)。企业调研发现，65%的外出务工人员是一人外出务工，带妻子(和小孩)一起外出务工的占比不足 30%，在乡村普遍有留守亲人(图 7-31)。这种迁移模式是外出村民基于家庭利益最大化的考量所做出的选择。这种模式既可获得城市较高的经济收入，又可将进城生活工作的成本最小化，还可保有乡村土地和房屋所附带的福利与保障。尽管相对城市居民而言，这份福利和保障并不算高。

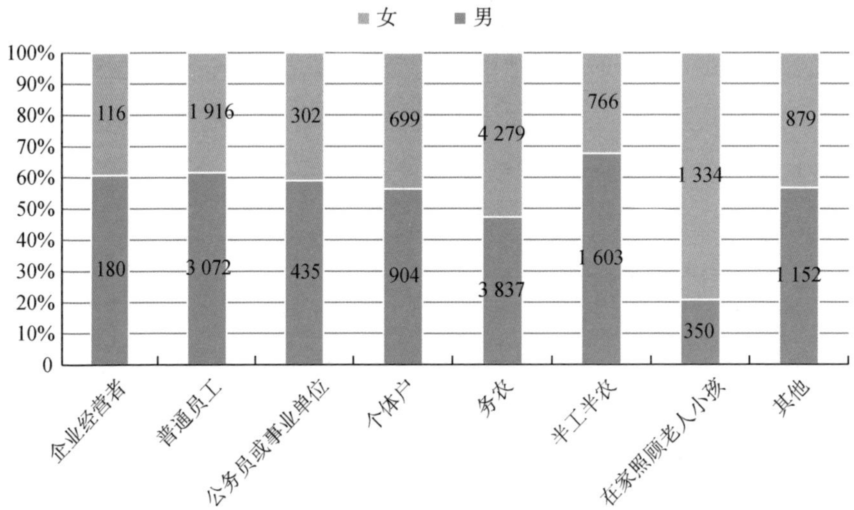

图 7-30　样本村民务工行业与性别分析

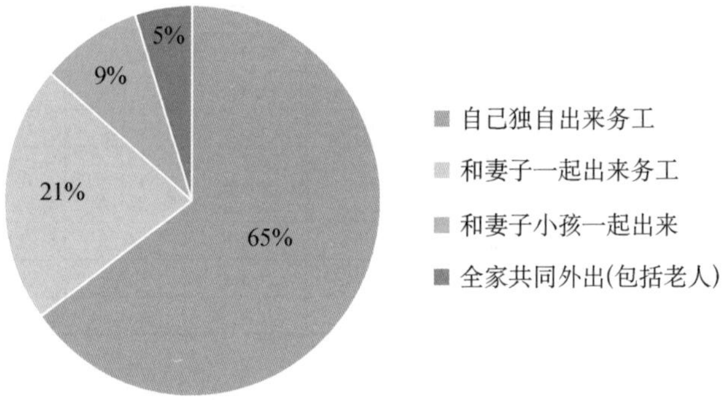

图 7-31　样本外出务工人员的迁移就业方式

7.5.3　就地城镇化的态势有所显现

早期的快速城镇化中，外出务工人员大量聚集在北上广深以及沿海发达地区。近年来随着产业转移以及中西部地区的快速发展，本地迁移比例逐年提升。根据国家统计局历年外出务工人员监测调查报告显示，中部地区流动人口增量主要来自省内流动人口，2016～2019 年，跨省流动人口数量由 3 897 万人下降至 3 802 万人，减少 95 万人；省内流动人口由 2 393 万人增加至 2 625 万人，增加了 232 万人。调研发现，经济较为发达的城市(如省会城市)，就业岗位多，有更强的就业吸纳能力，村民一般选择在本地流动就业。

图 7-32 显示，71％的村民在附近的小城镇镇务工。课题组在调查初期，请地方政府协助选择若干家外出务工人员较多的企业，最终的企业样本方案主要聚集在小城镇，这些小城镇几乎都位于大都市地区，某种程度上也反映出外出村民的主要就业地分布。从更宏观的尺度上看，外出务工人员聚集在珠三角、长三角等城市群或大都市地区，但微观尺度而言，外出务工人员仍然更多地聚集在乡镇（不一定是自己的家乡）。

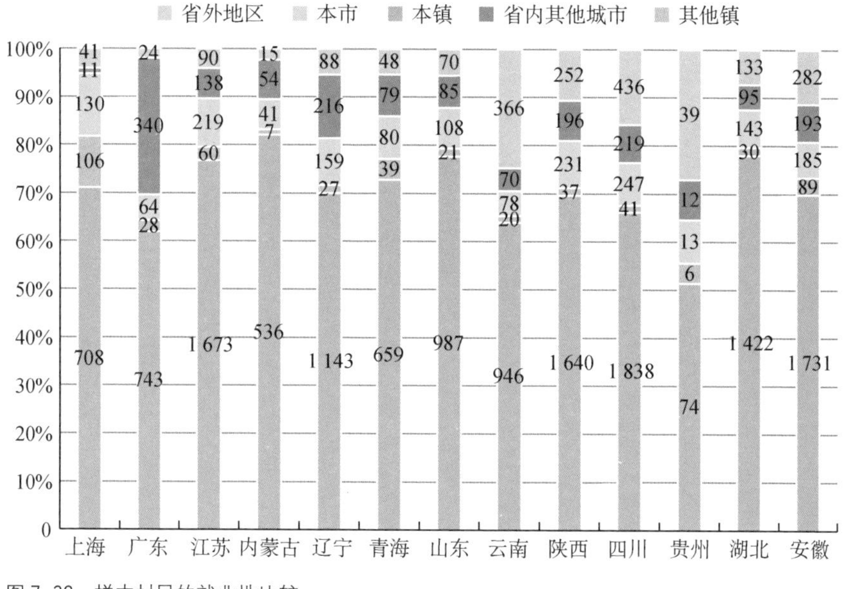

图 7-32　样本村民的就业地比较

相比长距离的跨省、跨市迁移，就地、就近的模式不仅节省了交通成本，生活也更为便利，社会关系也相对和谐，村民更易接受。未来，随着中西部各省的追赶式发展，三四线城市将拥有更多的发展机会，亦能提供更好的就业机会。与此同时，东部发达地区的产业升级迭代加速，适宜外出务工人员的就业岗位也将随之减少①。拉力和推力的共同作用下，外出务工人员的省内迁移将逐渐增多，或占未来城乡人口迁移的主体。

调查发现，相对过去大量人口的跨省流动，居住在乡村、工作在城市（镇），早

① 同济大学团队 2019 年和 2020 年对珠三角和长三角的产业大镇的调研访谈验证了上述判断。课题组调研了共计 21 多个经济大镇，全部反馈近几年流动人口在减少，每镇每年平均减少 1 万人左右。

出晚归、城乡通勤的就地、就近城镇化模式成为越来越多村民的现实选择。如图7-33显示，当下已经有超过20%的村民实现了就近通勤就业。

如图7-34显示，无论是经济发达村，还是落后村，都有超过70%的村民希望就近就业。在充足的就业岗位和便捷的城乡联系予以保障的前提下，不仅留守妇女，承担了家庭收入主要来源的青壮年男性也表达了就近工作的意愿。这种模式下，虽然直接收入可能有所减少，但生活成本大幅降低，且避免了背井离乡与两地分居的精神痛苦，对家庭而言可能是收益最大化的理性选择。对本地发展而言，就近通勤务工的模式为小城镇发展提供了更多的机会，也使得乡村社会的活力得以延续。

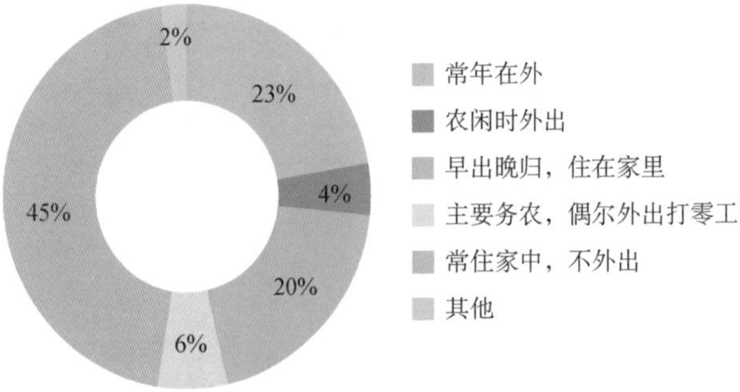

图7-33 样本村民的务工模式

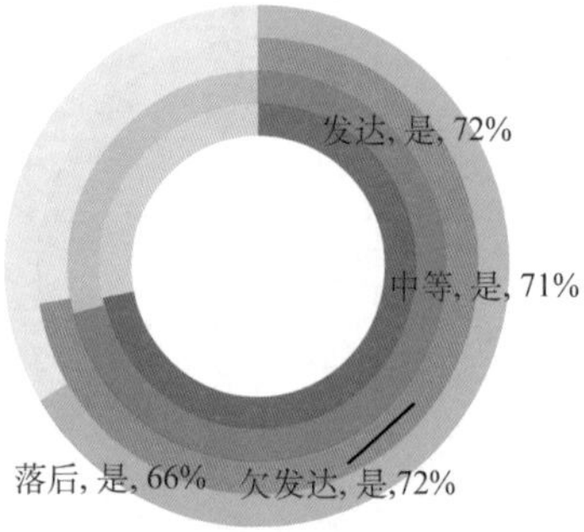

图7-34 不同发达程度的样本村村民对“是否愿意就近务工、每日回家”的选择

第 8 章　乡村人居环境运行机理探析

8.1　影响因素的提取

8.1.1　基于权重的指标排序

在德尔菲法中，从专家对于不同要素的情感侧重倾向，可以分析各指标的重要性。20 名研究人员受邀参与本次指标的权重计算，因此可以认为权重大的指标很可能是影响人居环境的核心要素。

图 8-1 所示，人居环境建设和村民满意度两个维度的指标权重排序。在人居环境建设的维度，排序前三位的均是经济层面要素（农民人均纯收入、所处地

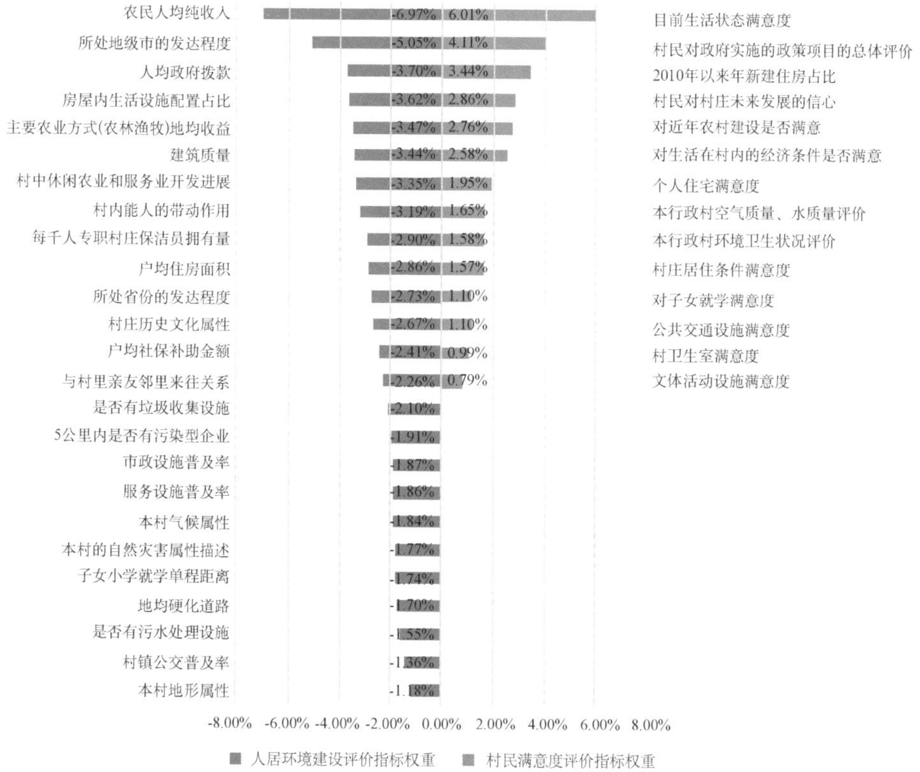

图 8-1　依权重排列的各指标要素

级市的发达程度、人均政府拨款);排序靠后的主要是自然地理因素(地形、气候)和设施配置要素(公交、污水、道路、小学)。在村民满意度评价维度,排序前三位的是生活满意度、对政府政策项目的评价和近十年来的建房情况;排序靠后的主要是设施配套,具体包括文体活动设施满意度、村卫生室满意度和公共交通满意度以及子女就学满意度。

上述的权重排序结果表明,乡村人居环境建设的成效很大程度上在于村民增收和生活富裕。两个维度的权重排序中,政府拨款和政府项目方面均靠前,这说明政府的支持对乡村人居环境的改善尤为重要。实际调研也发现当前乡村普遍表现出对政府存在较强的依赖性。

与村民居住条件紧密相关的房内生活设施占比、住房质量、户均居住面积、个人住房满意度等指标,反映了村民的家庭经济基础。反映乡村内生发展动力的乡村能人带动作用、村民对乡村未来发展信心等指标,排序也比较靠前。近年来返乡创业的能人作用越来越强,其在向社会吸引资源、向上级争取政策、在政府与村民间沟通协调、带领村民建设和向村民传播先进理念等方面具有不可替代的作用。对村干部访谈的数据显示,74.4%的村干部认为村里要有“能人”,且“能人”的作用非常突出。

8.1.2 指标的归类

结合图 8-1 乡村人居环境水平的指标权重排序,可以将指标归为三类:第一类是反映乡村客观物质建设条件的指标,包括气候、灾害、地形等代表先天自然条件的指标;第二类是反映乡村内生发展动力的产业、人文条件相关指标,如农业、休闲和服务业发展指标以及乡村历史文化属性和能人带动作用等指标;第三类是影响乡村发展的外部推动要素的指标,如反映区域经济、中心城市、政府推动等相关指标,其隐含内容包括政策、市场、规划、管理、资金等方面的外在因素推动作用。以上三大类指标共同作用,影响了乡村人居环境的建设水平。

8.2　运行机理的框架建构

乡村人居环境的共性与差异性在某种程度上是“量变引起质变”的关系。共性是大多数乡村或某一类型乡村所共同具有的特点；差异性是在共性基础之上，某些特性在不同乡村之间的明显分异。总体而言，近年来我国的乡村建设取得了显著的成效，但仍存在诸多问题，基本可归结为建设投入总体不足、建设供给与实际需求不匹配、村民参与机制不健全。对这些实际问题的进一步认识，需要从乡村人居环境的运行机理来进一步地探析。运行机理是指乡村人居环境在演进过程中，各种影响因素的结构、功能及其相互关系，以及这些因素产生的影响、发挥作用的过程、原理及其运行方式。

结合前述三大类指标的归类，乡村人居环境影响因素的结构包括客观物质条件、内生发展动力和外部推动要素三个部分。三者之间的功能作用关系如图 8-2 所示，外部推动要素直接作用于乡村人居环境建设，间接作用于客观物质条件和内生发展动力，对之产生影响；客观物质条件适应形成，并持续影响乡村人居环境，客观物质条件好的乡村，其人居环境演进向好，反之则向坏。内生发展动力奠定乡村人居环境的基础，并对其演进产生制约，内生发展动力强的乡村，其人

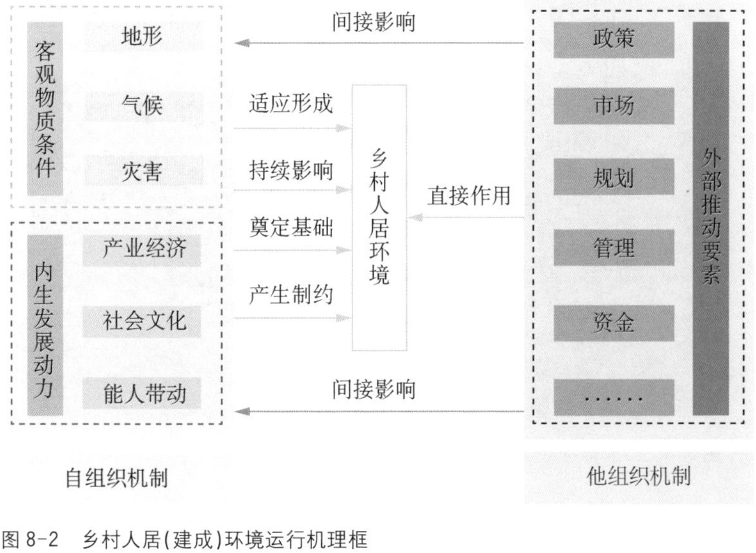

图 8-2　乡村人居(建成)环境运行机理框

居环境演进向好，反之则向坏。可以借用“自组织—他组织”理论阐释我国当下乡村人居环境的运行机理。

8.3 客观物质条件

8.3.1 自然地理条件影响乡村营建

乡村空间形态组织是人类依附并顺应自然的结果，受生产条件和发展水平的制约。那些保存至今的相对完整的传统乡村聚落，仍可见其因势利导、选择地形适宜之处进行人居营建的初衷以及沿用至今的乡土建造技术。

首先，地形条件影响了乡村的营建。乡村地形可大体分类为平原及山地两大类[①]。地形平坦开阔之处，通常地貌单一、气候宜人、地质灾害较少，聚落营建的自由度较大，且易于生长。营建于此的乡村分为两类，一类规模相对较大，居民点农户集聚度非常高。典型的如山东省大部分的平原乡村，人居集聚，规模普遍达 200 户以上，很多行政村居民点构成一个自然村（图 8-3），也有青海、内蒙等牧区“面上分散、单个集聚”的平原村落形态；另一类是乡村聚落连绵分布，单体

图 8-3　山东省商河县沙河镇后邸村

① 具体分类标准及其解释参照“表 1-3 乡村属性矩阵表”。

规模较小，分布较为密集，多依农田和水系格局自由生长，典型的是江苏省苏锡常和南通地区，水网密布，村落散点分布，由近似连绵的十几个到几十个自然村组成行政村（图 8-4）。

图 8-4　江苏省苏州市吴江区平望镇溪港村

在山区，由于地势起伏，灾害相对较多，耕地破碎，可用于居住的用地较少，乡村向外延伸所受的限制也较多，因此乡村规模一般相对较小，多依山顺势分布，与自然地形充分结合。这类乡村可以分为两类，一类是单个居民点内的农户聚居较密集，其他农户在偏僻地段零散分布（图 8-5）；另一类是沿沟域坡地或平地较为平均地分布着中等规模的村落（图 8-6）。

图 8-5　云南普洱市思茅区龙潭乡麻栗坪村

图 8-6 贵州省黔东南州丹寨县龙泉镇卡拉村

丘陵以及山区平原地区的乡村空间组织则介于平原和山区二者之间，兼有其特征（表 8-1）。

表 8-1 平原与山地乡村空间布局特征比较

地形分类	地势特征	气候特征	乡村规模	分布模式	
平原地区	地貌单一	气候宜人、灾害较少	较大，或连绵小聚落	分布较为密集	具体布局多样化、呈现多种模式
山区地区	地势起伏	灾害较多、耕地破碎	较大＋散点，或中等规模分布	分布多依山顺势、与自然充分结合	
丘陵、山区平原等	兼有平原、山地乡村二者特征				

480 个村的样本显示，平原地区的乡村人口与用地规模明显较大。在平原地区，500 户以上的大村占比近 60%，如果把 200 户以上也纳入进来，占比则达到 86.4%。相对而言，山区的大村占比仅略高于 40%，比平原地区低了近 20 个百分点，而小村和中等村占比合计约 20%，明显高于平原地区（图 8-7）。同时，平原地区的乡村居住更为集中，山区散点居住的乡村占比达到 60%以上，而平原地区半数以上的乡村全部人口（集中居住）或半数以上人口集中在一个乡村居民点（混合居住）（图 8-8）。

进一步比较乡村常住人口、居住用地面积、宅基地总面积等乡村规模数据以及大于 10 户的居民点数量、最大居民点人口和用地等集中程度指标，可以发现从山地到平原的乡村空间组织，总体呈现出由“小而分散”到“大而集中”的变化

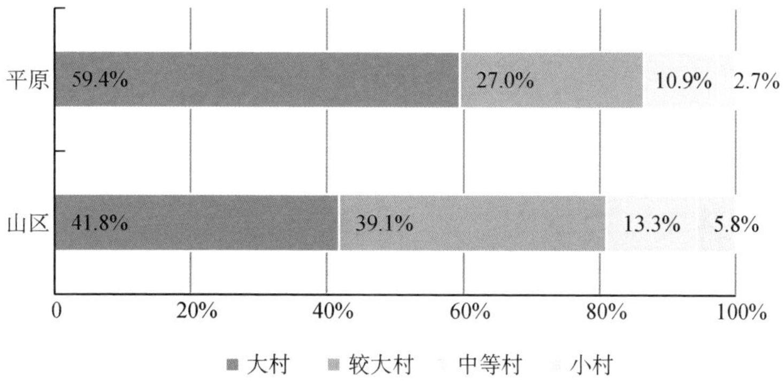

图8-7 山区与平原的样本村规模比较

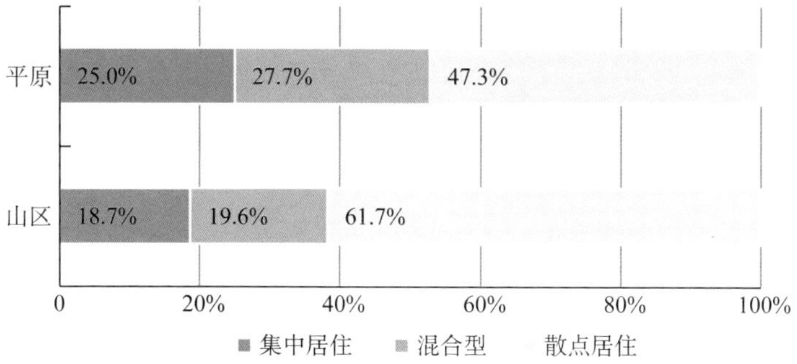

图8-8 山区与平原的样本村居住模式对比

趋势。山区村的最大居民点平均规模是614人，而平原村的最大居民点规模突破了1 000人；山区村大于10户的居民点数量平均为15.0个，而平原村只有9.7个；山区村的平均规模为1 986人，比平原村少了20%多(表8-2)。

表8-2 山区与平原的样本村空间各项指标比较

	常住人口(人)	所有居民点总占地(公顷)	宅基地总面积(万平方米)	大于10户的居民点数量(个)	最大居民点人口(人)	最大居民点用地(公顷)
山区	1 986	318.6	14.43	15.0	614	48.0
平原	2 579	336.3	21.01	9.7	1 014	234.7

田野调查进一步发现，乡村空间分布灵活自由、因地制宜，与一定自然条件下的耕作半径、生产方式密切相关。即使一定区域内的乡村呈现一定相似性，具体的组织模式上仍“一村一貌”，难有既定的模式，可谓各具特色。

以平原地区为例，虽然整体呈现“集中”的特点，但是集中的形式千差万别。第一种是在一定地域内呈较大规模的“团状集中”，比如华北平原的山东和辽宁，这些地区水体较少，寒冷干燥，农业生产主要为旱作，机械化水平较高，耕作半径较大，乡村分布常常“一村一点”（有时甚至与“多村一点”），人口规模上千，土地平整开阔（图 8-9）。

图 8-9 辽宁省兴城市东辛庄镇半拉堡子村
资料来源：国家地理信息公共服务平台“天地图”网站。

第二种是整体连绵、内部分散的“分散集中”，如太湖平原的上海、苏南和浙北，这些地区河川密布、湖荡成群，农业精耕细作，耕作半径较小，乡村分布规模小，数量多，星罗棋布（图 8-10）。

图 8-10 江苏省苏州市吴江区黎里镇杨文头村
资料来源：国家地理信息公共服务平台“天地图”网站。

第三种是内部抱团、相互分离的“组团集中”，比如青海和内蒙古，这些地区气候多变，地广人稀，以畜牧业为主，不可利用的土地较多，乡村分布通常呈“大面积分散、小规模集中”的状态(图 8-11)。

图 8-11　青海省同德县尕巴松多镇科日干村
资料来源：国家地理信息公共服务平台“天地图”网站。

山区乡村，乡村的具体分布多依附于等高线，更加灵活多变。在缓坡、谷底、山间台地等地带，住房多沿等高线蜿蜒排布、延伸拓展(图 8-12)。在山坡、山麓等地带，住房则多与等高线垂直，顺势层叠，呈现错落有致的空间形态。同时，在少数人烟稀少的高寒地区呈现散点分布的自由格局，少至一两户农家，多至十余户院落，分散于崇山峻岭，点缀在茂林修竹之间。各地的调研显示，这些布局模式通常相互结合，混杂分布。

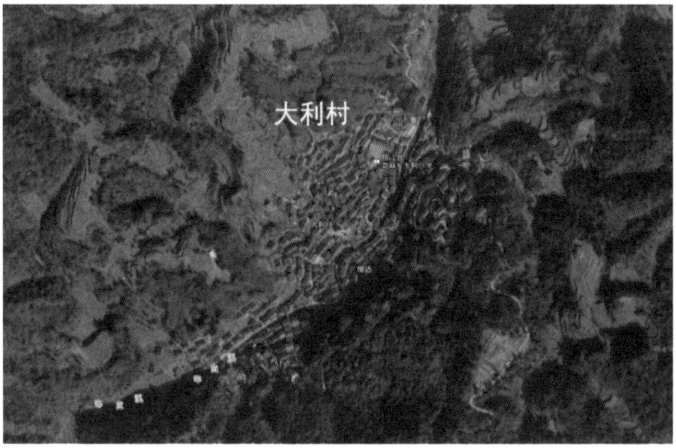

图 8-12　贵州省黔东南州榕江县栽麻乡大利村
资料来源：国家地理信息公共服务平台“天地图”网站。

气候、水文等其他自然条件对村落营建也产生很大影响。这些因素极大影响农作物生产，适宜农业生产的程度决定了聚居营建的可能。同时，各地村民针对变幻的气候环境采取了相应的采光、通风、御寒、防潮等应对措施，逐渐形成了稳定的适应机制甚至社会观念，如“风水”等。在现今我国大部分地区，乡村建房依旧按照地方习俗，在位置、朝向、格局、墙体、屋檐等细节上有较为严格而细致的考虑，因而也形成了不同地区独特的乡村建设风貌，如：陕北的窑洞，依山势开凿出来拱顶窑洞，充分利用黄土高原土层厚实、地下水位低的自然特点，挖窑洞作民居，冬暖夏凉（图 8-13）。在黔东南苗族侗族自治州榕江县大利村，利侗溪由西南向北从寨中穿过，极具侗族特色的栏杆式青瓦木楼鳞次栉比地沿河而建，五座侗族风雨桥（花桥）横卧于利侗溪上，将两岸的村寨连为一体（图 8-14）。云南思茅龙潭乡麻栗坪村、云南普洱市黄草坝村的吊脚楼，通过在住宅两端立四根木柱，沿着山坡的走向搭成木架，将住宅架高，既避免了排涝和防潮之忧，也可以用来饲养家畜或者存储物品（图 8-15）。位于青海海东地区循化撒拉族自治县孟达山村，撒拉族的传统土屋一般由两层构成，四合院形式，黄土和藤条共同构成墙体。一层里屋住人，外屋养殖牲口，二楼一般存放牲口粮草和杂物，也是诵读《古兰经》的地方（图 8-16）。山东省荣成市俚岛镇大庄许家村，农房至今仍然普遍采用当地海草手工制作，进村犹如进入童话世界，历经二百年风雨而保存完好，被评为威海市非物质文化遗产保护单位，具有很高的历史价值（图 8-17）。

(a) 土窑洞

(b) 砖窑洞

图 8-13　陕北地区的窑洞（陕西省延安市黄章乡现头村）

图 8-14　贵州省侗族特色木楼

图 8-15　西南地区的吊脚楼

图 8-16　青海省撒拉族的传统土屋建筑

图 8-17　山东乡村的海草房建筑

总之，差异化的自然条件必然形成与其相适应的乡村空间形态和农房建造形制。当下人为的建设干预(比如新农村建设、美丽乡村建设、合村并居等)在介入乡村人居环境改造的过程中，应充分考虑地域自然条件和乡村传统习惯，尊重、保留其传统特色。

8.3.2 自然地理条件影响建设成效

在一定的技术条件约束下，自然地理环境艰苦的地区开展各项建设相对困难，需要投入更多财力物力。在资源有限、投入不足的情况下，这些地区往往设施供给相对滞后。

480个村的数据显示，平原地区的乡村各项建设均较山区乡村相对要完善。如江苏、上海等地的乡村早在2000年前后就实现了水电等设施的全覆盖，村民大多已经使用了自来水和煤气等，各类家电和电信网络也较早普及。西部和山区的乡村自然条件艰苦，设施相对匮乏，燃气、道路等设施尤为不足(图8-18)。

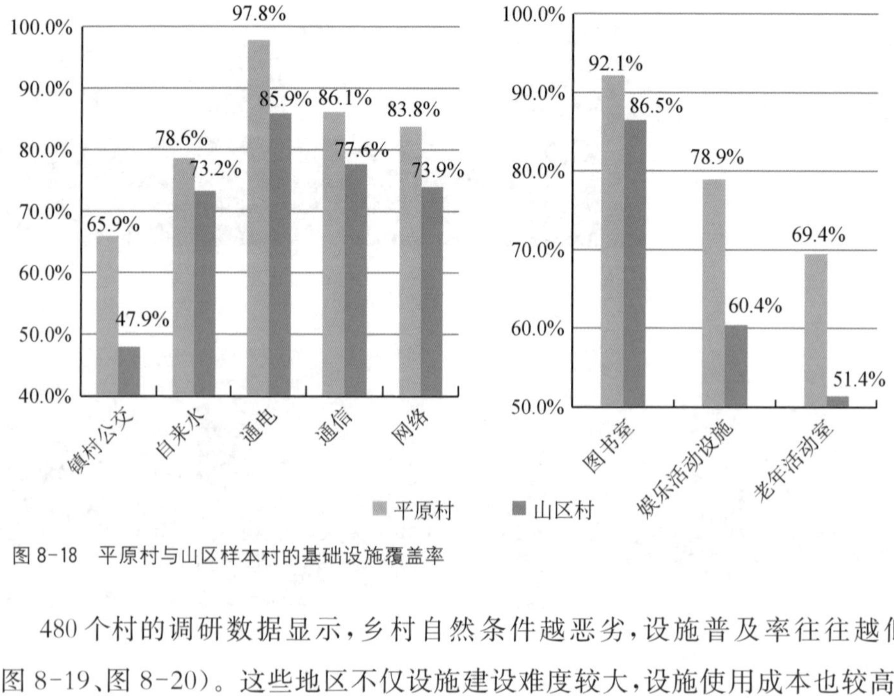

图8-18 平原村与山区样本村的基础设施覆盖率

480个村的调研数据显示，乡村自然条件越恶劣，设施普及率往往越低(图8-19、图8-20)。这些地区不仅设施建设难度较大，设施使用成本也较高、设施故障更加频发。以燃气和供水为例，即使具备使用条件，村民为节省开支而更愿使用木柴、枯草、沼气等传统燃料(图 8-21)或井水、河水等当地天然水源;灾害的多发更会将多年的建设毁于一旦。比如,在调研的四川和云南等山区,近几年虽逐渐通电通网,但设施故障等情况相对较多,其服务水平远不及东部地区。

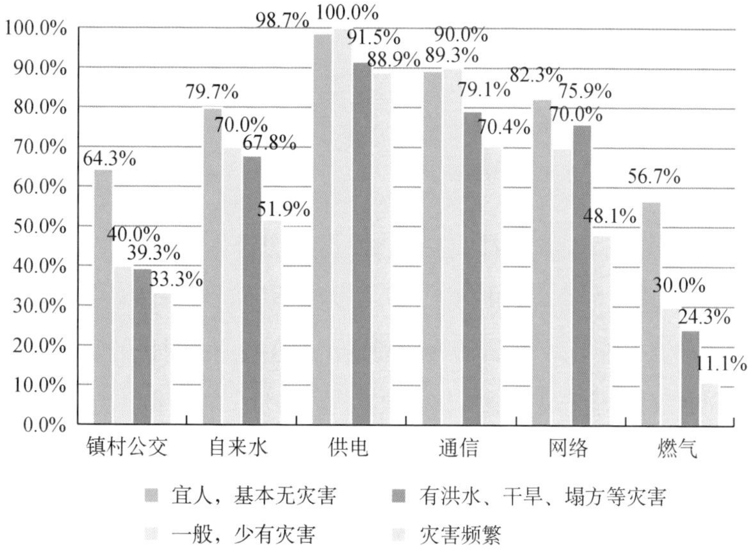

图 8-19　不同宜居度的样本村的基础设施覆盖率

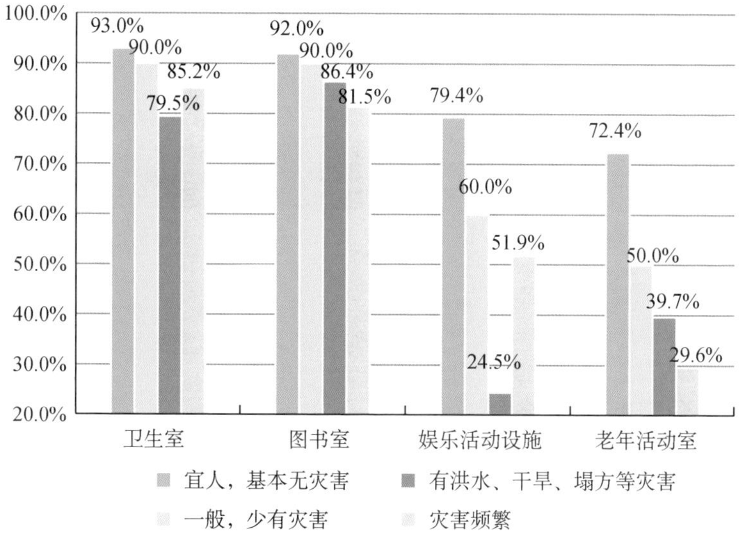

图 8-20　不同宜居度的样本村公共服务设施覆盖率

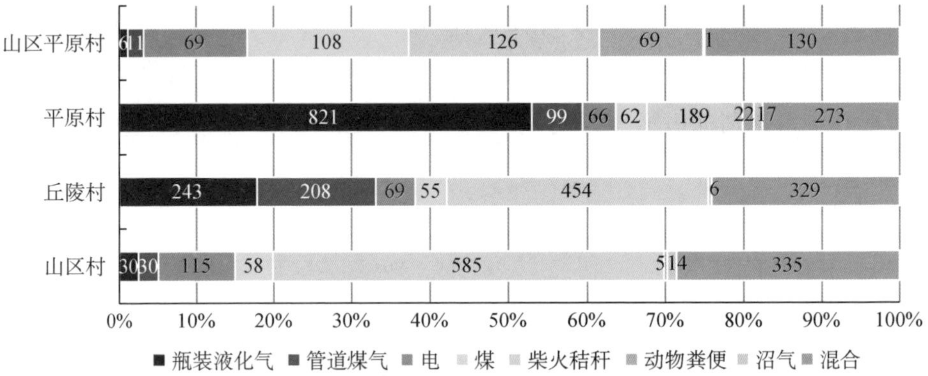

图 8-21　不同地形的样本村家庭主要使用的燃料

在一定的生产技术局限和社会发展阶段下，自然条件对设施配置、房屋建设等方面的制约仍然明显。尤其对于山区、严寒、灾害频发等自然条件恶劣的地区，设施建设难度大，管理维护成本高，投资回报的周期长。这些地区村民的收入也较低，且农房建设需要更高的运输和建设成本。在效率优先的价值取向和市场导向的经济社会发展阶段，这些地区更容易陷入发展乏力、无人问津的恶性循环(图 8-22)。

(a) 进村道路　　(b) 田边道路

图 8-22　云南省富宁县的山区道路

8.3.3　资源禀赋影响乡村发展

有价值的“资源禀赋”只有少数乡村具备。比如，丰富的矿产资源可以成为乡村发展的经济来源，独特的物种资源可发展为品牌与特色化的农业产业

(图 8-23)，人文遗迹与自然景观可开发成远近闻名的旅游资源(图 8-24)。这些资源要素可以让乡村更易获得外部机遇和政策的青睐，为其发展奠定充分的基础。

(a) 芦庄村辣椒产业　(b) 芦庄村大棚辣椒　(c) 芦庄村新村风貌

图 8-23　安徽省阜南县芦庄村的辣椒产业和新村风貌

(a) 银桥村石头街巷　(b) 传统石头房　(c) 传统民居

图 8-24　云南省大理市银桥村就地取材建成的“石头房屋”

对于大部分“资质平平”的乡村而言，需要进一步发掘其潜力和价值。调研的 480 个村落中，仅有 192 个村的村干部指出其具有生态、自然、人文、古建等特色，其余 288 个村认为自己“毫无特色”。其实，村民司空见惯的农产品、山水景观、村居、古树、文化习俗等均是宝贵的资源。即使没有被列入“国家传统村落”“历史文化名村”等，不少乡村仍然有文化和地域传承的特色。随着信息时代的到来与现代化技术的传播，原本平淡无奇的乡村完全可以通过进一步的探析和激发，找寻或创造未来发展的机遇。当然，与具备资源禀赋的乡村相比，其发展难度会更大一些(图 8-24)。

8.4 内生发展动力

8.4.1 经济基础影响乡村建设能力

乡村经济发展基础决定了乡村人居环境的整体建设能力。随着乡村经济属性从发达向中等、欠发达、落后过渡，人居环境评分不断降低，平均排名不断下滑(图 8-25)。乡村人居环境建设和住房条件方面亦呈现出与之相一致的趋势(图 8-26、图 8-27)。经济基础较好的乡村，往往具备较强的人居环境提升诉求和与之相对应的提升乡村硬件设施、环境质量的能力。

这种差异体现在乡村个体层面。区域或者省市发展水平会带动地区乡村的整体发展环境，但具体的乡村经济发展和建设水平则表现出很大差异。调研发

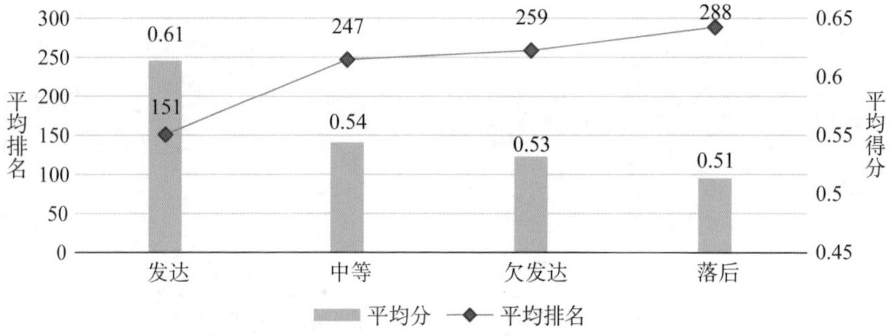

图 8-25 不同经济发展程度的样本村人居环境评分及排名

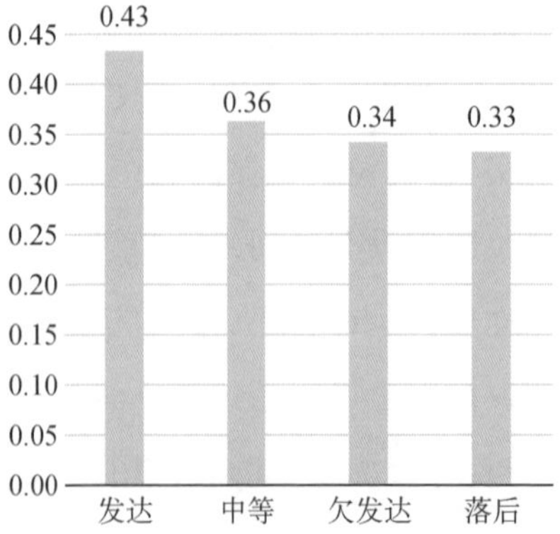

图 8-26 不同经济发展程度的样本村人居环境建设评分

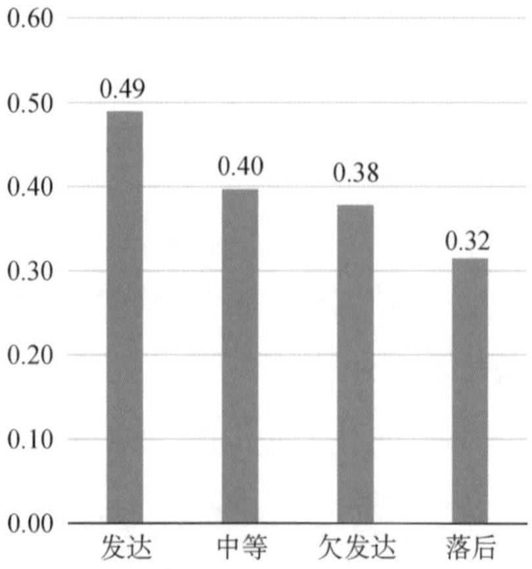

图 8-27 不同经济发展程度的样本村住房条件评分

现，即使在同一乡镇，文化背景、地理相近的相邻两个乡村，也会在乡村建设水平和村民精神面貌上呈现出截然不同的状态。

乡村的经济基础也影响着村民的自我发展动力和精神面貌，进而影响其主动提升居住条件、改善乡村人居环境的动力。结合调研来看，自身经济发展良好的乡村村委与村民关系紧密，在促进村集体增收的同时，会带动惠及村民，形成和谐向上的乡村发展氛围。这不仅能够激发村民的增收动力，也会在积极创建美丽乡村的过程中引导村民进行村居改造、保护环境、维护乡村卫生环境等，青海省三兰巴海村即为一个很好的例子(图 8-28)。而诸多贫穷落后乡村则与之相反，村委组织能力不足，民心涣散，增收渠道缺乏，建设动力不足，由于看不到发展前景，乡村进一步陷入“等靠要”的恶性发展循环。

案例 1：青海省海东市循化撒拉族自治县街子镇三兰巴海村

(a) 农家乐民居院落　(b) 村庄广场

(c) 民居大门一　(d) 民居大门二　(e) 撒拉族骆驼雕像

图 8-28　三兰巴海村撒拉族村庄及民居

三兰巴海村以撒拉族为主，是撒拉文化的发祥地，村内现存有撒拉族 800 多年前东迁到街子时的故址——骆驼泉和街子清真大寺，是海东市首批“最美乡村”之一。目前主要以一产、三产为主。已开发旅游业，村中农家乐经营状况较好，行政村集体收入高，乡村经济基础良好。也有年轻人在外做拉面生意，农忙时节回来。村内路旁栽着一棵棵行道树，村中有景，处处有花，整个乡村被绿树、花草所环抱。高高的青砖院墙围着一座座大宅院和一幢幢新颖漂亮的民居，两层雕梁画栋的庭院错落分布。房前有大马路，屋后有绿化带，家家带花园，户户有露台。楼内装修精美，干净地板文化墙，整洁浴室和厨房。三兰巴海村以其独有的民族和文化特色、干净整洁的乡村风貌，展现出村民们积极向上、努力建设乡村家园的动人氛围。

8.4.2 社会文化影响村民行为

长期的农耕文化传承和乡土生活使我国农民的思想行为具有一定共通的特征，如安土重迁、落叶归根等。但是，不同地域的乡村社会文化差异也很明显。经济发达地区与经济落后地区的村民的行为和习惯明显不同。相对而言，东部平原地区由于交通便捷、城乡沟通频繁、地域开放度高，村民思想观念较为开放，对新鲜事物更易接受，法治、民主等现代化意识也较强，外出务工者对城市生活的适应性也较高。而西部偏远地区长期处于自给自足、较为封闭的乡村社会氛围中，受教育程度偏低，村民行为方式更趋内向保守，甚至部分地区的乡村仍然处于农耕自给自足的传统乡土社会(图 8-29)。调研发现，少数民族乡村由于文化差异和民族语言特性，通常具有更强烈的异质性，某些地区至今仍使用民族语言、以传统生活方式生活，不仅是经济生活，在精神文化上也常常“自给自足”，与外界沟通交流的主动性不强。

具体的差别体现在村民的行为决策和实际需求中。例如，在一些历史保护村落，村民缺乏保护意识，对利益评判缺乏长远眼光，为增加个人收入不惜破坏乡村环境(图 8-30)。在发达地区，去养老院养老明显比落后地区更易被村民接受(图 8-31)，其设施需求的“层次”也相对更高(图 8-32)；而欠发达地区村民在外出务工时更愿意优先考虑省内地区，且需要通过一定技能培训和定向输出的方式来帮扶促进。在四川凉山等地的访谈中，为村民组织的职业技能培训正逐步开展，对推进农民外出务工增加收入起到了突出成效；而在长三角、珠三角等沿海发达地区，村民不仅自发外出，很多乡村还不乏创业成功、反哺家乡的企业家、名人。有能力者还时常积极创业，对个人人生道路的选择往往更积极、灵活。

(a) 广东省南雄市衹芫村

(b) 贵州省黔东南州石桥村

(c) 青海省循化撒拉族自治县下科哇村

(d) 青海省循化撒拉族自治县王仓麻村

图 8-29　偏远地区乡村

(a) 双廊村城市化的乡村

(b) 新旧建筑对比

图 8-30　云南省大理市双廊村城市化的乡村、新旧建筑对比

注：云南省大理市双廊村农民在洱海旅游开发刺激下，不断拆除传统民居以建大建高房屋，但缺乏保护意识，乡村面源污染加重。

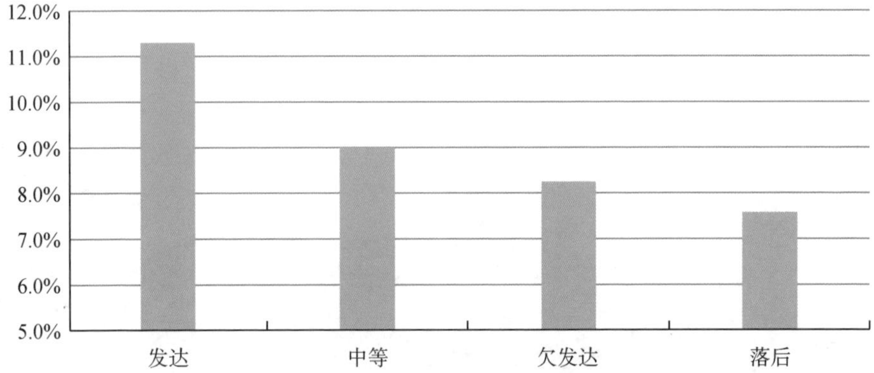

图 8-31　不同经济发展程度地区的样本村村民愿意去养老院养老的比例

(a) 北联村村委会　(b) 健身房　(c)“乡村大舞台”

图 8-32　经济发达地区的乡村(江苏省苏州市北联村)

乡村有形的人居环境建设始终建立在无形的乡村社会文化氛围中,而村民社会的思想和观念的形成历经长期演化发展,难以在短时间转变。在改善乡村人居环境建设的同时,应充分认识、尊重地方的社会文化,并作出相应的积极引导和应对。同时还应积极宣传乡村文化价值、环境保护理念,提升村民勇于开拓的意识,推动村民参与乡村建设,促进乡村社会风气的进步与更新。

8.4.3　能人带动乡村发展

在典型的乡土社会,村主任或村支书、队长等构成的能人阶层是乡村权威,其言行举止深刻影响着村民的思想和行为决策。对乡村而言,这类“能人”往往在村中的学识最高、能力最强、品行获得公认,尤其以选举产生的村主任或村支书是这方面的典型代表。

田野走访进一步证实了上述认识。村主任或村支书通常对村中家家户户的情况了如指掌，其能力高低、目光长短、决策和执行能力直接影响着乡村的发展。在率先走上乡村工业化的东部地区，“能人经济模式”及“政绩经济模式”曾发挥重要的作用且持续至今(图 8-33)，近年来逐渐不断发展的中西部地区则出现了诸多能人发掘本土特色进而带动乡村振兴发展的实例(图 8-34，图 8-35)。

案例 2：东部沿海开放地区的能人工业化模式(广东省汕头市和舖社区)

(a) 广东省汕头市和舖社区村委

(c) 在居民住宅内访谈

(b) 保留传统风貌的居民点

图 8-33　和舖社区

和平镇和舖社区(村)是能人带动乡村发展的一个典型案例。该村曾由于三大姓氏家族不和，社会治安差，发展缓慢。能人村官在其“乡村振兴”中发挥了重要作用。社区(村)书记在任职前曾经经商，有一定的社会资源积累，任职期间提出“团结、稳定、发展”的三步方案，通过“直接”和“间接”两个层面的策略将社区塑造成了一个进步村。“直接”层面，通过分配宅基地，村里协助报销医药费，为考上大学的孩子发放助学金等方式促进村子的和谐。“间接”层面，开展赛龙舟、篮球赛、广场舞和音乐比赛等各类人群都能够参与的活动，以此缓解矛盾,促进村民的团结。之后,社区兴办工业园区,吸引企业落户,解决当地就业问题;同时,将收取的稻谷款进行二次分配给村民,提高村民收入。社区(村)书记还在乡村土地使用权出让、集体土地使用税和村民分红等方面提出了许多有价值的建议。

2013年,和舖社区(村)被农业部首批为全国"美丽乡村"。2015年,和舖社区(村)有28家企业,3 000多常住人口中外来人口超过1 000人,社区集体经济固定收入稳定在100多万元,农民人均收入1万余元。和舖社区(村)正大步向富裕、文明、和谐的乡村社区迈进。

案例3:中西部地区的能人带动本土特色产业

贵州省黔东南州丹寨县龙泉镇卡拉村能人发掘了鸟笼产业。

(a) 卡拉村村民自编鸟笼

(b) 卡拉村鸟笼制作技艺传习所

图8-34　卡拉村鸟笼制作产业

苗族人自古以来便有养鸟的爱好,因此擅长编织鸟笼。卡拉村原是当地最为贫穷的村庄,改革开放后有几位能人发现了鸟笼的巨大市场,于是带领全村发展鸟笼产业致富。村两委于1995年成立丹寨县民族工艺鸟笼厂和卡拉村鸟笼协会。卡拉村鸟笼协会的运营模式为"公司+农户",公司提供原料,农户制作,按件计费,通常一天做10个鸟笼,户均收入为200元每天。2007年,卡拉村被贵州省文化厅命名为"鸟笼编制艺术之乡"。2009年,卡拉村的鸟笼制作技艺被列为贵州省第三批非物质文化遗产。

2015年,全村158户中从事鸟笼加工户数120户,占75%,其中加入卡拉鸟笼协会的农户为50户,散户及加入其他企业的农户有70户。2014年,卡拉村共生产鸟笼10万只,销售收入650万元。

案例4:云南省曲靖市师宗县龙庆乡黑尔村能人发掘的农业特色产业

图8-35 黑尔村(俗称“黑耳村”)的水稻田也是优美的自然景观

黑尔村属于低热河谷槽区,山高林密,水资源丰富,地肥景美,适宜种植水稻、玉米等农作物。村中一批能人积极推广村民种植经济价值较高的老品种糯米以及冬季补充种植油菜花。不仅提高了农业生产收益,还为村庄未来发展旅游产业打下了基础。原来贫困落后的黑尔村近年来发展较好,农民经济收入迈进龙庆乡前列,农民相对来说比较富裕。

尽管有很多类似上述的能人带动乡村发展的成功案例,但总体来看,“能人”带动乡村发展的作用尚未受到充分重视,其力量尚未得到充分发挥。

8.5 外部推动要素

8.5.1 区域经济影响乡村建设

“乐业”才能“安居”,产业(主要是非农产业)是地区发展的根本动力,也是村民提高收入水平和提升乡村人居环境质量的关键。不仅乡村自身的产业发展,其所处的区域环境,尤其是小城镇以及县域内的产业发展和就业岗位的供给,对村民的就业、迁移选择和人居环境建设产生很大的影响(图8-36)。城镇产业发展良好,就业岗位供给充足,则村民就业充分,收入更有保障,长距离外出相对少,乡村人居建设的积极性和生活的幸福感总体也较高。相反,则乡村的空心化更严重,年龄结构更趋老龄化,社会问题和设施矛盾更加突出,乡村建设和发展的动力也较为匮乏。

案例 5:区域工业经济带动乡村发展和建设(广东省东莞市茶山村)

(a) 茶山村用地布局　(b) 企业　(c) 商场

(d) 茶山村村貌　(e) 篮球场

图 8-36　富裕的茶山村

茶山村是一个典型的区域工业经济带动乡村发展和建设的案例。

茶山村位于广东省东莞市茶山镇中心区,地处广深铁路和石大公路横贯辖区,可直达石龙、东莞、深圳,交通十分方便。地理区位的优势,加之该村注重投资环境的建设,促使该村工业发展形势良好。历经工业化进程,茶山村现在基本没有耕地和林地,但有工业用地 47 公顷,厂房面积 16.88 万平方米,每年租金收入 2 300 万元左右。村民主要在村里或者镇上的工厂务工,也有自主做一些小生意,每家年收入大约在 7 万～8 万元。茶山村不仅外出务工者较少,还吸引了大量外来人口。村集体通过对工业企业收取厂房租金获得较高的集体收入,以此投入乡村建设,并给村民分红,村民生活逐渐富裕,乡村建设质量亦比一般的乡村高很多。

就调研情况来看,有非农产业发展的乡村居民的就业类型更加多样(图 8-37),能留住更多的年轻人(包括中年人)(图 8-38、图 8-39);平均家庭年收入也远高于完全依靠传统农业的乡村,其中以工业和专业服务业为主的乡村家庭收入最高,年平均收入超过 6 万元,有 50％的家庭达到小康水平;而没有产业的乡村年平均收入仅有 3 万多元,近 70％家庭仍然较为贫穷(图 8-40、图 8-41)。

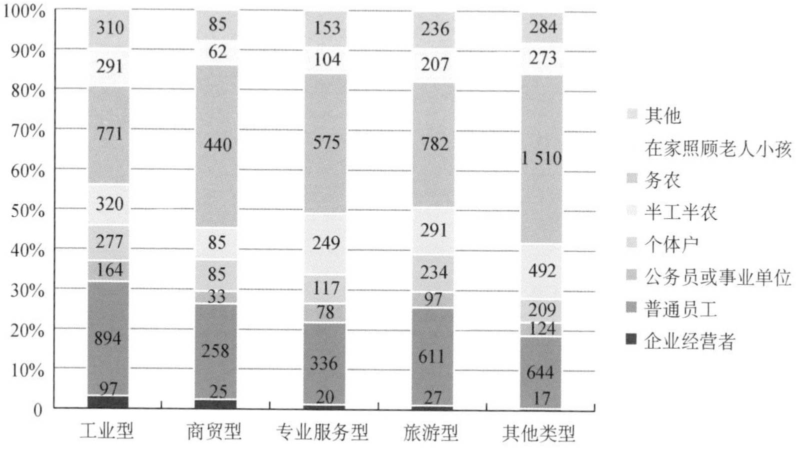

图 8-37　不同非农产业类型的样本村村民就业类型

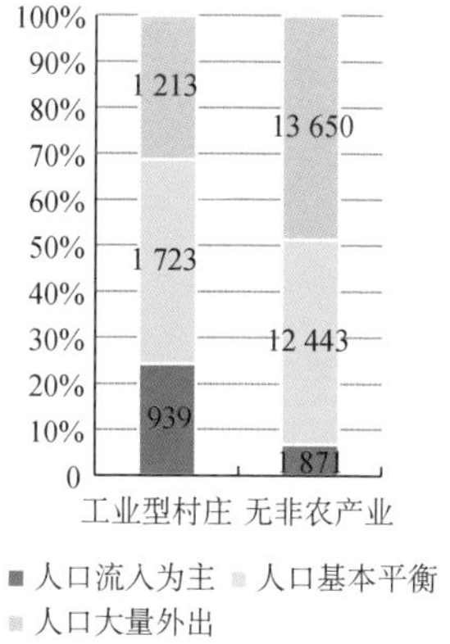

图 8-38　工业型和非工业性型的样本村人口流动情况

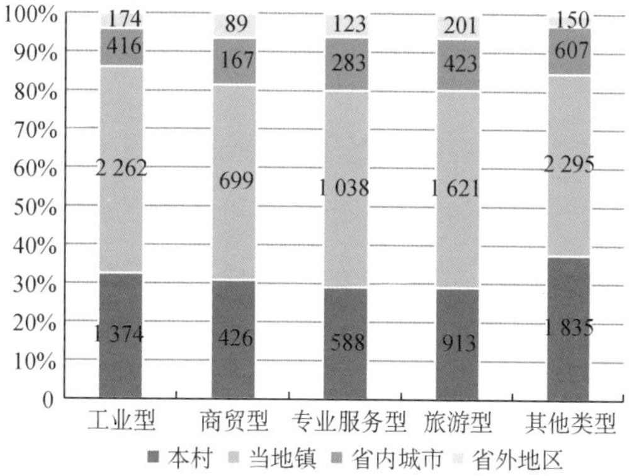

图 8-39　不同非农产业类型的样本村村民就业地点

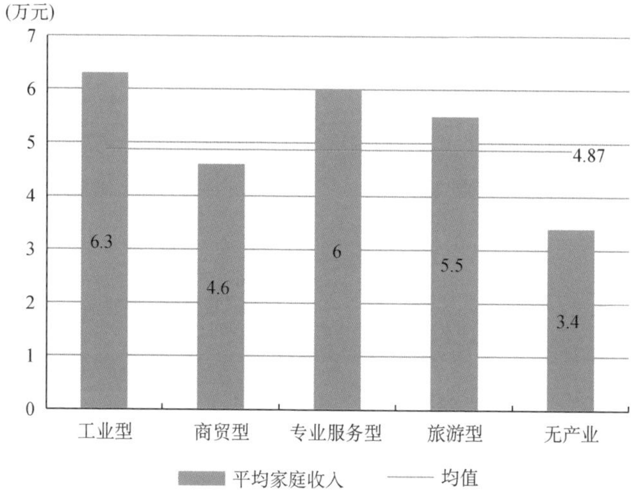

图 8-40　不同非农产业类型的样本村村民家庭的年均收入

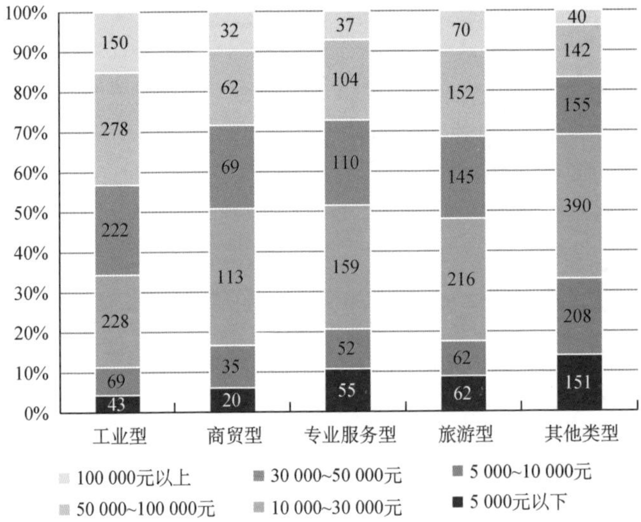

图 8-41　不同非农产业类型的样本村村民家庭年收入结构

必须指出的是，基于资源(包括区位)禀赋，乡村的非农产业发展受客观条件约束。虽然工业对乡村发展和建设的带动作用明显，但遍地开花的村办企业模式和先污染后治理的发展路径，显然不适用于当下生态文明的发展理念。村民收入的增长和乡村活力的培育宜着眼于小城镇以及县域层面，从系统解决三农问题的视角重新审视城乡产业的发展模式与空间布局(图 8-42)。

案例 6：区域经济带动休闲产业发展(四川省成都市三道堰镇古堰社区)

(a) 古堰社区新镇区风貌　(b) 安置老镇区

(c) 新安置居民小区　(d) 卫生院

图 8-42　都市“后花园”三道堰镇古堰社区

三道堰镇古堰社区是区域经济带动休闲产业发展的典型案例。

三道堰镇位于四川省成都市近郊地区，距成都市22千米，距郫都区城区6千米。古堰社区在2005年三道堰镇合村并社规划中，由原三道堰街村和原汀沙村的第4、5、10三个农业生产社合并而成。其自然资源优越，加之旧城改造和土地综合治理一起进行，古堰社区城镇地区居民通过旧城改造被安置到社区，底层店铺可以自己经营，也可以将其出租。因土地综合整治而失地的农民得到的安置房也是处于河畔位置绝佳的小区居民楼。因此位于这两个区域的居民居住环境均得到较大提升，近年来依托成都市区的人流与消费力的带动，村镇经济飞速发展。

8.5.2　中心城市(县)影响乡村人居空间组织

区域经济除了带动乡村发展和建设以外，还通过中心城镇的建设影响了乡村的空间形态。480个村的数据统计表明，在同一或相近的地域条件下，离中心城市(县城)距离的远近会形成较为明显的乡村空间形态分化，尤其是在经济实力较强的中心城市(县城)周边(图8-43)。城郊、近郊的乡村往往与远郊、偏远地区呈现极其不同的集聚程度与空间形态，形成了以县城、集镇、工业区等为中心的圈层状和沿公路两侧带状生长的分布格局。城郊村、近郊村的聚落空间往往经历过空间重组，乡村集聚规模更大、集聚程度更高，并趋向于向城市化地区集聚。远郊村和偏远地区则更多保留传统的自由衍生，分散灵活的地域特点。

图8-43　四川省成都市周边乡村：近几年集中于镇区周边的餐饮旅馆

480个村数据显示，偏远地区的小村和中等村数量更多、散点型居住的乡村占比也更大，人口和用地规模也更小，但行政村内的聚落数量多、分布相对分散、集聚程度不高；与之相应，近郊村的大村比例高，城郊村的居民点数量最少（图8-44、图8-45、表8-3）。

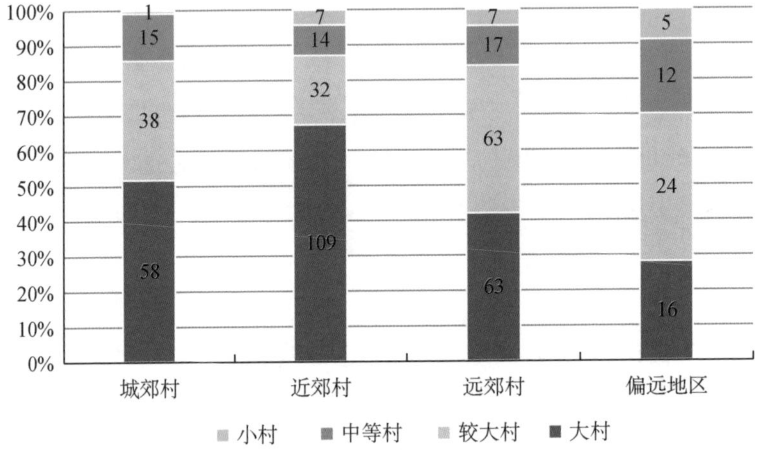

图8-44 距离经济中心不同区位的样本村规模比较

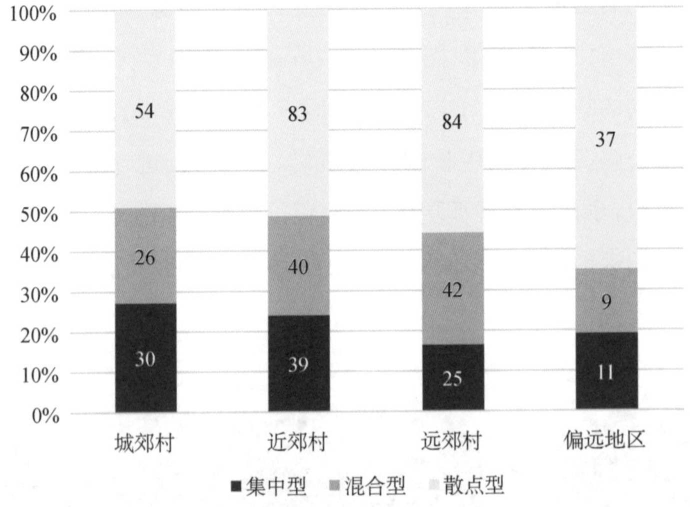

图8-45 距离经济中心不同区位的样本村居住模式对比

注：按照村部距离经济中心（县城、行政区中心等）的距离在3千米以内、3～10千米、10～30千米和30千米以上将乡村类型划分为城郊村、近郊村、远郊村、偏远地区四类。

表 8-3　距离经中心城市不同区位的样本的聚落空间各项指标均值对比

类型	常住人口(人)	所有居民点总占地(公顷)	宅基地总面积(平方米)	居民点数量(个)	最大居民点人口数量(人)	最大居民点用地(公顷)
城郊村	2 592	180.7	207 402.4	6.9	872	51.8
近郊村	2 544	431.3	180 419.5	10.9	902	41.4
远郊村	2 032	175.5	169 485.2	14.3	776	350.0
偏远地区	1 768	116.3	146 605.8	21.5	609	59.1

以四川省凉山州布拖县为例，该地区属于川西南大凉山彝族聚居地，交通闭塞，社会封闭，经济落后，乡村自然条件较为均质，均属高海拔山区村。由于镇区、乡集镇经济发展极其滞后，集镇与乡村甚至没有明显边界。布拖县县城是县域内最强且唯一的经济中心，也是影响乡村聚落的最主要的辐射中心。田野调查的民主村、噶吉村分别属于城郊村、远郊村，其空间形态明显不同，规模大小递减，聚集程度降低，空间组织形态也随距离的变远而更加自由(图 8-46)。

(a) 民主村

(b)噶吉村

图 8-46　四川凉山州布拖县民主村不同区位聚落空间对比

8.5.3　政策推力极大改变乡村人居环境

乡村人居环境的改善需要大量的资金投入，且政府政策至关重要。近年来各级政府广泛开展的新农村建设、美丽乡村建设以及乡村振兴工作，极大程度地改善了乡村人居环境(图 8-47)。作为强有力且具有针对性的外部力量，政府的政策推力可以迅速促进乡村人居环境的提升，并弥补自然演化过程中的不足。但同时应当指出的是，这些得到了大量政策眷顾和资金投入的地区，虽能在短期内形成各类样板和范例，但由于缺乏基层的自发动力，仅靠大量主动投入的模式难以全面推广。同时，由于缺乏深度，加之粗放的工作模式和建设标准，使得乡村特色丧失、地域乡村面貌趋同、乡村建设环境异化等现象大量存在(图 8-48)。

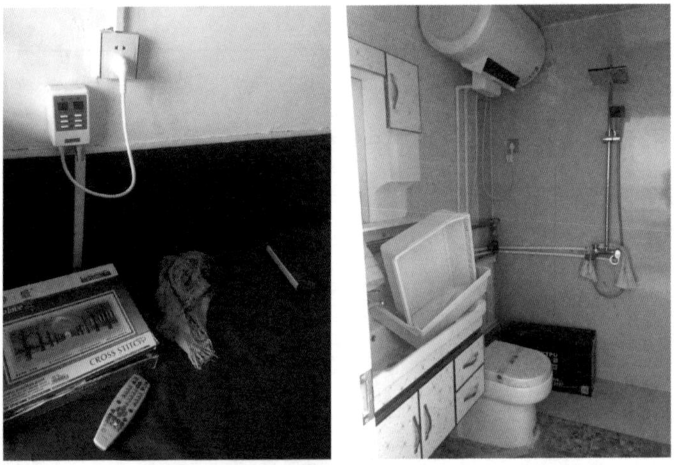

(a) 电热炕改造　　(b) 室内热水器

图 8-47　青海省门源县乡村人居环境品质提升
注：门源县的乡村结合危房改造项目实施的电热炕补贴、墙体保温层补贴、卫生间补贴等。

相对于单一客观环境建设，致力于产业、设施等根本性改善的长期投入和长效管理更能内生地提升乡村自身的发展动力。例如云南省昆明市晋宁县夕阳乡的小石板河村(图 8-49)，该村地处有泥石流风险的山区，建筑、设施原本陈旧不堪。经地方政府筹资和规划，进行整村搬迁，并将其定位为民族文化旅游体验村。小石板河村在改善人居环境的同时双线发展农业与旅游业，修建道路，打造吸引点，创造就业岗位。经过几年的建设推进，小石板河村自然环境优美、特色风貌基本保存完整，呈现出良性发展态势。

(a) 具有传统特色民宅一　　(b) 具有传统特色民宅二

(c) 新建住宅一　　(d) 新建住宅二

图 8-48　广东省汕头市潮阳区海门镇竞海村旧宅和新建住宅

(a) 村庄整体风貌　　(b) 街景

(c) 广场

图 8-49　云南省小石板河村风貌

8.6 自组织与他组织的协同作用

8.6.1 自组织与他组织的理论框架

协同学创始人哈肯认为，组织进化的形式可分为两类：自组织和他组织。“组织”是一个运动的过程，包含着系统中运动的主体与客体，也就是“组织”的施动方和和受动方。以此为视角，系统在没有外界特定干预的条件下获得功能的过程为自组织，这是在系统内部作用下功能或结构的发生方式。与之相应，他组织的作用力则来自系统外部，通过外力实现系统内部的功能变化。对于乡村人居环境而言，其运行机理亦可归纳于“自组织和他组织”的理论模型中。

8.6.2 自组织模式

在大规模现代化和快速城镇化进程开始之前，自组织机制主导着乡村人居环境的生成和演化。物质条件奠定发展基础，村民选择形成地域分异。在传统农业社会中，乡村在不断适应自然的过程中自我生长。地形、气候、水文、土壤等自然地理条件是乡村营建、房屋布局、建设方式等空间营造时的主要考虑因素。人们选择安全、舒适、适宜生产的地点形成聚落，因而在平原、山地等不同地区形成不同的聚落规模和居住模式。村民根据需要划分种植、畜养、居住、墓葬等多个功能分区，并形成了最初的空间结构。加之村民的不同行为选择，形成了各地不同的农业结构，耕作半径乃至生活习惯。与自然相适应的空间营建方式、地域特有的文化习俗也在逐渐摸索和实践中生成，并在漫长的演化过程中沉淀出差异化的乡村风貌。自然地理条件推动了早期的乡村生成，与资源禀赋条件共同影响了乡村的发展，并对初始风貌的形成产生作用，且持续、渐进地影响着乡村人居空间的运行和演进。

自组织机制虽然在乡村自然演进过程中发挥了重要的积极作用，但也有其不足。在一定的社会发展阶段和生产技术约束下，自然地理条件对乡村的设施建设、农房建造等方面存在明显制约，而不断进步的生产生活方式又催生着村民对乡村设施等新的需求，如供电、供气、环卫等基础设施，“自给自足”的乡村传统社会则难以实现自我满足。如果没有外力干预的话，村民自身的行为决策往往急于追逐个体短期利益而容易存在极大的盲目性和不合理性，有意无意中对乡村人居环境造成难以逆转的破坏和损伤。“一方水土养一方人”，乡村正是在这一源远流长的过程中稳定而缓慢地生长着，并形成了乡村人居环境的地域分异，也呈现出其自身难以弥补的不足和难于平衡的矛盾。

自组织演进需要系统内部长期的试错、修复，以达到持续稳定的状态，因而具有发展缓慢、固化滞后的特点；对于外在环境的快速变化，往往难以及时适应，易发生秩序的失稳和空间的混乱。比如住房建设，在缺乏统一组织的地区，往往建设标准不一、风貌杂乱，建造质量参差；比如设施建设，在缺少政府投入的地区，往往类似道路交通和医疗环卫等基本的生活需求亦难以满足；比如环境保护，在大都市地区，往往这些执法不严的乡村环境污染严重；比如文化传承，在有传统建筑遗存的村落，如果没有挂牌保护，则面临被拆除破坏的风险。

8.6.3 他组织模式

外部力量加速了乡村建设进程，也导致风貌趋同。随着经济社会的发展，交通、互联网等日渐发达，乡村系统外部的力量开始能够直接影响乡村人居环境的演化。在空间布局方面，外部力量吸引乡村空间形态向公路、市场、中心城市等人工要素集聚，有时甚至于超越了自然因素的影响力，比如生态移民。

在住房建设方面，政府为主的外来投资显著提升了住房建设质量，但另也使得乡村人居空间逐步脱离其自然环境和社会传统，风貌呈现趋同的态势。在设施建设方面，与外界联系较多、得到政府投资较多、受到外力影响较大的乡村，其设施配置相对完备，反之则较差。在景观环境方面，由于乡村与外界的频繁联系，工业化和城市化得以不同程度地入侵乡村，乡村生态环境和传统风貌的维育面临压力。

总体而言，在当下的经济社会快速发展阶段，外力下的他组织动力已逐渐替代内力下的自组织力量，成为乡村人居环境建设的主导力量。乡村人居环境在外力作用下被进一步重塑。从无目的到有目标、从市场化的个体行为到政府的宏观统筹、从盲目破坏到试图修复、从逐渐渗入到成为主导，他组织机制的广泛切入成为乡村人居环境演化的关键影响力。值得一提的是，在乡村人居环境演进的现实情境中，自组织和他组织机理并非泾渭分明。基于内力的自身演化发展也受到外部环境的影响，基于外力的广泛渗入也需要建立在自组织机制的基础上，依赖内部要素产生作用。

在他组织模式下，强有力且针对性的外部力量进入，可以迅速形成乡村人居环境提升的巨大推动力，以弥补自组织演进中(较为缓慢)的不足。但外力的强势介入和过度干预同样会产生消极影响。在我国尚处于发展中国家的当下，基于“效率优先”的利益诉求，短期迅速的“人工嫁接”难免忽视乡村系统本身的特点和机制，或与自组织机制中变化的主体诉求产生矛盾，引起乡村人居空间的突变和扭曲。在住房空间方面，各地同时趋向样板化、城市化，面临着“趋同”和“异化”的尴尬境地；在设施建设方面，各地基于效率优先的价值诉求，忽视了地方发展的实际和村民的主体能动性；在风貌特色方面，“人为制造”与“强制保护”限制了乡村的自然生长，地域特色与历史传统逐渐消逝。

8.6.4　两种组织模式的现实矛盾

从作用机制与空间效果上看，自组织与他组织模式有相互对立而矛盾的特点(表 8-4)。前者是局部系统中自下而上的反馈和适应，后者是宏观统筹中自上而下的决策和控制；前者以村民的使用需求作为价值判断的依据，后者以决策的目标诉求作为空间建设的导向；前者的作用缓慢、持久但深刻，后者的影响迅速、直接但表象。这也是为什么以村民认知为主体自发营建形成的自然空间格局，与以政府决策为导向、统筹规划的人工化的乡村空间差异巨大。

表 8-4　两种乡村组织作用方式各方面特征的对比

两种模式	自组织模式	他组织模式
力量来源	内部	外部
代表立场	村民	政府(目标也是改善乡村)
作用方式	自发营造	统筹建设

（续表）

作用特点	长期、持久、深刻	迅速、直接、显著
突出优势	顺应自然环境，地域特征鲜明	适应时代变迁，建设成效显著
积极影响	景观生态完整，乡土文化延续	公共配给完善，资源利用高效
存在弊端	演进历时过久，建设水平滞后	环境风貌破坏，地域特征缺失
消极影响	资源空置浪费，思想观念落后	空间面貌单一，主体关怀欠缺
作用结果	乡村特色的来源、形成天然的分异	价值诉求的体现、拉大建设的差距
相互关系	内因奠定乡村人居环境基础，成为外因作用的介质	

480 个村的调研显示，不同的乡村居民存在不同的建设诉求，而需求与供给不相符合的现象时常发生。同样进行集中居住规划，有些村响应积极，有些村却无法推进；同样的教育设施撤并，平原地区配合认可，偏远山区只能被动接受；同样的保护与开发模式亦不可能在所有乡村复制成功。

这种“错位”一定程度上反映出不同的乡村，其内部个体存在不同的诉求。依照需求层次理论，不同内外环境和发展条件下，村民有不同的需求结构：现今落后地区的村民低层次的生存和发展需求尚未得到普遍满足（图 8-50），而发达地区更高层次的需求却大量出现。当前的乡村政策缺乏差异化和精细化设计，基于城市思维生成的供给结构和建设方式直接导致了各地乡村人居环境建设标准的被统一。但是，自下而上的需求差异是客观存在的，供需矛盾也由此更加突出和多样。

在提倡以人为本的当下，深入反思自组织机制与他组织机制的矛盾，对乡村政策的制定和优化有积极意义。自组织模式是对真实生活体验的涂释，代表使用者的立场；村民作为营建的主体，其需求通过自发营建得以极大程度地满足。他组织模式是具有明确指向性的干预，代表决策者的立场；政府作为规划的主体，虽然主体的利益诉求被纳入决策制定的过程，但区域中经济、社会、政治、文化等各要素的平衡博弈才是供给形成的最终原因。当外部干预没有建立在乡村内部主体的自身诉求上，且对自下而上的价值诉求考虑不足的情况下，难免出现“供求不匹配”的矛盾局面。这既不益于保护村民利益和乡村的健康发展，也间接造成了乡村资源的浪费和传统风貌及文化的破坏。

(a) 孟达村村庄风貌　(b) 村头买卖

(c) 民居

图 8-50　青海省循化撒拉族自治县孟达村
注：该村地处孟达天池自然保护区，农民改善居住条件与传统村落严格的保护要求，形成明显的矛盾冲突。

8.6.5　两种组织模式的运行阐释

乡村人居环境的形成过程是自然、经济、社会、政策等内力、外力诸多要素长时间综合作用的结果。其影响因素多样、运行机理复杂。从“人居环境”自身内涵出发，以“自组织—他组织”模式为分析视角，可构建出较为全面的解析框架，进一步厘清影响因素、阐释运行机理。

自组织和他组织两种组织模式共同塑造了乡村人居环境。自组织模式是乡村人居系统在没有外界特定干预的条件下获得功能的过程。自农业社会开始，自然条件塑造着空间实体和地域文化，通过“自发营造”形成最初的空间分异；内部要素提供着乡村空间演化的土壤、积攒着乡村发展的潜力，是地方特色的来源和后期发展的依托。他组织模式通过来自乡村系统外部的力量实现对乡村系统作用的过程。

随着经济社会的发展，市场、政府等诸多外力打破了乡村原本的内部自然和社会平衡，并逐渐超越自然地理要素的约束，成为推动乡村人居环境演进的主导力量。与此同时，乡村空间在外部他组织力量的作用下不断演化，并成为外部力量介入的媒介和载体。他组织力和自组织力分别是显性和隐性的手，始终相互依托、转化和共存，影响着乡村人居环境的形成和发展。

自组织模式是村民自身诉求下自发营建的过程，持久、缓慢、潜在，能够形成地方特色和宜人尺度，却需要反复试错，且难以快速应对外部环境的突然变化。他组织模式是决策者在目标导向下统筹建设的干预，短暂、迅速、显著，能够形成空间演化的巨大推力，却容易造成过度干预和破坏。正因如此，自组织和他组织二者需要相互调适、互相适应，以形成乡村人居环境优化的合力。

在当下乡村建设的现实中，自组织力和他组织力的矛盾错位普遍存在，体现在政策制定者与空间使用者的目标与诉求不相适应的供需矛盾中。深入反思这一现象，使他组织机制中的外部力量与自组织机制中的内部要素相适应，使自上而下的运行机制与自下而上的习惯传统和行动策略相适应，是提升和改善乡村人居环境的根本途径。

第 9 章　乡村人居环境治理策略

9.1　目标愿景

无论是内力还是外力，无论自组织力还是他组织力，都有自身的优势和不足，单一模式下的乡村人居环境建设必然存在很大局限。“理想的”乡村人居环境应基于村民的实际诉求和乡村的可持续发展的诉求，不仅要实现乡村内部各要素的良性运转，还应实现其与外部环境的有序衔接。

为实现这样的理想目标，乡村人居环境建设首先需要实现思想层面的转变，进而在实施层面调整具体的工作策略，在实践中相互协调，互补统一。

9.1.1　实现乡村经济社会的全面发展

乡村人居环境涉及乡村的各个方面，良好的人居环境不仅包含有形的空间要素，也包含无形的社会氛围；不仅是物质建设方面的设施供给，更是村民主体切实的主观感受。因此，乡村人居环境建设应在设施完善、管理高效、优美整洁、特色传承的基础上，促进产业健康发展，促动劳动力充分就业，构建良好社会风气，让村民充分自治，从而形成乡村良性生长的长效动力。

9.1.2　实现城乡的和谐共生

作为人类城乡聚落系统的有机组成部分，乡村与城市“互为一枚硬币的两面”。乡村不应仅仅是资源单向的输出地，也不应继续做城镇建设的牺牲者，更不应是意愿城镇化的村民迫不得已的栖息地。城镇的发展离不开乡村，乡村人居环境的提升也离不开城镇。构建村民个人充分发展、乡村家庭安居乐业、地域特色充分保留、城乡二元逐步归一、区域网络不断完善的城、镇、乡可持续发展、和谐共生的格局，才是政府与村民、城镇与乡村共同追求的理想情景。

9.2 基本策略

9.2.1 加大乡村建设投入，兼顾地域和城乡的公平性

我国幅员辽阔，“差异性”是乡村人居环境特征的综合概括，是长期的区域发展不平衡、城乡发展不平衡的后果。新型城镇化强调区域协调、城乡统筹，乡村振兴强调以人为本、可持续发展。在我国即将进入中等发达国家行列的这段时期，资源与要素的投入不能再单纯以经济效益和增长速度作为衡量标准，要充分尊重个体价值，以实现社会的整体良性发展。未来应加大发达地区对落后地区、城市地区对乡村地区的支持与反哺。

国家和省市层面要加大乡村人居环境的建设投入，政策设计应充分考虑乡村地域的自然地理环境、资源禀赋条件、经济发展基础、社会风俗习惯等诸多要素。国家层面的乡村人居环境建设政策既要体现东、中、西区域之间的差异性，也要体现区域内部各省市之间的差异性，同时还要在省、市、县、镇等各层面形成差别化、针对性的实施措施，并在实际操作中赋予地方政府一定的灵活性。

9.2.2 加强领导，引导村民参与乡村建设

对于决策者而言，他组织模式下的外力作用（即各项举措）应基于自组织系统本身的规律（即现实中的乡村特征和差异）。各级党委要加强领导，基层政府作为施力主体，应实现“自上而下”的治理和资源供给，并顺应“自下而上”的主体需求。

村民既是乡村人居环境的使用者，也是规划者、建设者和维护者。因此，在传统的自组织模式下，乡村人居环境反映了村民的实际诉求。然而在现代社会，他组织模式中的政府和资本力量往往会超越乡村的自组织力量，政府和资本成了乡村发展的实际决策者，村民在这种强势的干预和主导下（比如“农民上楼”），其建设的主动权几乎被“剥夺”，主人翁意识逐渐趋弱，主体诉求渐渐模糊。实际的结果是，人居环境建设目标与实际需求相脱节。

480个村的调研发现,许多村民在被问及“对政府的建设满不满意”“有哪些意见建议”“对乡村未来发展有何设想”“最需要政府提供哪些帮助”等问题时,或“惶恐不已”,认为乡村的发展全由政府决断,自己无权也无力干涉;或“思忖良久”,表示从未思考过这些问题。

在2015年夏调查的480个村,村民对人居环境的反馈主要是“关注与否都不再重要,即便关注也没有意义”。这是村民的普遍心态。这样的反馈,某种程度上使“农民”这一社会角色印上了些许的悲凉色彩。如果农民对乡村的未来都没有期盼、不抱希望,那么乡村谈何发展?人居环境又为谁提升?

实际上,本次乡村调研之前和之后的乡村田野工作亦反映出了同样的问题。时至2020年,这样的建设模式(政府包办一切)似乎没有些许的变化,仅非常少量的试点村在缓慢地探索村民的主体性作用。

实际上,作为他组织力量的政府和资本的介入目的,不在于按照决策者的立场重塑乡村人居环境,而是遵循乡村空间运行的规律,弥补乡村人居环境建设发展的不足,寻求能够适应村民需求的外部机制,解决村民的实际诉求和乡村的持续发展问题。这不仅包括村民基本的生存需求,更包括高层次的自我实现。各级党组织和政府在乡村人居环境建设提升过程中,要充分发挥组织和引导作用,但切忌大包大揽;要不断唤醒村民的自我意识,不断提升村民自主治理和自发维护乡村人居环境的能力。

9.3 行动策略

9.3.1 住房建设:因地制宜、差异化推进

住房是乡村人居环境之本。近年来国家和各级地方政府在乡村住房建设方面投入巨大,极大程度地改善了乡村住房质量。但是缘于我国的地域差异,西部偏远地区的危房改造工作仍需继续投入。480个村的调查涉及瑶族、土族、回族、撒拉族、藏族、蒙古族、锡伯族、土家族、布依族、侗族、满族、布朗族、傈僳族、彝族、苗族、哈尼族、白族、壮族、拉祜族、傣族,共20个少数民族,主要分布于青海、陕西、四川、贵州、云南、内蒙古等中西部地区。这些少数民族地区也是我国乡村

建设最为滞后的地区。在与外界近乎隔绝的偏远山区，部分村民因语言不通和受教育程度不够难与外界对接（图9-1、图9-2）。这类地区应加大住房建设等方面的支持力度，加大村民职业技能培训，促进乡村与外界的联系融合。

(a) 拖落村村庄环境　(b) 聚在街头一起用大锅炖肉的村民　(c) 传统民居

图9-1　西部的贫穷乡村：云南省昆明曲靖市师宗县庆龙乡朝阳拖落自然村

(a) 王仓麻村民居　(b) 街道环境　(c) 晒在路上的牛粪

图9-2　西部的贫困乡村：青海省循化撒拉族自治县王仓麻村

在政策设计方面，要强化因地制宜。对于乡村深度贫困的地区要完善补助的标准和实施的相关制度。在乡村层面按照村民的收入水平进行补助划分，贫困人口、五保户等要加大资助力度。具体的补助形式、发放金额等细节可给予当地政府一定灵活性，在实施中予以确定。

在村民数量明显减少的乡村，要重视乡村闲置住房资产的退出和再利用，实现人居空间的“精明收缩”（赵民等，2015）。对于已经迁离乡村或有到城镇定居意愿的村民，应有专项资金引导其退出乡村宅基地以及承包经营地等。对于乡村闲置的不动产资源，要在国家相关法律法规改革的约束下，积极探索，实现有序盘活利用。

9.3.2 设施供给:重视供给与需求的匹配

在480个村村干部访谈中,“乡村最需要提供的帮助”的问答显示,“基础设施建设”排在第一位,占比25%;如果把公共设施、道路建设、饮水工程和垃圾也统计在内的话,设施方面的需求合计占比达到46%(图9-3)。

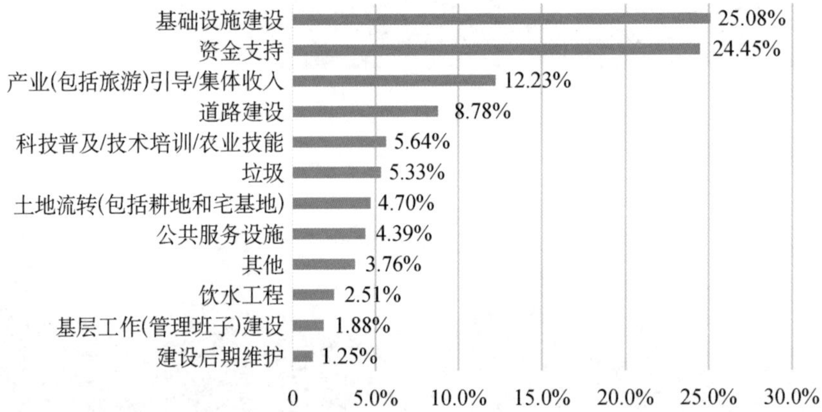

图9-3 样本村村民认为最需提供的帮助

公共服务和基础设施的完善程度直接影响村民的留居意愿和幸福感(图9-4)。乡村基本设施的建设极大依赖政府的投资。在山区、偏远地区建设

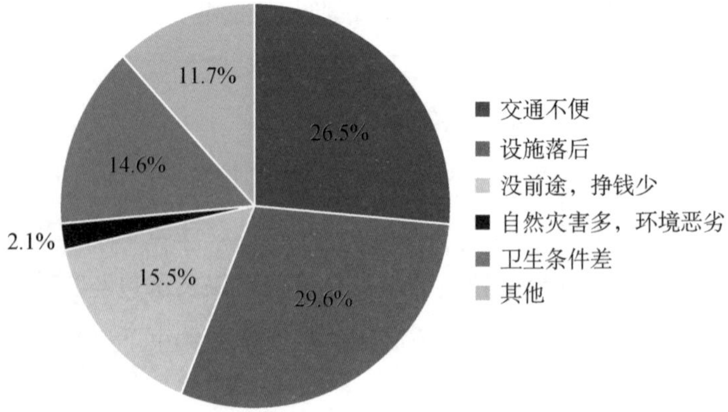

图9-4 样本村村民最不喜欢乡村的方面

的难度和维护的成本都相对较高。在效率优先的价值取向和市场导向下，这些地区的基本设施建设往往滞后。乡村人居环境的改善需要更多的政策和资金倾斜，因此，政府的重视程度和帮扶力度在其人居环境改善过程中至关重要。未来的乡村设施建设将由“效率优先”向“公平主导”转变。尽管针对这些偏远落后地区的投资建设成本很高、见效很慢、难度很大，但是在新型城镇化和乡村振兴的国家战略要求下，要把城乡均等化纳入政策考量不断加大乡村人居环境的建设投入，实现城市对乡村的反哺和支持。

虽然近年来乡村各项设施建设在加快，区域之间亦存在建设水平和投入力度上的差异，但在配置模式和建设方式上却十分相似，尤以教育设施最为突出。近十几年来乡村小学的大量撤并，带来了学校服务半径的增大和使用的不便。这一“效率导向”的配置模式虽然提高了乡村地区的教学质量，但没有充分考虑不同地区的自然地理条件和现实的社会需求。乡村小学撤并在平原地区易被接受，但在山区和落后地区存在很大局限性。平原地区对设施集约化重组的接受和认可基本毫无例外地建立在完善的道路交通设施和便捷的城乡联系基础之上。而山区的道路交通建设滞后，村民出行问题尚未充分解决。因此，设施服务半径的扩大给山区和地广人稀地区的村民带来很大不便，村民只是被迫适应，并由此对生产生活产生许多负面影响。因此，未来乡村设施的建设及优化需更加注重与地方发展和实际需求相匹配，不断与时俱进。

在政策设计和执行过程中，要充分考虑各地发展条件和发展程度的不同，对设施配置的差异化需求要有充分的认识。比如，在偏远落后的山区推行基础教育设施的大量撤并需要做深入的调查研判，审慎决策；养老设施、文体设施等在乡村地区大量缺位（表 9-1），亟待加速建设，但在商业、娱乐设施的建设方面，则可以在小城镇层面予以统筹规划。

相比设施的数量与布局，改善服务水平、提升乡村设施建设标准、缩小城乡差距亦非常重要。从 480 个村村民的反馈来看，在教育设施方面，相比“增加学校数量、缩短与家距离”而言，“更新教育设施和提高教师水平”的需求更为强烈（图 9-5）。同样的，“更新医疗设备和提升医师水平”也是村民认为乡镇卫生院最需改善的方面（图 9-6）。

表 9-1 村民养老及设施情况

	是否有社区养老服务	是否听说过志愿帮助老年人组织	是否有被无偿帮助的经历	是否愿意参加养老互助
是	18.38%	11.36%	5.79%	56.8%
否	81.62%	88.64%	94.21%	5.45%

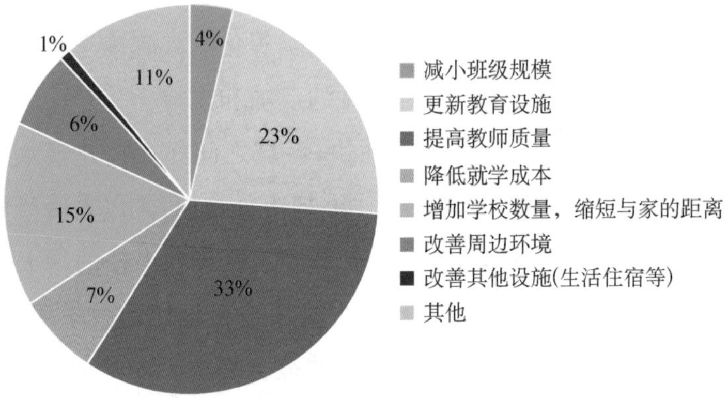

图 9-5 样本村民认为学校最需要改善的方面

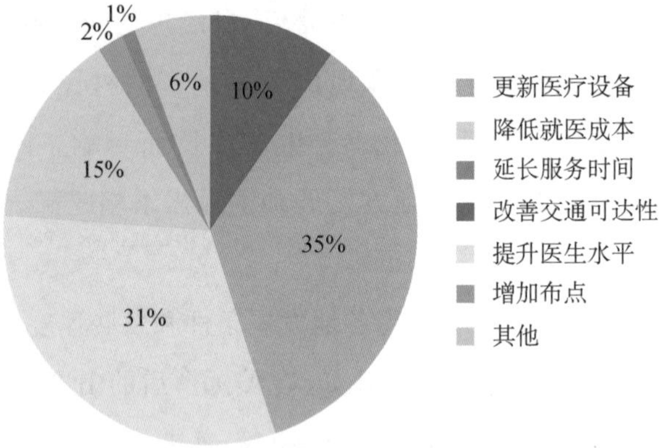

图 9-6 样本村民认为城镇卫生院最需要改善的方面

9.3.3 生态环境:保护自然生态、重视环境治理

乡村优美的环境、清新的空气、良好的自然景观是村民对乡村最为满意的地方(图 9-7)。以破坏生态环境为代价的所谓现代化建设只能换取眼前利益，而损失乡村人居环境持续优化和可持续发展的根基，极不可取。在乡村人居

环境建设过程中，要充分认识领会习近平总书记提出的“绿水青山就是金山银山”的发展理念，在充分尊重和保护自然环境的基础上，高效集约地利用乡村可开发的土地资源，采用生态化的建设方式，严格控制乡村建设开发总量，留一片蓝天绿水。

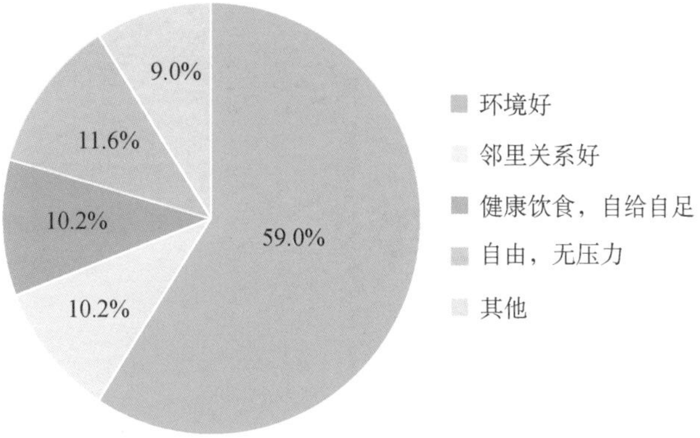

图 9-7　样本村村民最喜欢乡村的方面

除了生态环境保护外，当下乡村由于长期缺少资金投入，管理缺位等，环境卫生状况总体较差。各级政府部门要充分重视，进一步提高乡村环卫设施的配置标准，加强对村民环卫意识的宣传教育，并尝试探索适应乡村特点的环卫管理模式。例如在四川成都地区，当地政府率先施行村民生活垃圾分类的“有偿”制度，通过给予一定物质奖励，鼓励村民的自发管理和维护，受到了村民欢迎，也取得了明显成效(图 9-8)。在山东，全面推行乡村垃圾治理工作，投入大量资金，亦取得了较好的效果(图 9-9)。

(a) 村庄风貌　(b) 村内道路铺装

图 9-8　四川省成都市郫都区三道堰镇青杠树村

(a) 蒙阴县常路镇北松林村道路街景

(b) 蒙阴县常路镇北松林村垃圾桶

(c) 荣成市俚岛镇烟墩角村道路环境

(d) 荣成市俚岛镇烟墩角村菜园子

图 9-9 山东省村庄的卫生环境情况

9.3.4 风貌保护:健全体制机制建设,促进新旧风貌融合

乡村人居环境是在一定自然地理条件下不断演化而成,被赋予了生态、人文深刻的内涵。但在当下经济社会快速发展的背景下,城镇化的建设模式不断入侵乡村,乡村风貌保护面临危机(张立等,2019)。各地在土地指标和相关政策的影响下,快速推进迁村并点工作,造成了一批乡村历史建筑被拆除、破坏,部分乡村的传统空间格局消失殆尽,部分乡村历史构筑物及其部件散落民间。虽然近年来各地结合实际,对乡村优秀的物质文化和非物质文化遗产进行抢救性保护,并取得了初步成效,但是,乡村风貌保护的任务依然艰巨。2012 年以来,住建部牵头建立了“中国传统村落”名录制度,截至 2019 年年底陆续公布了五批“中国传统村落”,已经有 6 819 个传统村落入选,占全部行政村总量的 1%。可以预

见，未来随着我国经济社会的进一步发展，对传统文化尤其是乡土文化将更加重视，风貌保护工作将是乡村人居环境建设过程中的重要考量。

在传统村落保护方面，国家相关部门近些年不断投入资金，但保护标准和配套资金使用的具体方式尚可优化，要与地方的实际情况充分结合（图 9-10）。对于少数风貌特殊、价值独特的传统村落，需要配给专项资金进行活化石式、博物馆式的冻结保护；对于传统风貌较好、有一定商业开发潜力和价值的地区，资金应在充分规划和定位的引导下分类投入，既要关注产业或资源的开发，也应兼顾村民作为使用者的利益；对于传统风貌保存完整但使用需求难以满足，而旅游开发难度又较大的地区，应充分协调风貌保护与村民实际需求的矛盾，将专项资金用于村民生活环境的改善，并通过其他方式增加农民收入，避免农民以自身利益出发造成的无意识破坏。

图 9-10　南方某省的乡村列入传统村落名录后，拆除重建的“成效”——改善人居环境的同时，风貌品质遗失

在人居环境建设过程中，要处理好新旧建设的风貌协调。传统风貌的价值不仅体现在建筑和装饰的具体形态上，更是深刻内含着特定的文化习俗与社会观念。机械单一的城市化植入和简单盲目的符号化复制都不是解决新旧矛盾的有效手段；应在充分理解乡村形成机理的基础上，以村民的需求为出发点，以本土化、地域化的设计形成与当地文脉充分适应的乡土建设模式。

相对城市而言，乡村是人为干预较少的人类聚落，凝聚了人类演化进程中的诸多珍贵传统和遗迹，其价值逐渐被人们所认识，并愈加重视。在目前的城乡历史文化遗产保护工作中，较多重视历史人文遗迹和景观的保护，主要聚焦于古建筑、街道以及各类构筑物等。除了贵州等少数省份和地区以外，对与自然环境充分结合的“乡村文化景观”尚未给予充分的重视（图 9-11）。比如，黑龙江地区、苏北地区的国有农场，以及山区的乡村伐木场等，都是一个时期的社会发展印记，有一定的文化景观价值，宜选择性地予以保护。

(a) 贵州省黔西南州兴义市顶效镇楼纳村

(b) 丹寨县石桥村

图 9-11 贵州乡村的文化景观

9.3.5 组织管理:上下结合、发挥民间组织的力量

相比当下如火如荼的乡村建设,长效的规划、实施、监督、管理机制依然欠缺。调研发现,从镇政府、县政府,到省住建厅(直辖市规划局)乃至住建部,乡村建设管理的专业人员严重不足,对相关工作的开展有明显的不利影响。在480个村的村干部访谈中,普遍反映"乡村管理后继无人""大学生村官只是来积累工作经验等待机会调离""年轻人对乡村管理不感兴趣"等忧虑不绝于耳。

由于长期城乡二元体制的历史欠账,乡村人居环境建设普遍滞后于城市。目前的乡村建设主要依靠政府的资金补助,难以建立建设、发展和维护的完整路径。虽然最直接的方案是增加资金投入、镇村层面的基层干部配置、培养更多专业化的乡村规划和建设管理人才,但是现实情境的约束使得其操作性不是很强。

图 9-12 日本社会组织组织的活动

注:2015 年 7 月,日本大分县国东市长寿者协会组织老人锄草修建树枝,老人年龄均在 70 岁以上,最大年龄 93 岁。

从东亚国家和我国台湾地区的经验来看,乡村人居环境建设要上下结合,发挥好政府的组织协调作用,充分引导乡村居民和民间组织发挥其在乡建中的作用(图 9-12)。各类非营利组织(NPO)和非政府组织

(NGO)是对政府管理和服务的有效补充,是对民间需求的积极响应。NPO和NGO的共同优势在于更加灵活,不增加政府负担,其健康发展需要建立在全社会,尤其是村民自主意识与潜力进一步发掘的基础上。目前,村主任或村支书等乡村能人的积极作用尚未得以充分发挥,应加大培育以村主任或村支书、村干部、乡贤、企业家等为代表的能人团体和自治组织,提升村民主动参与和维护乡村人居环境的热情,通过自下而上自组织力量的壮大,形成乡村人居环境建设良性发展的条件。

9.3.6　乡村规划:发展引导的灵活性与管控的刚性相结合

乡村人居环境作为自组织机制下自然生长的有机生命,在快速的经济社会发展中亦呈现出一定的滞后与局限。乡村规划作为他组织机制的重要方式,是直接的人为干预,其作用在于弥补自组织模式的缺陷,而非重塑其内部规则、更不能违背村民的主体诉求。合理而适时的乡村规划,能够以前瞻性和区域性的眼光指导乡村建设、完善各项设施、衔接各级城乡关系,并根据乡村自身的资源禀赋引导乡村实现特色化发展,有效提升乡村高人居环境质量。

在现实的实践和探索中,乡村规划被赋予了多元的角色和使命。狭义而言,乡村规划是指国土空间规划体系中的“村庄(详细)规划”,其主要作用是管理控制乡村地区的建设开发活动,主要聚焦于对土地和自然资源的开发管控和保护利用。但在实际的工作当中,乡村规划更多地承载了其广义上的使命,不仅仅局限于土地和资源层面,而是全面扩展到了乡村振兴层面,意图通过乡村规划实现乡村的全面发展。在当下国土空间规划改革之际,有必要进一步澄清乡村规划的工作范畴,规划类型和不同的工作目的。对于乡村人居环境建设而言,要客观认识乡村规划的作用和局限,发挥其引领乡村人居环境建设的积极作用,也要处理好乡村发展的灵活性及发展与规划之间的弹性与刚性的关系。

9.4 支撑策略

9.4.1 产业引领:特色化发展促进乡村人居环境建设

产业是乡村振兴发展的根本动力,是人居环境提升的根本推力之一。产业的蓬勃发展能够提供村民充分的就业,能"留住人",能促进人居环境的提升。同时,村集体以及小城镇只有以自身的产业发展作为后盾,才能增加农民收入和地方财政,才能提供建设乡村人居环境的持久动力,而非仅仅依赖上级资金和政策。480个村的调查显示,对于乡村能否"留住人"的原因,近半数的反馈与产业直接相关(图9-13)。

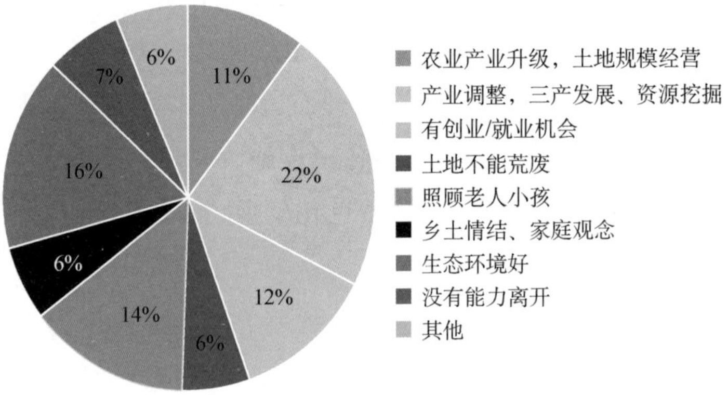

图9-13 样本村村民认为能"留住人"的原因

乡村的产业发展有多种模式,具体路径需要在自上而下的战略布局中结合乡村的自身特色与优势予以综合考量。当下我国部分地区的乡村,已经初步实现了现代农业、乡镇企业、休闲服务等多种乡村现代产业的发展,还探索了"互联网+"等信息化产业的新模式,取得了一定的经验和成果。这些地区无一不是通过发掘乡村自身优势资源与引进外部先进技术相结合,或拓展市场、或引入消费人群、或形成品牌,使乡村的土地、农产品、劳动力、矿产能源、生态人文景观、文化传统技艺等充分发挥出其经济价值。虽然各地乡村的物质条件和区位条件等存在差异,但其开拓和创新探索的精神、培育和实施的机制值得学习借鉴。以江苏省大丰市恒北村为例，恒北村开拓经营销售方式，将生产经营与电商模式结合起来，实现农民家庭经营、乡村小微企业与电商的成功嫁接。依托电商产业园、市农副产品网络营销中心，建立稳定的农产品销售渠道，把资源优势转化为发展优势，拓宽了村集体和村民增收致富的渠道（图 9-14）。

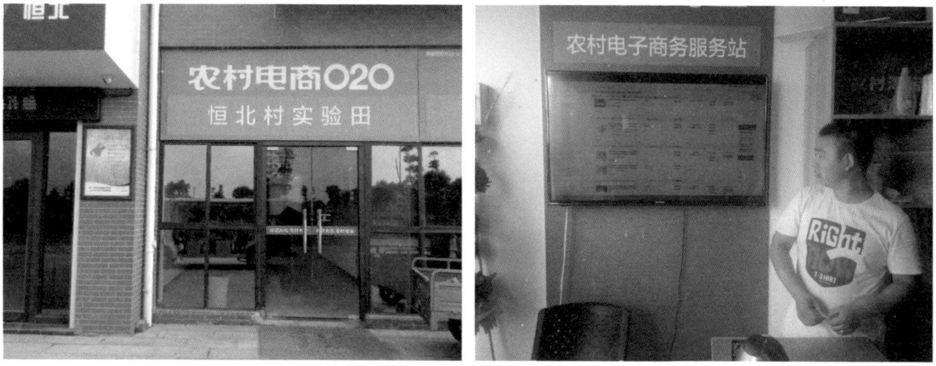

(a) 电子商务服务站外貌　　(b) 服务站业务展示

图 9-14　江苏省大丰市恒北村的电子商务服务站

乡村产业发展的关键在于找到自身的特色、定位，立足于自身的优势或者独特的发展思路，将一产、二产和三产充分融合，服务城市端的需求，夯实自身的人居环境基础，在城乡之间寻找适应自身的功能选择。

乡村产业的发展要与所在区域的城市和小城镇实现联动。

9.4.2　乡村功能：固本与适应现代化的转型

按照乡村与城市的关系，将 480 个村划分为城郊村、近郊村、远郊村和偏远地区。尽管郊区村与城市临近，但村民对乡村人居环境建设的认可度却更低（图 9-15）。实际上，城市郊区（尤其是近郊区）的乡村人居环境建设有其特殊性。虽然与城市建成区临近，但因考虑到其未来建设不确定性，随时可能被城市因建设征用，其人居环境建设投入往往较为谨慎（为避免建设后的拆迁浪费），这就导致城市近郊区的乡村建设往往严重滞后。对于经济发展较好的城市而言，短期内乡村可能就会被进行城市化改造或者搬迁，但对于经济发展不是很强劲的城市而言，其近郊乡村可能长期保持建设滞后的状态。

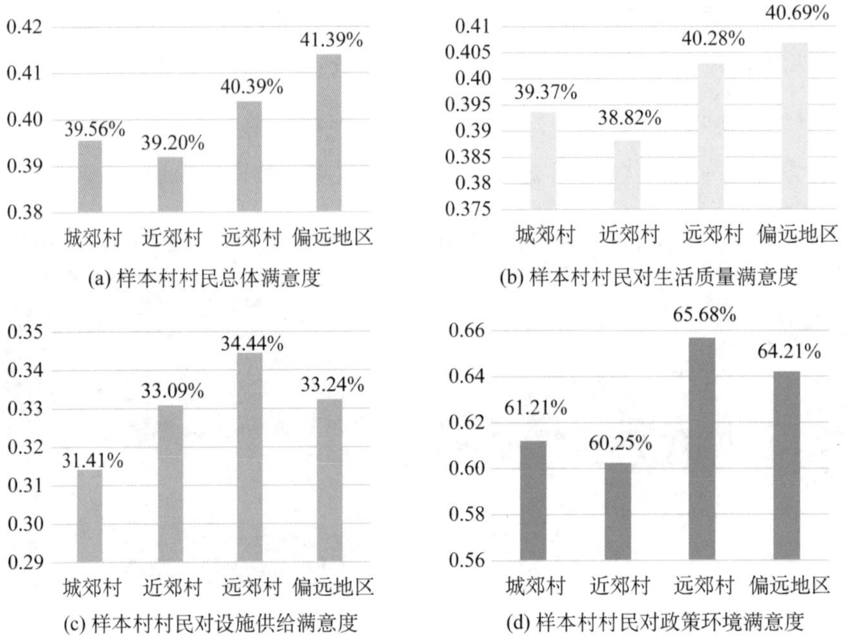

图 9-15 不同区位样本村的村民满意度

按照发达国家的乡村建设发展经验，在城市化和现代化进程中，大都市郊区的乡村既要维系若干传统功能，又必然要经历功能转型的阶段；从传统的只具备农业生产服务功能向兼具生产、生活、消费的多功能转变（张立，2018）。郊区乡村可以是市民的通勤居住地，也可以是市民的休憩娱乐地，还可以是少量工业生产的加工地。村民未必一定要进城，通过人居环境建设提升，就地亦可实现乡村生活的现代化。

9.4.3 人口流动：引导村民的市民化和就地现代化

受制于乡村资产的处置、城市的稳定就业、住房条件和社会福利差异等因素，我国乡村居民向城市的永久性迁移并不完全自由。随着 2017 年乡村振兴政策的全面推进和 2019 年国家治理体系和治理能力现代化改革进程，乡村的发展和人居环境建设受益。因此要充分利用政府宏观政策的调控作用，引导乡村产业的特色化发展，引导村民在城乡间有序流动，引导有条件的外出村民在城镇完成定居和稳定就业。与此同时，还要推动城乡建设标准的均一化，让更多的村民能够就地享受与城市一样的均等公共服务和高水平的人居环境。

政策设计首先要关注为新市民提供充分的就业技能培训，为新市民的落户购房提供金融支持以及保障性住房。其次，要能够促进乡村产业的多元化发展，支持能人、乡贤等带领村民致富。再次，要有利于促进乡村人居环境建设，提高设施的覆盖密度和服务质量，以村民的实际需求为中心，优化提升教育、医疗、商业服务、文体娱乐和环卫设施等。政策设计还需重点改革乡村土地政策，在保护自然资源环境的基础上，充分利用乡村闲置土地资源。最后，政策设计要与时俱进，做好组织机制的支撑，协同政府、事业单位、研究机构、大学、中小学、民间组织等多方力量，协同促进乡村人居环境建设和乡村的可持续发展。

第 10 章　延伸讨论：乡村人居环境与小城镇建设

10.1　发挥小城镇服务乡村的基础性作用

小城镇与乡村的日常生产生活息息相关，尤其是在各项设施不断向城镇集中的当下。以教育设施为例，调研村在乡村就学的村民子女仅占 21%，小城镇则承担了 45%的村民子女教育；乡村提供的主要是幼儿园和小学阶段的初小教育，初中和高中几乎依赖于城镇。同时，乡村卫生室服务水平也十分有限，乡镇卫生院是村民较为依赖的医疗设施。乡村普遍缺少娱乐、文体设施，尤其缺商业设施，小城镇在休闲娱乐方面则扮演了更加重要的角色。

尽管小城镇的基本设施服务水平高于乡村，但其设施数量和质量（尤其是养老、文体、商业等方面）依然难以满足村民日益增长的需求。480 个村调查数据显示，教育和医疗仍是村民认为最需改善的城镇基本设施；村民对乡镇卫生院（与对村卫生室基本一致）的满意度不高，主要问题是医疗设备有限、医生的诊疗水平较低(图 10-1)。在老龄化愈发严重的乡村地区，很多村民选择频繁前往县城或城市就医。在养老方面，村民更倾向于乡村的家庭养老模式，对镇养老机构的

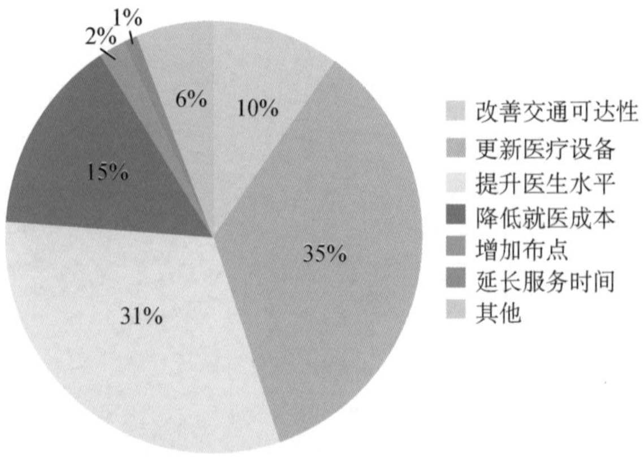

图 10-1　样本村村民认为乡镇卫生院需要提高的地方

认可度极低(图 10-2)。另外，文化体育、休闲娱乐等相关设施总量较少、建设低质，某些地区甚至建设质量不如乡村(图 10-3)。

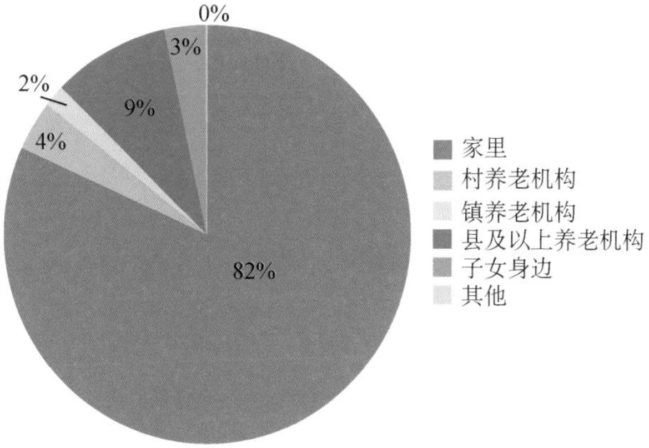

图 10-2　样本村村民对养老方式的选择

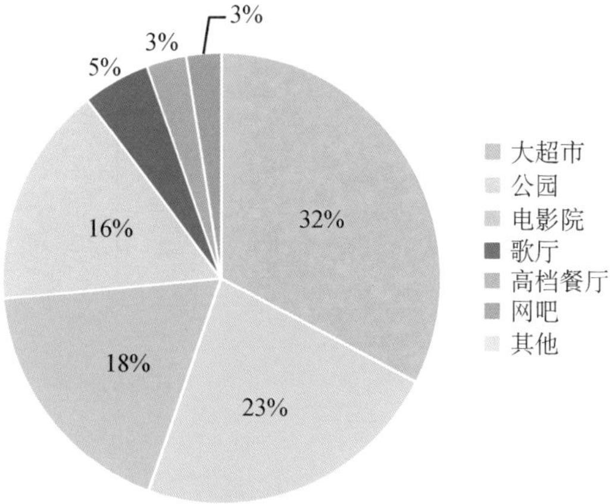

图 10-3　样本村村民认为镇上缺少的商业设施

配备完善、城乡共享的基本设施服务网络能显著提高乡村社区的安居性。如图 10-4 所示，村民对小城镇的建设满意度越高，对乡村生活本身的满意度也越高。图 10-5 数据表明，村民对小城镇的建设满意度越高，对乡村生活就越认可。由此可见，未来乡村设施及服务的改进提升，不能仅仅局限于乡村本身，还应将部分对服务规模有一定要求的职能在小城镇层面予以配置安排，以切实发挥小城镇服务乡村地区的基础作用。

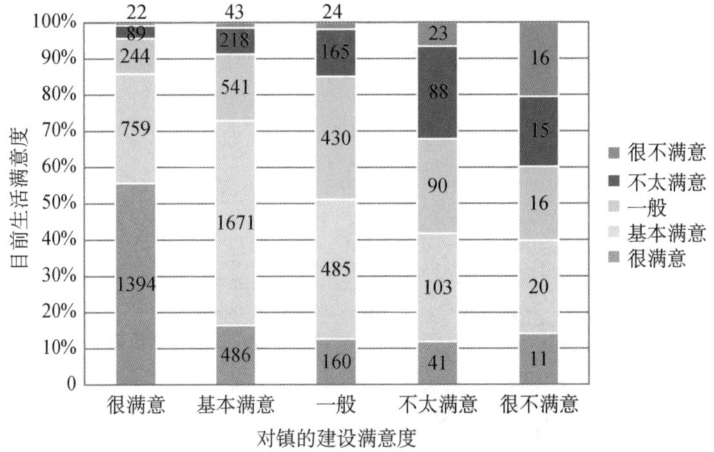

图 10-4 样本村村民对镇的建设满意度与对目前生活满意度的交叉分析

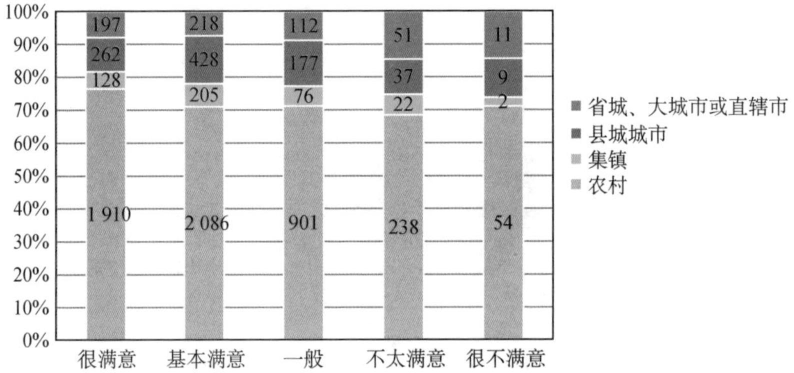

图 10-5 对镇建设持不同满意度的样本村村民对理想居住地的选择

10.2 小城镇建设服务于乡村的优势

小城镇是我国城镇中的特殊环节，长期以来对小城镇的定义一直存在争议（赵民，2018）。广义而言，小城镇泛指建制镇、乡集镇和一般集镇。

10.2.1 消费水平低于城市和县城，生活便利度高于乡村

小城镇的消费水平高于乡村，低于城市和县城，与乡村居民的收入水平更加匹配。在 480 个村的调研中，调研人员在只询问村民的城镇化意愿时，假设了一

个情境,即只有城市和乡镇两个选项,其中 39%的村民选择到镇上居住,足见小城镇对村民的吸引力。村民做出城镇化选择时的考量因素主要是环境和设施条件好,有 26%的村民认为镇和村差不多。

小城镇的生活便利度高于乡村,其配建的设施比乡村更加齐全,比如更加丰富的餐饮娱乐设施、政府服务机构、消防设施、医疗设施、教育设施等。显然,小城镇作为县城和乡村的过渡地带,是县城辐射乡村地域的重要节点,也是未来村民城镇化的一大载体。与县城这类中等城市不同,小城镇在农民城镇化选择中的最大优势在于其就业岗位可以更加亲和村民,可以有较多的非技术性岗位,满足村民工农兼业的需求。相较于乡村,小城镇的设施配套程度更高,可以弥补乡村地区的配置不足(图 10-6)。

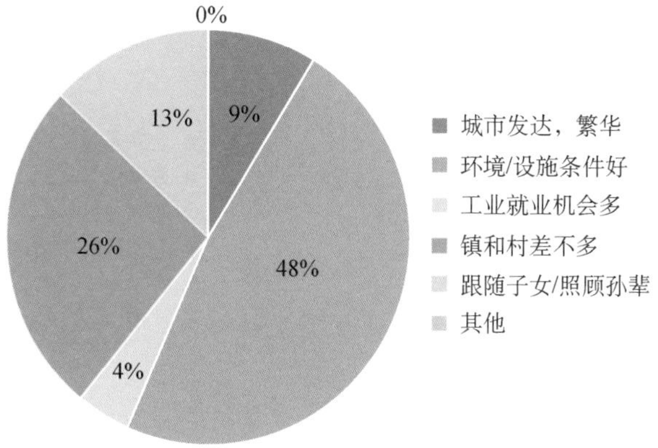

图 10-6　样本村民离开乡村后选择城市或者镇的原因

10.2.2　与乡村联系紧密,利于提升乡村公共服务能级

源于 20 世纪 80 年代的行政区划调整,我国的大部分建制镇是由人民公社改制而来,或者是基于整乡建制归并而来,其天然地与乡村保持了紧密的联系。调研显示,占绝大多数的中老年村民和农民工普遍具有较强的就近就业以及返乡意愿。

乡村常住人口总体的城镇化动力不高,但相对而言,对小城镇有一定的接受程度。从地理空间上看,小城镇地处一定乡村地域的地理中心,是天然的乡村服务中心。限于规模和成本制约,部分设施很难在每个乡村配备,比如小学、诊所、养老院等，但可以将它们集中在小城镇，通过小城镇来辐射广大乡村地区。比如就消防设施而言，应在乡镇集中部点，辐射全域乡村。再比如，日本为应对冬季寒冷期的严重雪灾，在冬季安排乡村老年人在镇上居住（野村理惠，裴妙思，2018）。

从在城镇务工的企业员工对于现实居住地和理想居住地的选择中亦可以看出，小城镇分别占了21％和25％，虽然低于乡村的占比，但高于县城和地级市等（图10-7、图10-8）。对于中老年一代外出务工人员而言，其自身具有较长的乡村生活经验，有一定的农业生产技能以及充沛的乡土情感。同时，城市定居的高昂成本，受一系列制度的制约，生活习惯和社会融入的隔阂等共同构成定居大城市的隐形门槛。相比而言，小城镇生活成本较低、便利度更强，与乡村联系紧密，

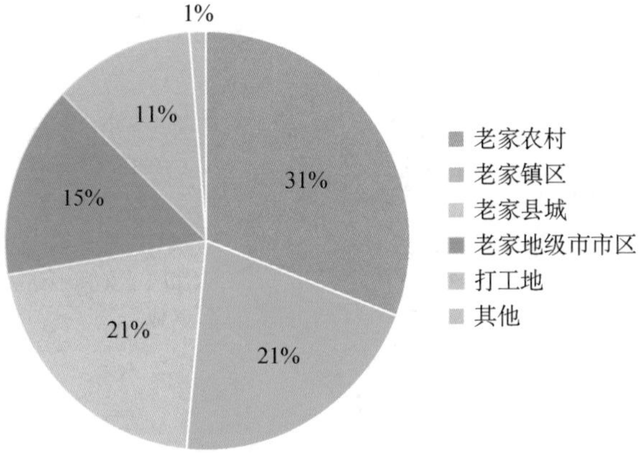

图10-7 样本村外出务工人员考虑现实条件的最佳定居地

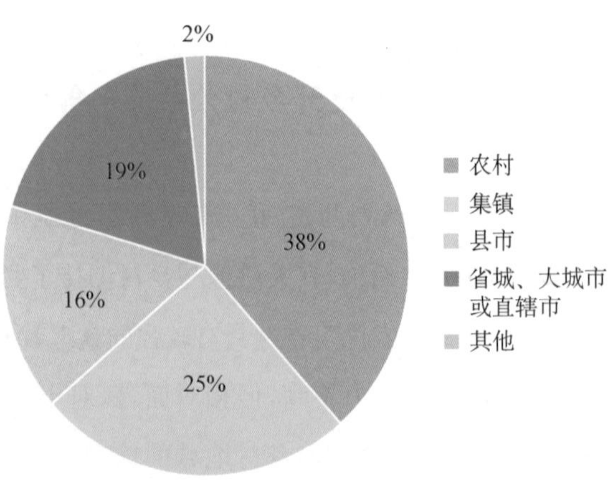

图10-8 样本村外出务工人员理想中的最佳定居地

在就业和设施需求能够得到基本满足的前提下，外出务工者对返乡就业或回乡养老有较高意愿。

综上，小城镇应加强服务乡村、辐射乡村的重要职能。

10.3 小城镇吸引乡村人口定居的制约

本次田野调查，不仅仅针对村民和乡村，也对小城镇的相关建设发展做了一定的调研，对乡镇干部和乡镇企业主管做了访谈，共涉及 234 个小城镇。

10.3.1 人居环境建设滞后

总体来看，小城镇发展和建设的地区差异较大。江苏、上海、广东等沿海发达地区的乡镇，发展和建设相对较好，但内部亦存在很大差异。如上海市嘉定区南翔镇，从卫星图上看已与城市肌理无异，城镇风貌、道路建设、设施配套、居住环境等品质皆较高。同样在经济水平较高的广东省，珠三角外围地区的小城镇发展和建设水平却与中西部地区并无明显差异，其村民对于小城镇的建设满意度亦很低。即使与珠三角内部的小城镇一起统计，广东省的村民对小城镇建设的满意度为调研的 13 省最低(图 10-9)。

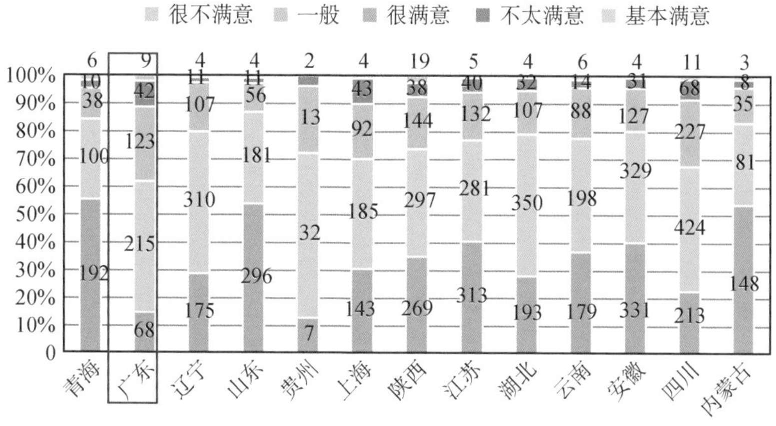

图 10-9　样本村村民对小城镇建设的满意度

调查的小城镇可以大体划分为两类，一类是工业发达镇，一类是农业镇，或者称之为乡村型小城镇。前者主要位于大都市地区，比如珠三角、长三角地区，其城镇化程度和工业化程度已经较高，并进入城乡一体化的发展阶段，产业发展和人居环境建设尤其是新建镇区已经近似于一般城市；后者主要是服务于乡村地区的农业型小城镇，除了传统的商业和生活服务业以外，基本没有其他产业(图 10-10)。

(a) 青海省大通县青山乡　　(b) 辽宁省兴城市沙后所镇

图 10-10　调研省份发展和建设滞后的乡村型小城镇

调研显示，乡村型小城镇的总体发展欠佳、建设滞后。大部分乡村型小城镇面临不同程度的发展困境，具体表现为经济基础薄弱、产业支撑匮乏、活力不足、设施建设质量低下、环境景观衰败等问题。从统计数据而言，村民对村建设的满意度与对镇建设的满意度高度相关(图 10-11)。

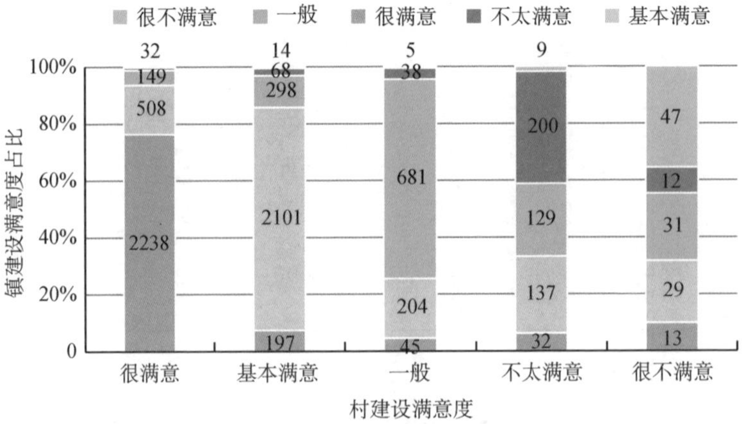

图 10-11　样本村村民对村建设满意度与对镇建设满意度的交叉分析

乡村型小城镇的人居环境建设尤其滞后。作为“村之首，城之尾”的乡村型小城镇，本应该提供乡村所不能提供的更高等级服务。但从调研的情况来看，小城镇公共设施普遍匮乏，其服务能级往往被县城所取代。访谈的村民反映，即使空间距离远、交通成本高，村民还是倾向于选择在县城就学，在县城就医，甚至日常购物也更愿意前往县城。就其主要原因，村民的反馈是，镇区设施缺乏或服务质量过低。以养老服务为例，除了对五保老人等提供最基本的保障外，其他稍优的老年活动设施和服务几乎空白，如老年康复设施等。村民对这类跨越乡镇层级的公共服务设施的配置不足或使用不便，表示无奈和不满。

滞后低质的设施配置，直接导致小城镇难以吸引村民迁入定居，也大大减少了地域内村民到小城镇的消费频次，小城镇的商业经济亦很难得到较好发展(图 10-12)。

(a) 辽宁省兴城市沙后所镇　(b) 内蒙古自治区多伦县西干沟乡　(c) 云南省陆良县马街镇

图 10-12　调研省份落后的小城镇人居环境建设

10.3.2　就业岗位不足

乡村型小城镇的发展滞后还体现在产业发展的乏力，就业岗位供给的不足。在东部、中部等地区，虽然有较多的产业资源需要落地，但往往优先落户城市或县城。即便乡村型小城镇有少量非农产业，其创造就业的能力也十分有限。在西南、西北等相对落后地区，由于区位、交通、环境、生态保护等一系列限制，城市的产业发展本就艰难，乡村型小城镇也就更加难以获得更多的发展机会。就业岗位不足，直接导致村民迁居小城镇的动力弱，即便定居亦难以稳定。

10.3.3 乡镇政府职能不健全,政策关注不足

我国的小城镇与西方国家不同,虽然是一级地方政府,但经过多次改革,已经没有独立的财政,只有非常有限的行政审批权,税收分成比例亦很低,土地指标基本按照具体项目单独申报。除了少数经济大镇外,几乎没有独立分配的建设用地指标(发展权)。与此同时,在小城镇发展政策方面,除了 20 世纪 80 年代和 20 世纪 90 年代阶段性的得到国家层面的关注以外,2000 年以来逐步被边缘化。当下的小城镇发展政策是"有重点地发展小城镇",但相关的具体政策措施仍然较为缺乏。

2014 年,住建部等 7 部委公布了全国 3 594 个重点镇,但至今并无明确的配套政策跟上。在 2020 年刚刚完成的全国强镇调研工作中,相关的重点镇政府的反馈亦证实了"后续政策的匮乏"。

2015 年,浙江省推行了特色小镇建设工作,2016 年和 2017 年住建部等部委分两批联合评选出 401 个特色小(城)镇,意在通过特色化发展引领小城镇走出一条新路径。至 2020 年,该评选工作和后续的政策跟进几乎停滞。

显然,小城镇发展的政策环境没有优势,乡村型小城镇的发展将更加艰难。

10.4 小城镇发展促进乡村人居环境提升

10.4.1 特色化产业发展带动小城镇就业

小城镇是乡村地域的服务中心,其发展和建设影响乡村地域的人居环境水平和品质。通过特色化的产业发展吸纳乡村人口在小城镇安居乐业或兼业增收,是小城镇对乡村人居环境提升的间接支持。近年来能够持续、健康发展的小(城)镇无一不是通过振兴产业获得动力。因此,有自然景观资源的镇要促进乡村旅游的发展;有矿产资源或区位优势的镇,可以谋求工业化之路;近郊镇可以充分与城市需求接轨,提供城市需要的产品和服务等。

再比如调研的广东省东莞市茶山镇通过传统服装产业成为广东省的专业

镇，后依托良好的区位优势，积极吸引珠三角中心城市转移产业，进一步发展食品工业和电子信息产业，带动了镇域经济的发展，目前镇村发展和建设风貌均较好，吸引了大量外来人口来此务工、生活、居住（图 10-13）。

(a) 茶山镇街景　　(b) 茶山镇园区

图 10-13　广东省东莞市茶山镇

小城镇一般地处乡村地域，自然景观条件（相对城市而言）较好，可以探索乡村休闲旅游的发展，开发当地特色的农产品、农产品加工制品和乡村体验等，并将之进行充分整合，全方位地创造就业机会，增加居民收入。如四川省成都市郫都区三道堰镇（图 10-14），该镇采取“政府 + 公司 + 农户”的运营体系，以土地综合治理、整镇旅游开发为着手点置换出农民宅基地，置换宅基地农民享有与城镇居民标准相仿的小城镇户口养老保险，并就近到镇区就业，实现了就地城镇化和城乡要素而二元归一。但过度依赖开发商投入存在较大风险。

(a) 三道堰镇街景　　(b) 三道堰镇安置社区

图 10-14　四川省成都市郫都区三道堰镇

10.4.2　多元主体促进小城镇人居环境建设

小城镇的普遍问题是人居环境建设滞后，其住房质量、设施配置、环境卫生、景观风貌等均需全面提升。要充分重视人居环境建设，好的人居环境才能吸引乡村居民的迁入，才能让镇区居民稳定生活就业。当前我国尚处于经济社会发展的转型阶段，全部靠政府投资建设并不现实，要大力发掘民间组织和居民的能动性，让更多主体参与到小城镇的建设中来。也要充分吸纳城市的资本进入，打造具有乡土特色又兼具一定城市服务水平的乡村小镇。要充分激发居民的自我发展热情，让居民主动参与小城镇的发展中来，共同谋划推动小城镇的发展。

10.4.3　资金和政策支持小城镇人居环境水平提升

尽管自下而上的动力可以助力乡村型小城镇的人居环境建设和产业发展，但是无论是产业的培育还是设施的建设，当下的小城镇离不开政府的资金和政策的扶持——尤其在基础设施和公共设施建设方面。国家和地方政府在资金和政策投入方面，亦要充分考虑地域的公平性，逐步弥补乡村型小城镇人居环境建设的短板，逐步实现与城市同等的建设标准和服务水平。

参考文献

[1] AMBEJ. Municipal councils, international NGOs and citizen participation in public infrastructure development in rural settlements in Cameroon[J]. Habitat International, 2011(35):101-110.

[2] Audirac Ivonne. Rural sustainable development in America[M]. John Wiley & Sons, Ltd., 1997.

[3] Beesley M E and Thomas D. The rural transport problem[J]. Rural Transport Problem, 1963, 32(127): 368.

[4] Cloke P. An introduction to rural settlement planning (Routledge Revivals)[M].1983.

[5] David L. Brown and John M. Wardwell. New directions in urban-rural migration[M]. Academic Press, 1980.

[6] Griffin K. Institutional reform and economic development in the Chinese country side[M]. London: Macmillan, 1984.

[7] Gyruda. Rural buildings and environment[J]. Landscape and Urban Planning, 1998, 41(2): 93-97.

[8] Halfacree K. A new space or spatial effacement? Alternative futures for the post-productivist countryside[M]//Walford N, Everitt J, Napton D. Reshaping the countryside: perceptions and processes of rural change. Wallingford: CAB International, 1999: 67-76.

[9] Hansen N M. Rural poverty and the urban crisis: a strategy for regional development[M]. Indiana University Press, 1970.

[10] Jonathan. Small town Africa: Studies in rural-urban interaction [M]. Uppsala: Scandinavian Institute of African Studies, 1990.

[11] Palmisano G O, Govindan K, Boggia A, et al. Local action groups and rural sustainable development. A spatial multiple criterion approaches for efficient

territorial planning[J]. Land Use Policy, 2016(59): 12-26.

[12] Setijanti P, Defiana I. Traditional settlement livability in creating sustainable living[J]. Procedia-Social and Behavioral Sciences, 2015(179): 204-211.

[13] 白吕纳.人地学原理[M].任美锷,李旭旦,译.南京:钟山书局,1935.

[14] 陈黎黎.向生态"优托邦"演进——论帕特里克·盖迪斯城市观中的生态意识[J].社会科学战线,2014(12):83-93.

[15] 陈铁,刘涛,朱锐,等.基于模糊评价法的农民集中居住区居民满意度研究——以南京市浦口区为例[J].地域研究与开发,2015,34(6):58-62.

[16] 邓玲,侯欢欢.社会学视角下城郊乡村人居环境建设研究[J].内蒙古农业大学学报:社会科学版,2011(6):239-241.

[17] 樊帆.金融风暴背景下返乡农民工就业问题探讨——以湖北省荆州市为例[J].安徽农业科学,2009,37(19):9158-9159+9176.

[18] 樊绯,吴得文,陈铁柱.乡村聚落选址影响因素分析[J].海南师范大学学报:自然科学版, 2009, 22(4):462-467.

[19] 范冬阳,刘健.第二次世界大战后法国的乡村复兴与重构[J].国际城市规划,2019,34(3):87-95+108.

[20] 范少言,陈宗兴.试论乡村聚落空间结构的研究内容[J].经济地理,1995(2):44-47.

[21] 奉先焱,刘海力,陈灿芬,等.乡村振兴战略视角下乡村人居环境整治的三个维度[J].甘肃农业,2018(20):17-21.

[22] 甘枝茂,岳大鹏,查小春,等.陕北黄土丘陵区乡村聚落发展的土壤侵蚀效应[J].水土保持学报,2005(6).

[23] 顾姗姗.乡村人居环境空间规划研究[D].苏州:苏州科技学院,2007.

[24] 郭晓冬.黄土丘陵区乡村聚落发展及其空间结构研究[D].兰州:兰州大学,2007:19-27.

[25] 和红星,吴淼.自我造血规划助力——乡村规划在袁家村应用的启示与思考[J].城乡规划,2017(1):73-78.

[26] 胡伟,冯长春,陈春.乡村人居环境优化系统研究[J].城市发展研究,2006(6):11-17.

[27] 李伯华,曾菊新,胡娟.乡村人居环境研究进展与展望[J].地理与地理信息科学,2008(5):70-74.

[28] 李伯华,曾菊新.基于农户空间行为变迁的乡村人居环境研究[J].地理与地理信息科学,2009,25(5):84-88.

[29] 李伯华,刘沛林,窦银娣.乡村人居环境系统的自组织演化机理研究[J].经济地理,2014,34(9):130-136.

[30] 李伯华,刘沛林,窦银娣.小农社会化:农户生产行为演变的一种解释——以湖北省红安县二程镇长岗村为例[J].山东农业大学学报(社会科学版),2012,14(4):1-5+117.

[31] 李伯华,刘沛林.乡村人居环境:人居环境科学研究的新领域[J].资源开发与市场,2010(6):524-527.

[32] 李建娜,黄云,严力蛟.乡村人居环境评价研究[J].中国生态农业学报,2006,14(3):192-195.

[33] 李晶,蔡忠原.关中地区乡村聚落人居环境特色营建——以陕西富平文宗村为例[J].建筑与文化,2020(1):234-235.

[34] 李仁熙,张立.韩国新村运动的成功要因及当下的新课题[J].国际城市规划,2016,31(6):8-14.

[35] 李王鸣,叶信岳.城市人居环境评价——以杭州城市为例[J].经济地理,1999,19(2):38-43.

[36] 李养秀,张立.韩国新村运动的政府援助(ODA)及应用策略[J].国际城市规划,2016(6):25-29;梁发超,刘诗苑,刘黎明.基于"居住场势"理论的乡村聚落景观空间重构——以厦门市灌口镇为例[J].经济地理,2017,37(3):193-200.

[37] 刘泉,陈宇.我国乡村人居环境建设的标准体系研究[J].城市发展研究,2018,25(11):30-36.

[38] 刘学,张敏.乡村人居环境与满意度评价——以镇江典型村庄为例[J].河南科学,2008(3):374-378.

[39] 刘英杰.德国农业和乡村发展政策特点及其启示[J].世界农业,2004(2):36-39.

[40] 马仁锋,张文忠,余建辉,等.中国地理学界人居环境研究回顾与展望[J].地理科学,2014,34(12):1470-1479.
[41] 毛会敏,何泽军.新型乡村社区建设效果的居民满意度分析[J].河南农业大学学报,2016,50(1):136-141.
[42] 孟凡浩,丁倩琳.乡村公共空间营造与东梓关实践再思考——杭州富阳东梓关村民活动中心[J].新建筑,2019(4):48-51.
[43] 闵师,王晓兵,侯玲玲,等.农户参与人居环境整治的影响因素——基于西南山区的调查数据[J].中国乡村观察,2019(4).
[44] 宁越敏,查志强.大都市人居环境评价和优化研究——以上海市为例[J].城市规划,1999,23(6):15-20.
[45] 帕特里克·格迪斯.进化中的城市:城市规划与城市研究导论[M].北京:中国建筑工业出版社,2012.
[46] 彭震伟,陆嘉.基于城乡统筹的乡村人居环境发展[J].城市规划,2009,33(5):66-68.
[47] 彭震伟,孙婕.经济发达地区和欠发达地区乡村人居环境体系比较[J].城市规划学刊,2007(2):62-66.
[48] 平松守彦.一村一品运动.中译本[M].石家庄:河北人民出版社,1985.
[49] 朴振换.韩国"新村运动"——20 世纪 70 年代韩国乡村现代化之路[M].北京:中国农业出版社,2005.
[50] 祁新华.国外人居环境研究回顾与展望[J].世界地理研究,2007(2):17-24.
[51] 钱玲燕,干靓,张立,等.德国乡村的功能重构与内生型发展[J].国际城市规划,2020,35(5):6-13.
[52] 任君.乡村人居环境建设路径研究[J].决策探索(下),2019(12):35-36.
[53] 仝瑞,阳建强.最佳人居小城镇评价指标体系研究[J].城乡建设,2003(5):15-17.
[54] 王成新,姚士谋,陈彩虹.中国乡村聚落空心化问题实证研究[J].地理科学,2005,25(3):257-262.
[55] 王建革.人口、制度与乡村生态环境的变迁[J].复旦学报:社会科学版,1998(4):40-45.

[56] 王磊，孙君，李昌平.逆城市化背景下的系统乡建——河南信阳郝堂村建设实践[J].建筑学报，2013(12)：16-21.
[57] 王秋兵，吴佳倩，边振兴.乡村振兴视角下基于熵权法的村域人居环境评价[J].农业经济，2020(3)：36-37.
[58] 王韬.村民主体认知视角下乡村聚落营建的策略与方法研究[D].杭州：浙江大学，2014.
[59] 王昕.改善农村人居环境问题研究——以湖南省为例[D].长沙：湖南农业大学，2012.
[60] 王竹，钱振澜.乡村人居环境有机更新理念与策略[J].西部人居环境学刊，2015，30(2)：15-19.
[61] 吴冬宁.北京水源保护区乡村人居环境改善模式研究[D].北京：北京林业大学，2016.
[62] 吴恺华.乡村振兴战略背景下苏北乡村人居环境评价与优化策略研究[D].苏州：苏州科技大学，2019.
[63] 吴良镛，人居环境科学导论[M].北京：中国建筑工业出版社，2001.
[64] 武晓静，韦素琼，刘静.基于模糊综合评价的乡村人居环境建设满意度研究——以安溪县为例[J].台湾农业探索，2013(5)：64-69.
[65] 谢荣幸，包蓉.贵州黔东南苗族聚落空间特征解析[J].城市发展研究，2017，24(4)：52-58.
[66] 薛冰，洪亮平，徐可心.长江中游地区乡村人居环境建设的“内卷化”与“原子化”问题研究[J].华中建筑，2020，38(7)：1-5.
[67] 薛力，吴明伟.江苏省乡村人聚环境建设的空间分异及其对策探讨[J].城市规划汇刊，2001(01)：41-45+80.
[68] 闫琳.英国乡村发展历程分析及启发[J].北京规划建设，2010，(1)：24-29.
[69] 严钦尚.西康居住地理[J].地理学报，1939，6(1)：43-56.
[70] 杨舸.留城务工或永久返乡：人力资本、社会资本对老年农民工抉择的影响[J].江西社会科学，2020，40(2)：230-237.
[71] 杨贵庆.乡村人居文化的空间解读及其振兴[J].西部人居环境学刊，2019，34(6)：102-108.

[72] 杨泽坤.乡村振兴:探索培育“新乡贤”人居环境理想性研究[J].现代商贸工业,2020,41(22):22-23.
[73] 姚莉,屠飞鹏.乡村聚落空间景观形态变迁的特征及驱动因素研究——以贵州省玉屏县朝阳村为例[J].贵州师范学院学报,2015,31(8):52-56.
[74] 野村理惠,裴妙思.日本老龄化背景下的“冬期集住”实践——以北海道西神乐地区为例[J].小城镇建设,2018(4):53-57.
[75] 于法稳.乡村振兴战略下乡村人居环境整治[J].中国特色社会主义研究,2019(2):80-85.
[76] 詹辉杰,李俊峰.安徽大别山片区乡村人居环境质量空间分异及影响[J].城市学刊,2020,41(1):40-45.
[77] 章黎东,张瑜,高璟.同济大学建筑与城市规划学院助力乡村振兴战略绘就水库美丽新貌[J].上海农村经济,2020(3):22-23.
[78] 张慧,孙国城.新疆乡村人居环境的特点及治理对策探析[J].价值工程,2020,39(15):77-78.
[79] 张立,张天凤.城乡双重视角下的村镇养老服务(设施)研究——基于佛山市的村镇调查[J].小城镇建设,2014(11):60-67.
[80] 张立,何莲.村民和政府视角审视镇村布局规划及延伸探讨——基于苏中地区X镇的案例研究[J].城市规划,2017,41(1):55-62.
[81] 张立,全球视野下的乡村思想演进与日本的乡村规划建设——兼本期导读[J].小城镇建设,2018(4):5-9+28.
[82] 张立,王丽娟,李仁熙.中国乡村风貌的困境、成因和保护策略探讨——基于若干田野调查的思考[J].国际城市规划,2019,34(5):59-68.
[83] 张立,我国乡村振兴面临的现实矛盾和乡村发展的未来趋势[J].城乡规划,2018(1):17-23.
[84] 张立.乡村活化:东亚乡村规划与建设的经验引荐[J].国际城市规划,2016,31(6):1-7.
[85] 张明龙.杜能农业区位论研究[J].浙江师范大学学报(社会科学版),2014(39):95-100.
[86] 张尚武,孙莹.城乡关系转型中的乡村分化与多样化前景[J].小城镇建设,

2019,37(2):5-8+86.

[87] 赵民,陈晨.我国城镇化的现实情景、理论诠释及政策思考[J].城市规划,2013,37(12):9-21.

[88] 赵民,游猎,陈晨.论乡村人居空间的“精明收缩”导向和规划策略[J].城市规划,2015,39(7):9-18+24.

[89] 赵民.重读费孝通先生《小城镇大问题》之感[J].小城镇建设,2018,36(9):14-15.

[90] 赵霞,朱巧楠.农户对乡村环境的满意度及影响因素研究——基于1 080个农户调研数据的计量分析[J].河北大学学报(哲学社会科学版),2014,39(1):32-37.

[91] 赵志庆,谢佳育,王清恋,钱高洁.基于村民满意度评价的乡村人居环境调查研究——以双鸭山市兴安乡四村为例[C].2019中国城市规划年会.

[92] 周国华,贺艳华,唐承丽,等.中国乡村聚居演变的驱动机制及态势分析[J].地理学报,2011,66(4):515-524.

[93] 周侃,蔺雪芹,申玉铭,等.京郊新乡村建设人居环境质量综合评价[J].地理科学进展,2011,30(3):361-368.

[94] 朱彬,马晓冬.基于熵值法的江苏省乡村人居环境质量评价研究[J].云南地理环境研究,2011,23(2):44-51.

[95] 朱炜.基于地理学视角的浙北乡村聚落空间研究[D].杭州:浙江大学,2009.

[96] 住房和城乡建设部.全国乡村人居环境汇总数据2017[R].2017.

[97] 左玉辉.环境学[M].北京:高等教育出版社,2002.

[98] 夏荣景,吴雨桦,钱静.基于文献计量学的国内乡村宜居评价研究综述[J].江西农业,2019(10):120-123+126.

附　　录

附录 1　各省住房和城乡建设厅资料清单

- 1991(1990 年数据)、2001(2000 年数据)、2011(2010 年数据)和 2015(2014 或 2013 年数据)全省统计年鉴、村镇统计年鉴(如果有的话)
- 2000 年以来的全省村镇建设统计年报
- 2000 年以来的关于村镇发展的政策文件
- 2000 年以来的关于村镇发展或政策评估的研究报告
- 全省是否开展过“百镇千村”示范工程？如果有，提供当时的政策文件；如果后续有相关的评估或者反思，请提供相关报告
- 示范镇的建设情况概述，各示范镇的基本情况(人口、经济、产业、规划等)，建设前和建设后的变化；省里对该政策的总结
- 全省示范村建设情况概述，各示范村的基本情况(人口、经济、产业、规划等)，建设前和建设后的变化；省里对该政策的总结
- 全省是否有过“镇村布点规划”、相关材料及实施总结
- 全省是否在推村庄整治工作、相关政策文件、实施总结及困难
- 全省现在阶段对新乡村或美丽乡村建设的工作重点是、相关政策文件、实施成效及困难
- 最新的关于全省村镇发展的研究报告或者课题研究成果
- 近 5 年来住建厅对全省村镇发展的年度工作总结，或者是最新的阶段性总结
- 村镇处的与村镇发展相关的文件、研究报告等
- 住建厅及村镇处对引导乡村人口健康流动的意见和建议
- 住建厅及村镇处对提升乡村人居环境的意见和建议
- 住建厅及村镇处对本次建设部课题的其他意见和建议

附录 2　各县(市)资料清单

- 1991(1990 年数据)、2001(2000 年数据)、2011(2010 年数据)和 2015(2014 或 2013 年数据)县(市)统计年鉴、村镇统计年鉴(如果有的话)
- 2000 年以来的全县(市)村镇建设统计年报
- 2000 年以来的关于村镇发展的政策文件
- 2000 年以来的关于村镇发展或政策评估的研究报告
- 全县(市)有哪些村镇曾入选过"百镇千村"示范工程?县里认为省里的这个示范工程对促进本县村镇发展起到了多大作用?贵县如何完成示范村、镇的建设,有哪些政策措施跟上(比如企业和政府部门一对一帮扶)?具体内容是什么?实施效果如何
- 省里的示范镇的建设情况概述,各示范镇的基本情况(人口、经济、产业、规划等),建设前和建设后的变化;县里对相关政策的总结
- 省里和县里的示范村建设情况概述,各示范村的基本情况(人口、经济、产业、规划等),建设前和建设后的变化;县里对该政策的总结
- 近 5 年来县(市)政府对全县村镇发展的年度工作总结,或者是最新的阶段性总结
- 最新的关于全县(市)村镇发展的研究报告或者课题研究成果
- 县政府认为当下新农村建设存在哪些困难
- 引导乡村人口健康流动的意见和建议
- 县政府对提升乡村人居环境的意见和建议
- 县政府对本次建设部课题的其他意见和建议
- 全县村镇行政区划图和地形图(1∶100 000 即可)
- 县历次总规文件(文本、说明书和图集)
- 县村庄布点规划(如果有的话)及实施情况
- 县最新版土地利用总体规划文件(文本、说明书和图集)
- 调研村(精度越大越好)和所在镇的地形图(1∶10 000 即可)
- 调研村的历次村庄规划(含图集)
- 调研村所在镇的最新总规文件(文本、说明书和图集)

附录3 村主任/村支书问卷

		现在或 2014年情况	2010年情况	2000年情况
总体概况	行政村面积(公顷)			
	行政村户籍人口			
	行政村常住人口			
	行政村户数			
	(大于10户的)居民点数量			
	所有居民点的占地总面积(公顷)			
	最大的居民点用地规模(公顷)			
	最大的居民点人口规模(人)			
经济功能	耕地面积(亩)及总收益(万元)			
	林地面积(亩)及总收益(万元)			
	牧草地面积(亩)及总收益(万元)			
	鱼塘面积(亩)及总收益(万元)			
	工业用地面积(亩)及总收益(万元)			
	行政村的集体收入(万元)			
	村中有哪些资源(如矿产资源、历史建筑等)可开发			
	住房空置户数是?是否考虑过利用这些存量资产			
	村中是否已经开发休闲农业和服务业?进展如何			
	2010～2015年政府累计拨款多少万元			
生活质量	总住房建筑面积(平方米)			
	宅基地总面积(平方米)			
	2010年以来年新建住房总量(套数,面积)			
	(宽度大于3米的)村庄道路用地面积(平方米)			
	本行政村是否有配备有卫生室			
	本行政村是否有配备有图书馆			
	本行政村是否有配备娱乐活动设施			
	本行政村是否有配备有老年活动中心			
	本行政村是否配备有公共活动空间(广场,公园等)			

（续表）

生活质量	本行政村是否通了镇村公交车			
	本行政村是否90%以上的家庭有通自来水			
	本行政村是否90%以上的家庭有通电			
	本行政村是否90%以上的家庭有通电话			
	本行政村是否90%以上的家庭有燃气或液化气供应			
	本行政村是否90%以上的家庭有通有线电视			
生态环境	5千米内是否有污染型工业(主要为水、气污染)			
	本行政村是否有污水收集、处理设施			
	本行政村污水设施是否正常运行？有何困难			
	本行政村是否有垃圾收集设施			
	本村的气候特点(宜人、灾害多、干旱，等)			
	本村空气环境质量(按1～5进行评分，1为差，2为较差，3为一般，4为较好，5为很好)			
	本村水环境质量(按1～5进行评分，同上)			
	环境卫生状况(按1～5进行评分，同上)			
乡村社会	村内人际关系总体上(按1～5进行评分，同上)			
	村中是否有能人			
	能人是否发挥了带动大家致富的作用			
	您认为现在村中的人口年龄结构是否合理			
	这样的人口结构是否影响到了村子的健康发展			
	您认为未来村子会持续繁荣还是继续衰败			
	村里2010年以来每年大约有多少外出务工者返乡？多数是老年人、中年人还是年轻人			
	您认为村里今后是否会有一定数量的外出人口返回			
	是否存在村村民自治组织或者村民自发团体如存在，请告诉我们具体的活动。			
	村民对政府在村落中实施的政策和项目的总体评价			
	您觉得现在村里最需要政府提供哪些帮助			
	村里的其他特殊情况注释			

注：2000年和2010年的相关数据，请根据回忆填写，实在没有资料以及记不清楚的话，可以空白。涉及空间属性的数据，请调研员充分利用Google影像。

附录 4　村民问卷

尊敬的村民：您好！

为更好地倾听民意，建设好新农村，促进农村人居环境的改善和提升，我们希望通过村民问卷和访谈调查了解您对您所居住的村庄的建设、环境、道路、设施等的意见。本问卷完全匿名，由________大学直接发放并回收，只做总量统计，确保您个人信息不泄露。谢谢配合！

住建部村镇建设司委托，同济大学和________大学承办　　　　2015 年 7 月

一、个人及家庭情况

1. 您在本村居住的时间：________年；户口所在地：A.本村 B.非本村；户口上有________人；常住家中的有________人

2. 您到您的耕地的距离________千米；如果您还从事一些非农工作，您到工作地的距离________千米；如果您有非农工作，您从居住地到工作地方便吗________

   A. 方便　　B. 较方便　　C. 一般　　D. 不太方便　　E. 很不方便

3. 请填写您家中成年人的年龄、性别以及其他情况（请将合适的选项填入表格），包括您本人、妻子（丈夫）、住在一起的父母、子女、兄弟姐妹等

与您的关系	年龄	性别	民族	文化程度 A. 小学以下 B. 小学 C. 初中 D. 高中或技校 E. 大专及以上	从事工作 A. 企业经营者 B. 普通员工 C. 公务员或事业单位 D. 个体户 E. 务农 F. 半工半农 G. 在家照顾老人小孩 J. 其他	务工地点 A. 本镇 B. 其他镇 C. 本市 D. 省内其他城市 E. 省外地区	务工时间 A. 常年在外 B. 农闲时外出 C. 早出晚归，住在家里 D. 主要务农，偶尔外出打零工 E. 常住家中，不外出 F. 其他	税后个人年收入（元）	农业收入占比	非农收入占比

二、日常生活与公共服务设施情况

1. 您家中小孩的就学情况(请将合适的选项填入表格)

子女年龄	就读学校	上学地点	就学模式	交通方式	单程时间	距家多远	是否满意
	A. 幼儿园 B. 小学 C. 初中 D. 高中或技校 E. 大专及以上	A. 本村 B. 镇区 C. 其他镇 D. 县城 E. 市区 F. 其他	A. 每日自己往返 B. 每日家长接送 C. 住校,每周回家 D. 住校,每月回家 E. 住校,很少回家	A. 步行 B. 自行车或电动车 C. 公交车 D. 校车 E. 私营客车	________ 分钟	________ 千米	A. 满意; B. 较满意; C. 一般; D. 不太满意 E. 很不满意

2. 您认为本镇(村)的学校最急需改善的是哪方面________

A. 减小班级规模　B. 更新教育设施　C. 提高教师质量　D. 降低就学成本

E. 增加学校数量,缩短与家的距离　F. 改善周边环境　G. 其他

3. 您对村卫生室的服务满意吗________

A. 满意　B. 较满意　C. 一般　D. 不太满意

E. 很不满意

4. 您对镇卫生院的服务满意吗________

A. 满意　B. 较满意　C. 一般　D. 不太满意

E. 很不满意

5. 您认为镇卫生院(医院)最急需改善的是哪方面________;村卫生室最急需改善的是哪方面________

A. 改善交通可达性　B. 更新医疗设备　C. 提升医生水平

D. 降低就医成本　E. 增加布点　F. 延长服务时间

G. 其他

6. 您愿意在哪里养老________

A. 家里　B. 村养老机构　C. 镇养老机构

D. 县及以上养老机构　D. 子女身边　E. 其他

7. 您对村里的娱乐活动等设施满意吗________;体育健身设施满意吗________;村容村貌、卫生环境满意吗________

A. 满意　B. 较满意　C. 一般　D. 不太满意

E. 很不满意

8. 您对本村的公共交通的评价__________

A. 满意　B. 较满意　C. 一般　D. 不太满意

E. 很不满意（没有公交经过）

9. 您认为村庄建设最需加强的公共服务设施为（请填写你觉得最急需的三项）__________

A. 幼儿园　B. 小学　C. 文化娱乐设施　D. 体育设施和场地

E. 商业零售设施　F. 餐饮设施　G. 卫生室　H. 公园绿化

I. 养老服务　J. 其他

三、养老情况(60 岁以上回答)

1. 对您来说，生活中最困难的事（可以多选，至多三项）__________

A. 起居自理（穿衣、梳洗、行走等）　B. 日常家务

C. 做饭　D. 外出买东西　E. 看病　F.干农活

G. 无人陪伴，无事可做　H. 照顾孙辈　I. 其他

2. 您子女对您关心吗__________

A. 经济上和精神上都很关心　B. 经济上很支持，但日常关心较少

C. 日常关心较多，但经济支持很有限　D. 经济和精神上都不关心

E. 其他

3. 您每月领取__________元养老金，对此满意吗__________

A. 满意，够用　B. 不够用，做农活赚钱

C. 太少，须靠子女或其他来源补贴

4. 您是否会选择在养老机构（托老所、养老院）养老__________

A. 是，每月心理价位__________　B. 不，自己能照顾自己

C. 不，子女可以照顾我　D. 不，别人可能会看不起

E. 不，支付不起费用　F. 不，不习惯离开家

5. 您对镇里或村里的老年活动中心及相关组织满意吗__________

A. 满意　B. 一般　C. 不满意　D. 无活动中心

E.不常去，不知道

6. 您村里有社区养老服务吗__________；您是否听说过有“志愿帮助老年人”的组织__________；您在日常生活（买菜、做农活、就医）上是否有过被社区或志愿者组织

"无偿帮助"的经历__________

A. 有　　B. 没有

7. 如果村里组织村民养老互助,您愿意参与吗__________

A. 愿意　　B. 没想过　　C.不愿意,因为:__________

四、住房和村庄建设

1. 请填写您乡村住房的基本情况:

建成年	层数	建筑面积 m^2	宅基地面积 m^2	最近一次翻修是哪一年?	外观(有粉刷/砌砖/裸露)	空调(有/无)	网络(有/无)	出租(有/无)	水冲厕所(有/无)	洗浴(有/无)	厨房(有/无)	炊事燃料

2. 您对现有住房条件是否满意__________;村庄居住环境是否满意__________

A. 满意　　B. 较满意　　C. 一般　　D. 不太满意

E. 很不满意

3. 您家庭在镇区有住房吗__________;在城区有住房吗__________

A. 有　　B. 没有

4. 您认为村里最需加强的基础市政设施是(请填写你觉得最急需的三项):__________

A. 环卫设施　　B. 道路交通　　C. 给水设施　　D. 电力设施

E. 燃气设施　　F. 污水　　G. 雨水设施　　H. 防灾设施

I. 其他

5. 您对村落景观(风貌,街景等)是否关心__________

A. 非常关心　　B. 比较关心　　C. 一般　　D. 不太关心

E. 完全不关心

6. 如果政府给予一定支持,您愿意参与美丽乡村建设中吗__________

A. 愿意　　B. 不愿意　　C. 说不清

7. 您是否为了村落景观的维护做过一些力所能及的事(多选)__________

A. 清扫道路　　B. 修葺房屋外壁,院落等

C. 修建道路　　D. 修建水利设施

E. 植树种草　　F. 清理小广告,海报

G. 没有做过　　H. 其他

8. 请选择您认为村庄在今后的发展中,需要保留传承的东西(多选)__________

A. 传统文化、工艺(食文化,戏曲,灯谜,祭祀活动,剪纸,陶瓷,酿酒等非物质文化)

B. 传统民居　　C. 石墙、石路　　D. 传统街市　　E. 农田景观

F. 没啥有价值的东西　　G. 其他

五、经济和产业

1. 您家拥有耕地__________亩,林地__________亩,每亩年收入__________元;谁来耕种__________

A. 自己或家人　　B. 亲友　　C. 流转　　D. 抛荒　　E. 雇人

2. 您家庭年纯收入大约为:__________万元,其中:农林牧渔业__________元,非农务工收入__________元,子女寄回__________元;房屋出租__________元;社保等补助__________元;其他__________元

3. 您家庭一年最大的开销是__________和__________:

A. 吃穿用度　　B. 看病就医

C. 子女学费　　D. 外出打工生活费

E. 接济子女或孙辈　　F. 照顾老人

G. 其他__________

扣除常规花销,您家庭每年可以存款:__________万元

4. 您认为本村是否有潜力开发农家乐、民宿等休闲旅游产业__________

A. 是　　B. 否　　C. 说不清楚

5. 您对本村的农家乐、民宿等休闲旅游产业,是否支持__________

A. 是　　B. 否　　C. 说不清楚

6. 您是否愿意参与民宿或农家乐的经营,以获得额外的收入__________

A. 是　　B. 否　　C. 说不清楚

7. 您对近几年的乡村建设是否满意__________;镇上建设是否满意__________

A. 很满意　　B. 基本满意　　C. 一般　　D. 不太满意

E. 很不满意

8. 您对您目前的生活状态满意吗__________

A. 很满意　　B. 基本满意　　C. 一般　　D. 不太满意

E. 很不满意

六、迁居意愿及经历

1. 您理想的居住地:__________

A. 乡村　B. 集镇　C. 县城或市

D. 省城、大城市或直辖市　E. 其他

2. 考虑现实生活条件，您是否有迁出本村到城镇定居的打算__________

A. 有　B. 没有　C. 说不清楚

- 如果是，原因(可多选)__________

  A. 工作机会多、就业收入高　B. 子女教育质量高

  C. 医疗条件优　D. 卫生环境好

  E. 设施完善、生活便利　F. 政府政策优惠

  G. 本村有潜在的自然灾害风险(泥石流、洪水等)

  H. 城市生活丰富　I. 其他__________

- 如果否，原因(可多选)__________

  A. 城里工作不好找　B. 城里消费水平高

  C. 我舍不得乡村　D. 城镇空气环境质量差

  E. 城镇生活不习惯　F. 买不起房子

  G. 乡村收入尚可，我满足了　H. 其他

3. 您认为下列设施用地对村庄是否必要：绿化公园__________，路灯__________，垃圾收集和保洁设施__________

A. 必要　B. 没必要

4. 您觉得村里和周边乡镇上__________还缺少哪些商业设施、休闲娱乐设施？__________

A. 公园　B. 电影院　C. 歌厅(KTV)　D. 网吧

E. 高档餐厅　F. 大超市　G. 其他

5. 您对生活在村里的经济条件满意吗__________

A. 满意　B. 一般　C. 不满意

6. 您家在村里的亲友多吗__________

A. 很多　B. 不多不少　C. 很少

7. 您家与村里亲友邻里来往关系怎么样__________

A. 往来密切　B. 仅在年节或婚丧时有往来　C. 很少有往来

8. 您认为村里房子住得舒服，还是城里楼房住得舒服__________

A. 村里；　B. 城里

为什么____

9. 您打算一辈子在村里生活吗__________

A. 是　　B. 否

- 如果否，原因（可多选）__________

A. 工作机会多、就业收入高　　B.子女教育质量高

C. 医疗条件优　　D. 卫生环境好

E. 设施完善、生活便利　　F. 政府政策优惠

G. 本村有潜在的自然灾害风险（泥石流、洪水等）

H. 城市生活丰富　　I. 其他__________

- 如果是，原因（可多选）__________

A. 城里工作不好找　　B. 城里消费水平高

C. 我舍不得乡村　　D. 城镇空气环境质量差

E. 城镇生活不习惯　　F. 买不起房子

G. 乡村收入尚可，我满足了　　H. 其他__________

10. 如果是，您认为“农活太苦太累”是影响您迁出乡村生活居住的主要原因吗__________

A. 是　　B. 否

11. 如果想离开乡村，打算到镇上，还是到城市生活__________

A.镇　　B. 城市

为什么______________________________

12. 如果想离开乡村，何时可以实施__________

A. 1年以内　　B. 一至五年　　C. 五到十年　　D. 十年以上

13. 您希望下一代生活在哪里__________

A.乡村　　B. 集镇

C. 县城或市　　D. 省城、大城市或直辖市

E. 其他

为什么______________________________

14. 在乡村生活，您最不喜欢什么______________________________

最喜欢什么______________________________

15. 假如您在城里工作，交通条件足以满足每天回到乡村的家里居住，您会选择每天回家吗__________

A. 是　　B. 否

为什么______________________________

16. 迁移、转职经历

家庭成员 1:本人

时间(_____年至_____年)	地点	工作及收入	换工作或换居住地点的原因及评价
为何返乡(无外出经历者可填写为何不外出)			

家庭成员 2:______

时间(_____年至_____年)	地点	工作及收入	换工作或换居住地点的原因及评价
为何返乡(无外出经历者可填写为何不外出)			

家庭成员 3:______

时间(_____年至_____年)	地点	工作及收入	换工作或换居住地点的原因及评价
为何返乡(无外出经历者可填写为何不外出)			

附录5　大属性表

省	辽宁省																					
市	朝阳市														抚顺市							
县	朝阳县														清原县							
乡镇街	北四家子镇				波罗赤镇			胜利乡			瓦房子镇				大苏河乡				红透山镇			
村	北四家子村	唐杖子村	马腰营子村	西山村	波罗赤村	焦营子村	卢杖子村	孙家店村	大杖子村	三家子村	上三家子村	大杖子村	局子沟村	团山子村	平岭后村	南天门村	三十道河	长沙村	北杂木村	苍石村	沔阳村	红透山
宏观区位	4	4	4	4	4	4	4	4	4	4	4	4	4	4	4	4	4	4	4	4	4	4
中观区位	2	3	4	3	3	3	3	4	3	3	3	3	4	4	3	3	3	4	4	3	3	1
地形因素	3	2	4	1	3	1	3	2	3	1	2	2	1	4	1	2	2	1	1	1	2	3
区域发达	3	3	3	3	3	3	3	3	3	3	3	3	3	3	2	2	2	2	2	2	2	2
村庄发达	3	3	4	3	2	3	4	3	3	3	3	4	2	3	3	3	2	2	1	3	2	2
农业类型	1	1	1	1	1	1	1	1	1	1	1	1	1	1	1	1	2	1	1	1	1	1
非农类型	5	5	5	2	5	3	5	5	5	2	5	5	1	5	5	3	4	5	1	5	3	1
主要民族	2	2	1	1	2	2	2	2	2	1	2	2	1	2	1	1	2	2	2	1	1	2
历史文化	4	1	4	4	2	4	4	4	4	4	4	4	4	4	4	4	4	4	3	4	4	4
人口流动	3	2	2	3	1	3	3	2	3	2	2	3	3	2	2	3	2	2	2	2	3	2
村庄规模	1	1	1	2	1	2	1	2	1	2	1	1	1	1	2	2	2	3	2	1	2	1
居住类型	2	3	3	3	3	2	2	3	2	3	3	2	3	3	3	3	3	3	1	3	3	3

省	辽宁省																					
市	抚顺市				葫芦岛市																丹东市	
县	清源县				兴城市																东港市	
乡镇街	英额门镇				东辛庄镇				沙后所镇				徐大堡镇				元台子乡				北井子镇	
村	孤山子村	椽子村	英额门村	崔庄子村	东辛庄村	半拉堡子	东关站村	张虎村	西关村	城内村	南门外	烟台村	海滨村	方安村	刘屯村	台里村	药王村	姜女村	田屯	五家子村	北井子	徐坨村
宏观区位	4	4	4	4	4	4	4	4	4	4	4	4	4	4	4	4	4	4	4	4	4	4
中观区位	3	2	3	3	3	2	4	3	1	3	2	4	1	1	4	2	1	1	2	3	1	3
地形因素	2	3	3	1	3	3	2	2	3	2	3	2	2	3	2	2	2	2	3	2	3	3

（续表）

村	孤山子村	椽子村	英额门村	崔庄子村	东辛庄村	半拉堡子	东关站村	张虎村	西关村	城内村	南门外	烟台村	海滨村	方安村	刘屯村	台里村	药王村	姜女村	田屯	五家子村	北井子	徐坨村
区域发达	2	2	2	2	3	3	3	3	3	3	3	3	3	3	3	3	3	3	3	3	2	2
村庄发达	2	2	3	3	2	3	2	2	1	2	2	2	2	2	2	2	2	2	2	2	2	3
农业类型	1	1	1	1	1	1	1	1	1	1	1	1	1	1	1	4	1	1	1	1	4	1
非农类型	3	4	5	5	2	2	5	3	3	3	2	5	5	2	5	2	5	5	3	1	4	4
主要民族	1	2	2	2	2	2	2	1	2	2	2	2	2	2	2	1	2	2	2	2	2	2
历史文化	4	4	4	4	4	4	4	4	4	4	4	4	4	4	4	4	4	4	4	4	4	2
人口流动	3	2	2	2	1	3	2	2	2	2	3	2	2	3	2	2	2	1	3	2	2	3
村庄规模	2	1	1	2	2	1	1	1	1	1	1	2	1	1	2	1	1	1	1	1	1	1
居住类型	3	3	3	1	3	2	2	1	1	1	2	3	2	2	3	3	2	3	2	1	2	3
省	辽宁省														江苏省							
市	丹东市														苏州市							
县	东港市														吴江区							
乡镇街	北井子镇		黑沟镇				前阳镇				长山镇				震泽镇		黎里镇	松陵镇	横山镇	平望镇	盛泽镇	同里镇
村	小岗村	石桥村	柳河村	王家岭	卧龙屯村	朝阳村	农民村	前阳	榆树村	石门村	柞木村	富民村	杨树	东尖山村	齐心村	龙降桥村	杨文头村	农创村	四都村	溪港村	人福村	北联村
宏观区位	4	4	4	4	4	4	4	4	4	4	4	4	4	4	1	1	1	1	1	1	1	1
中观区位	3	3	4	1	3	4	2	1	2	3	3	3	1	3	2	2	2	1	2	2	1	2
地形因素	3	2	1	3	2	2	3	3	3	2	3	2	3	3	3	3	3	3	3	3	3	3
区域发达	2	2	2	2	2	2	2	2	2	2	2	2	2	2	1	1	1	1	1	1	1	1
村庄发达	2	2	2	2	2	3	1	2	2	2	2	2	2	3	1	1	1	1	2	1	1	1
农业类型	1	1	1	4	1	1	1	4	1	1	1	1	4	1	1	1	4	1	1	1	1	1
非农类型	1	3	5	4	3	4	1	4	1	3	5	3	4	1	1	1	1	4	1	1	2	1
主要民族	2	1	2	2	1	1	2	2	2	1	2	1	2	2	2	2	2	2	2	2	2	2
历史文化	4	4	4	4	4	4	4	4	2	4	4	4	4	4	4	4	3	3	3	2	4	4
人口流动	2	3	2	2	3	3	2	2	1	3	2	3	2	2	1	2	2	2	2	2	2	2
村庄规模	1	2	1	1	2	2	1	1	1	1	1	2	1	2	1	1	2	2	1	1	1	1
居住类型	3	3	3	2	3	3	3	2	3	3	3	3	2	3	3	3	2	2	3	2	1	3

（续表）

省	江苏省																					
市	常州市							宿迁市								盐城市						
县	金坛市				溧阳市			泗洪县								大丰区						
乡镇街	薛埠镇		直溪镇		南渡镇			龙集镇		魏营镇	双沟镇	上塘镇		瑶沟乡		大中镇			西团镇			南阳镇
村	倪巷村	仙姑村	建昌村	吕丘村	钱家圩	淦西村	旧县村	东咀村	姚兴村	刘营村	罗岗村	陈吴村	垫湖村	官塘村	秦桥村	恒北村	双喜村	新团村	马港村	众心村	龙窑村	广丰村
宏观区位	1	1	1	1	1	1	1	1	1	1	1	1	1	1	1	1	1	1	1	1	1	1
中观区位	2	2	2	2	2	2	2	3	3	2	1	3	2	2	2	3	3	3	3	3	3	2
地形因素	3	2	2	3	3	3	3	3	3	3	3	3	3	2	2	3	3	3	3	3	3	3
区域发达	1	1	1	1	1	1	1	2	2	2	2	2	2	2	2	2	2	2	2	2	2	2
村庄发达	2	1	1	1	1	1	1	2	2	2	2	2	2	3	2	1	1	1	1	1	1	2
农业类型	1	1	1	1	1	1	1	4	4	1	1	1	1	1	1	1	1	1	1	1	1	1
非农类型	5	4	3	/	/	/	1	1	5	/	/	2	1	3	4	4	2	4	1	1	1	1
主要民族	2	2	2	2	2	2	2	2	2	2	2	2	2	2	2	2	2	2	2	2	2	2
历史文化	4	4	4	4	4	4	3	4	4	4	4	4	4	4	4	4	3	4	3	3	4	4
人口流动	3	2	3	2	3	3	1	2	2	3	3	3	3	3	3	2	2	3	3	2	2	2
村庄规模	1	1	2	1	2	1	1	1	1	1	1	1	1	1	1	1	1	1	1	1	3	1
居住类型	1	2	2	3	2	2	3	1	3	1	1	3	1	1	2	2	3	2	2	3	3	3
省	江苏省									山东省												
市	盐城市		扬州市							临沂市						威海市						济南市
县	大丰区		仪征市							蒙阴县						荣成市						商河县
乡镇街	南阳镇		大仪镇	马集镇	新集镇	陈集镇	刘集镇	新集镇	月塘镇	常路镇			联城镇			寻山街道			俚岛镇			白桥镇
村	南阳村	诚心村	大巷村	岔镇村	八桥村	红星村	百寿村	庙山村	尹山村	北松林村	南松林	西官庄村	大城子	类家城子	小山口	嘉鱼汪村	大黄家村	赵家村	大庄许家	西利查埠村	烟墩角	窦家
宏观区位	1	1	1	1	1	1	1	1	1	1	1	1	1	1	1	1	1	1	1	1	1	1
中观区位	2	3	2	1	1	2	1	1	2	2	2	2	1	1	1	1	2	1	2	3	2	2

（续表）

村	南阳村	诚心村	大巷村	岔镇村	八桥村	红星村	百寿村	庙山村	尹山村	北松林村	南松林	西官庄村	大城子	类家城子	小山口	嘉鱼汪村	大黄家村	赵家村	大庄许家	西利查埠村	烟墩角	窦家
地形因素	3	3	2	3	3	2	2	2	3	4	4	3	2	2	1	2	2	2	2	2	3	3
区域发达	2	2	1	1	1	1	1	1	1	3	3	3	3	3	3	1	1	1	1	1	1	2
村庄发达	1	2	1	1	1	2	2	2	2	4	4	2	3	2	1	2	4	1	1	2	1	2
农业类型	1	1	1	1	1	1	1	1	1	1	1	1	1	1	2	4	1	4	4	1	4	1
非农类型	1	5	1	2	1	3	1	5	/	/	/	1	/	/	4	3	5	4	5	3	4	/
主要民族	2	2	2	2	2	2	2	2	2	2	2	2	2	2	2	2	2	2	2	2	2	2
历史文化	4	4	4	4	4	3	4	4	4	4	4	4	4	4	4	2	4	4	3	3	3	4
人口流动	3	2	2	2	3	2	3	2	2	2	2	2	2	2	2	1	3	2	2	2	2	2
村庄规模	1	2	1	1	1	1	1	1	1	3	3	3	3	2	3	2	3	3	2	3	1	4
居住类型	3	3	2	3	2	3	3	3	3	1	1	1	3	3	1	1	1	1	1	2	2	1
省	山东省																	广东省				
市	济南市					菏泽市							烟台市					韶关市				
县	商河县					郓城县							招远市					南雄市				
乡镇街	白桥镇	沙河镇		玉皇庙镇		侯咽集	黄安镇	南赵楼	杨庄集镇	随官屯镇	丁里长镇		金岭镇		齐山镇		阜山镇	乌迳镇				珠玑镇
村	南董	后邸	潘家	柳官庄	瓦西	陈楼	季垓村	六合苑	南何村	随西	于南村	西观阵	南截村	草沟头村	岔道村	下林庄	大疃村	白胜村	高溯村	新田村	兰坵村	珠玑村
宏观区位	1	1	1	1	1	1	1	1	1	1	1	1	1	1	1	1	1	1	1	1	1	1
中观区位	2	2	2	1	1	2	3	3	1	2	1	2	3	2	2	2	2	3	3	3	3	1
地形因素	3	3	3	3	3	3	3	3	2	3	3	2	2	2	2	2	2	2	2	2	2	2
区域发达	2	2	2	2	2	4	4	4	4	4	4	1	1	1	1	1	1	2	2	2	2	2
村庄发达	2	3	3	1	1	4	2	3	2	2	2	3	2	2	3	3	2	2	2	4	4	2
农业类型	1	1	1	1	1	1	2	1	1	1	1	1	1	1	1	1	1	1	1	1	1	1
非农类型	/	/	/	/	/	5	1	5	/	2	1		3	2	5	/	/	5	5	5	5	4
主要民族	2	2	2	2	2	2	2	2	2	2	2	2	2	2	2	2	2	2	2	2	2	2
历史文化	4	4	4	4	4	4	3	4	4	4	4	4	3	3	3	4	4	4	4	1	3	2
人口流动	2	2	2	2	2	3	1	3	3	2	1	3	2	2	3	2	2	3	3	3	3	3
村庄规模	4	3	3	3	3	2	2	1	3	1	1	4	2	1	1	2	1	1	1	1	2	1
居住类型	1	1	1	1	1	3	2	1	1	3	1	1	1	1	1	1	1	3	3	3	3	3

（续表）

省	广东省																					
市	韶关市			东莞市				汕头市									茂名市					
县	南雄市			—				潮阳区			澄海区			南澳县			高州市			化州市		
乡镇街	珠玑镇			茶山镇				海门镇		和平镇	隆都镇			深澳镇		后宅镇	南塘镇			同庆镇		
村	聪辈村	祇芫村	洋湖村	超朗村	南社村	增埗村	茶山村	城关村	竞海村	和舖村	前美村	南溪村	樟籍村	三澳村	金山村	山顶渔村	大塘笃村	罗村	旺罗村	塘吉村	排塘村	山口村
宏观区位	1	1	1	1	1	1	1	1	1	1	1	1	1	1	1	1	1	1	1	1	1	1
中观区位	1	2	1	1	1	1	1	3	2	2	2	2	2	3	3	1	2	2	2	1	1	1
地形因素	2	2	2	3	3	3	3	3	3	3	3	3	3	3	3	3	2	2	2	3	3	3
区域发达	2	2	2	1	1	1	1	3	3	3	3	3	3	3	3	3	2	2	2	2	2	2
村庄发达	3	3	2	1	1	1	1	3	3	1	3	4	1	3	4	2	3	3	4	4	4	4
农业类型	1	1	1	1	1	1	1	4	1	1	1	1	1	4	4	4	1	1	1	1	1	1
非农类型	5	5	4	1	1	1	1	5	5	1	5	5	5	4	5	5	1	5	5	5	5	5
主要民族	2	2	2	2	2	2	2	2	2	2	2	2	2	2	2	2	2	2	2	2	2	2
历史文化	4	4	3	1	1	4	4	4	5	3	1	4	4	3	3	4	4	4	4	4	4	4
人口流动	3	3	3	1	1	1	1	2	3	1	2	3	3	2	3	3	3	3	3	2	3	3
村庄规模	2	2	2	1	1	1	1	1	2	1	1	1	1	2	1	1	1	1	1	1	1	1
居住类型	1	3	3	3	1	3	1	1	1	1	1	1	1	1	1	1	3	3	3	3	3	1
省	广东省			上海市																		
市	茂名市			—																		
县	信宜市			崇明区					嘉定区								浦东新区					
乡镇街	池洞镇			三星镇					南翔镇								大团镇					
村	双垌村	大坡村	石庆村	育德村	邻江村	大平村	海虹港村	育新村	新裕村	红翔村	静华村	曙光村	新丰村	永丰村	永乐村	浏翔村	车站村	赵桥村	周埠村	团新村	金石村	金园村
宏观区位	1	1	1	1	1	1	1	1	1	1	1	1	1	1	1	1	1	1	1	1	1	1
中观区位	1	1	1	2	2	2	2	2	1	1	1	1	1	1	1	1	2	2	2	2	2	2
地形因素	2	2	2	3	3	3	3	3	3	3	3	3	3	3	3	3	3	3	3	3	3	3

（续表）

村	双垌村	大坡村	石庆村	育德村	邻江村	大平村	海虹港村	育新村	新裕村	红翔村	静华村	曙光村	新丰村	永丰村	永乐村	浏翔村	车站村	赵桥村	周埠村	团新村	金石村	金园村
区域发达	2	2	2	1	1	1	1	1	1	1	1	1	1	1	1	1	1	1	1	1	1	1
村庄发达	4	4	3	2	1	1	2	2	1	1	1	1	1	1	1	1	1	1	1	1	1	1
农业类型	1	1	1	1	1	1	1	1	1	1	1	1	1	1	1	1	1	1	1	1	1	1
非农类型	5	5	5	/	/	/	/	/	1	1	1	1	1	1	1	1	4	4			1	
主要民族	2	2	2	2	2	2	2	2	2	2	2	2	2	2	2	2	2	2	2	2	2	2
历史文化	4	4	4	4	4	4	4	4	4	4	4	4	4	4	4	4	4	4	4	4	4	4
人口流动	3	2	3	3	2	2	3	3	4	4	4	4	4	4	4	4	1	1	1	1	2	2
村庄规模	1	1	1	1	2	1	1	1	1	2	1	1	1	1	1	1	1	1	1	1	1	1
居住类型	3	3	3	3	1	3	3	3	2	2	3	3	3	3	3	3	3	3	3	3	3	3
省	上海市								湖北省													
市	—								武汉市										荆州市			
县	金山区				青浦区				黄陂区										监利县			
乡镇街	廊下镇				朱家角镇				武湖街道			姚集街道			祁家湾街道				上车湾镇			新沟镇
村	景展社区	山塘村	万春村	勇敢村	淀峰村	张马村	王金村	安庄村	下畈新苑	高车畈	张湾村	姚集村	茶庙村	杜堂村	王棚村	四新村	土庙村	送店村	南港村	任铺村	师桥村	横台村
宏观区位	1	1	1	1	1	1	1	1	3	3	3	3	3	3	3	3	3	3	3	3	3	3
中观区位	2	2	2	2	2	2	2	2	1	1	1	1	1	4	1	1	1	1	2	1	2	2
地形因素	3	3	3	3	3	3	3	3	3	3	3	3	3	2	3	3	3	3	3	3	3	3
区域发达	1	1	1	1	1	1	1	1	2	3	1	1	1	3	1	1	1	4	2	3	2	2
村庄发达	1	1	1	1	1	1	1	1	2	3	3	2	3	2	1	1	4	4	2	3	2	1
农业类型	1	1	1	1	1	1	1	1	/	1	1	1	1	2	1	1	1	1	1	4	1	1
非农类型	/	/	/	/	3	4	1	4	1	1	3	5	5	1	/	/	/	5	5		5	5
主要民族	2	2	2	2	2	2	2	2	2	2	2	2	2	2	2	2	2	2	2	2	2	2
历史文化	4	4	4	4	4	4	4	4	4	4	4	4	4	4	4	4	4	4	4	4	4	4
人口流动	2	2	2	3	4	4	4	4	2	1	3	2	3	3	2	2	3	2	3	3	3	3
村庄规模	1	1	1	1	1	1	1	1	1	1	2	2	1	2	2	2	2	2	2	2	2	1
居住类型	1	3	3	3	3	3	3	3	1	2	2	3	3	2	3	3	3	3	3	3	3	1

（续表）

省	湖北省																					
市	荆州市						黄冈市								仙桃市							
县	监利县						罗田县								—							
乡镇街	新沟镇			柘木乡			白莲河乡		九资河镇		匡河镇		三里畈镇		河铺镇		彭场镇				张沟镇	
村	柳口村	向阳	熊马村	南昌村	桥燕湾村	姜堤村	香木河村	土库村	罗家畈	徐凤冲	汪家桥	雪山河	新铺村	七道河村	敢鱼咀村	箍形地村	大岭村	挖沟村	织布湾	中岭村	庆丰村	先锋村
宏观区位	3	3	3	3	3	3	3	3	3	3	3	3	3	3	3	3	3	3	3	3	3	3
中观区位	2	1	1	1	1	1	2	3	3	3	1	2	1	1	1	1	1	2	1	1	1	1
地形因素	3	3	3	3	3	3	2	1	4	4	2	1	2	1	3	2	3	3	3	3	3	3
区域发达	2	4	4	3	4	3	3	3	3	3	3	4	3	3	4	4	3	4	2	2	3	3
村庄发达	3	1	3	4	4	1	4	4	3	1	1	1	3	3	3	2	3	4	2	2	3	2
农业类型	1	1	1	1	1	1	1	1	2	2	1	1	1	1	1	1	4	1	4	4	4	4
非农类型	5	1	/	5	1	/	/	/	5	4	2	2	4	/	/	/	/	1	1	1	/	/
主要民族	2	2	2	2	2	2	2	2	2	2	2	2	2	2	2	2	2	2	2	2	2	2
历史文化	4	4	4	4	3	4	3	3	3	4	4	4	3	4	4	4	4	4	4	4	4	4
人口流动	3	2	3	3	3	3	3	3	2	2	3	3	2	3	3	3	3	2	3	3	3	3
村庄规模	1	2	2	1	1	2	2	2	2	2	2	2	1	1	2	2	2	1	1	1	2	1
居住类型	3	1	2	3	3	3	3	3	3	3	3	3	3	3	3	3	3	3	3	3	1	1

省	湖北省														安徽省							
市	仙桃市				宜昌市										合肥市					淮北市		
县	—				长阳县										庐江县					濉溪县		
乡镇街	张沟镇	长埫口镇			榔坪镇			龙舟坪镇				磨市镇			汤池镇	矾山镇	盛桥镇	冶父山镇		濉溪镇	百善镇	刘桥镇
村	联潭	太洪村	林湾村	下湖堤村	乐园村	关口垭村	马坪村	龙舟坪村	厚丰溪村	两河口村	郑家榜村	马鞍山村	花桥村	乌钵池村	果树村	东明村	陡岗村	铺岗村	冶父山社区	蒙村	黄新庄村	火神庙村
宏观区位	3	3	3	3	3	3	3	3	3	3	3	3	3	3	2	2	2	2	2	2	2	2
中观区位	2	2	3	3	4	4	4	1	1	3	3	3	2	3	2	3	3	2	3	1	2	2
地形因素	3	3	3	3	1	1	1	1	1	1	1	1	1	1	2	2	2	2	2	3	3	3
区域发达	3	4	2	2	2	4	4	3	3	2	2	4	4	4	1	1	1	1	1	2	2	2

（续表）

村	联潭	太洪村	林湾村	下湖堤村	乐园村	关口垭村	马坪村	龙舟坪村	厚丰溪村	两河口村	郑家榜村	马鞍山村	花桥村	乌钵池村	果树村	东明村	陡岗村	铺岗村	治父山社区	蒙村	黄新庄村	火神庙村
村庄发达	2	2	2	4	4	4	4	2	4	4	4	4	4	4	2	2	3	2	3	2	2	2
农业类型	4	1	1	1	1	1	1	2	1	1	1	1	1	1	1	5	1	1	1	1	1	1
非农类型	3	1	1	2	3	4	/	1	5	5	5	1	4	5	/	5	5	5	5	3	3	3
主要民族	2	2	2	2	2	1	1	1	1	1	1	1	1	1	2	2	2	2	2	2	2	2
历史文化	4	4	4	4	3	3	3	3	3	4	4	4	4	4	4	4	4	3	4	3	3	4
人口流动	3	3	3	3	3	3	3	3	3	3	3	3	3	3	2	3	3	3	3	3	2	3
村庄规模	1	2	2	2	1	1	1	1	1	1	1	2	1	2	1	1	4	1	4	1	1	1
居住类型	1	2	2	2	3	3	3	3	3	3	3	2	2	2	3	2	3	3	3	2	2	3
省	安徽省																				内蒙古	
市	淮北市			宣城市						六安市					阜阳市						锡林郭勒	
县	濉溪县			泾县						金寨县					阜南县						多伦县	
乡镇街	刘桥镇	韩村镇	韩村镇	泾川镇	丁家桥镇	黄村镇	云岭镇	蔡村镇	桃花潭镇	双河镇	天堂寨镇	白塔畈镇	斑竹园镇	果子园镇	会龙镇	地城镇	王家坝	黄岗镇	朱寨镇	公桥镇	西干沟乡	
村	王堰村	淮海村	双沟村	太美村	李园村	安吴村	陈塘村	月亮湾村	包合村	河西村	前畈村	桥店村	小河村	姚冲村	芦庄村	高郢村	和谐村	柳新村	大刘村	巩堰村	大官场村	小石拉村
宏观区位	2	2	2	2	2	2	2	2	2	2	2	2	2	2	2	2	2	2	2	2	3	3
中观区位	2	3	3	2	1	2	2	2	3	4	4	3	3	3	2	3	3	2	3	2	3	3
地形因素	3	3	3	2	3	3	3	1	2	1	1	4	4	2	3	3	3	3	3	3	3	3
区域发达	2	2	2	2	2	2	2	2	2	2	4	4	4	4	4	4	4	4	4	4	1	1
村庄发达	3	3	3	3	1	3	3	2	2	3	3	3	3	1	4	4	4	4	4	4	2	3
农业类型	1	1	1	5	5	5	5	5	5	1	1	2	2	1	1	1	1	1		1	1	1
非农类型	3	3	3	5	5	5	5	4	4	/	/	/	/	4	/	/	/	/	5	/	3	5
主要民族	2	2	2	2	2	2	2	2	2	2	2	2	2	2	2	2	2	2	2	2	2	2
历史文化	4	3	4	4	3	3	4	4	3	4	4	4	4	4	4	4	4	4	4	4	4	4
人口流动	3	3	3	2	3	3	3	3	2	3	2	3	3	2	3	2	3	2	3	3	3	3
村庄规模	1	1	1	1	1	1	1	1	2	3	3	3	3	1	1	1	1	1	1	1	2	2
居住类型	3	3	3	3	3	3	3	3	3	2	3	2	2	2	2	3	2	3	3	3	2	2

（续表）

省	内蒙古																					
市	锡林郭勒				阿拉善								鄂尔多斯市			呼和浩特市						
县	多伦县	东乌珠穆沁旗			左旗							腾格里经济技术开发	达拉特旗			土默特左旗				武川县		
乡镇街	西干沟乡	呼热图淖尔苏木			朝格图呼热苏木	巴润别立镇			巴彦浩特镇	嘉尔嘎勒		腾格里额里斯	展旦召苏木			善岱镇				可可以力更镇		
村	河槽子	呼牧勒敖包	察干淖尔	巴彦淖尔	鄂门高勒	铁木日乌德	上海	图日根	南田村	阿敦高勒	查汉鄂木	乌兰哈达	道芳村	石活子村	长胜村	保同河村	善岱村	朝号村	安民村	巨字号村	乌兰忽洞村	武圣关帝村
宏观区位	3	3	3	3	3	3	3	3	3	3	3	3	3	3	3	3	3	3	3	3	3	3
中观区位	3	4	4	3	3		4	3	1	1	3	2	2	4	2	2	2	3	3	2	2	1
地形因素	3	3	3	3	4	4	1	3	4	4	4	4	3	2	3	4	3	3	4	2	2	4
区域发达	1	1	1	1	1	4	4	4	4	4	4	4	1	1	1	2	1	1	1	1	1	1
村庄发达	3	1	1	1	2	3	2	2	2	2	2	2	2	3	2	2	2	2	4	4	4	3
农业类型	1	3	3	3	3	1	3	3	1	1	3	3	1	3	1	1	1	1	1	1	1	1
非农类型	5	5	5	5	5	/	5	/	5	5	5	4	5	5	5	5	5	5	5	5	5	/
主要民族	2	1	1	1	1	1	1	2	2	2	1	2	2	2	2	2	2	2	1	2	2	2
历史文化	4	4	4	4	3	4	4	4	4	4	4	4	4	4	4	4	4	4	4	4	4	4
人口流动	3	2	2	2	3	2	3	2	2	2	2	2	2	3	2	3	3	2	2	2	2	2
村庄规模	2	3	3	3	3	3	4	2	3	3	3	3	2	3	1	1	1	1	2	1	1	2
居住类型	2	3	3	3	3	2	3	1	1	1	3	3	3	3	3	2	1	1	1	3	3	1

（续表）

省	内蒙古					陕西省																
市	乌兰察布					西安市						咸阳市							榆林市			
县	察哈尔右翼中旗		卓资县			鄠邑区						旬邑县							神木县			
乡镇街	辉腾锡勒管委会		旗下营镇			景区管理局	甘亭镇	蒋村镇	秦渡镇	玉蝉镇	祖庵镇	马栏镇	太村镇	土桥镇		张洪镇	郑家镇	职田镇	大保当镇	栏杆堡镇	锦界镇	高家堡
村	黄花嘎查	羊山沟村	伏虎村	青山社区	一间房村	八里坪	东韩村	同兴村	南焦羊	胡家庄村	双旗村	马栏村	唐家	水家村	新庄子	西头	王家村	马家堡	补拉湾村	呰大庄	公草湾村	古今滩
宏观区位	3	3	3	3	3	3	3	3	3	3	3	3	3	3	3	3	3	3	3	3	3	3
中观区位	2	2	2	2	3	3	1	2	2	2	2	1	1	3	3	2	3	3	4	2	3	4
地形因素	3	3	3	3	2	1	3	3	3	2	4	1	4	4	4	4	1	1	2	1	2	1
区域发达	2	2	2	2	2	1	1	1	1	1	3	2	2	2	2	2	2	2	1	1	1	1
村庄发达	3	3	3	3	3	1	1	1	2	1	4	2	3	4	3	2	2	2	2	2	1	2
农业类型	1	1	1	1	1	/	1	1	1	1	1		1	1	1	1	1	1	1	1	2	1
非农类型	4	4	5	5	5	4	1	/	/	3		4	4	/	/	/	5	/	/	5	5	5
主要民族	1	1	2	2	2	2	2	2	2	2	2	2	2	2	2	2	2	2	2	2	2	2
历史文化	4	4	4	4	4	/	5	4	4	5	5		2	4			3	4	3	4	4	4
人口流动	2	2	2	2	2	2	2	2	2	2	2	3	1	3	2	3	2	3	2	3	3	3
村庄规模	2	2	1	1	3	3	2	3	3	3	3	2	2	2	2	1	2	1	2	2	3	1
居住类型	3	3	3	3	3	3	1	1	1	1	2	3	2	2	2	2	2	1	1	3	2	2
省	陕西省																					
市	榆林市					延安市								汉中市							宝鸡市	
县	神木县					洛川县								城固县							太白县	
乡镇街	尔林兔镇	大保当镇	乔岔滩镇	孙家岔镇	神木镇	凤栖街道	黄章乡	旧县镇				永想乡		董家营镇	桔园镇	柳林		三合镇	上元观镇	天明镇	黄柏塬镇	靖口镇
村	依肯特拉村	补拉湾村	龙尾峁村	海湾村	高级塔	刘家河村	现头	故现村	韩村	荆尧科	上桐堤村	陈家洼村	冯家村	合丰村	陈家湾村	草坝岭村	新柳村	秦家坝村	乐丰村	三化村	黄柏塬村	焦家山村
宏观区位	3	3	3	3	3	3	3	3	3	3	3	3	3	3	3	3	3	3	3	3	3	3
中观区位	4	4	4	1	3	2	3	2	3	4	3	3	1	1	1	1	1	1	1	1	4	1
地形因素	2	2	1	1	2	1	1	4	1	1	1	1	2	1	2	2	2	2	3	1	1	1

（续表）

村	依肯特拉村	补拉湾村	龙尾峁村	海湾村	高级塔	刘家河村	现头	故现村	韩村	荆尧科	上桐堤村	陈家洼村	冯家村	合丰村	陈家湾村	草坝岭村	新柳村	秦家坝村	乐丰村	三化村	黄柏塬村	焦家山村
区域发达	1	1	1	1	1	1	1	1	1	1	1	1	1	3	3	3	3	3	3	3	2	2
村庄发达	2	2	2	2	4	4	1	4	2	2	3	4	2	2	2	2	1	1	2	2	1	3
农业类型	1	1	1	1	1	1	1	1	1	1	1	1	1	1	1	1	1	1、4	1	1	1	1、2、3
非农类型	/	/	/	1	/	/	5	5	5	5	/	/	/	/	/	3	1	/	2	1	4	5
主要民族	2	2	2	2	2	2	2	2	2	2	2	2	2	2	2	2	2	2	2	2	2	2
历史文化	4	3	4	4	3	4	3	4	4	4	1	4	4	5	3	2	4	3	3	4	5	3
人口流动	3	2	3	1	3	3	2	2	2	3	2	2	2	2	3	3	3	1、3	3	3	1	1
村庄规模	2	2	2	2	2	4	3	2	1	2	3	4	2	2	2	2	1	1	1	2	3	4
居住类型	1	1	1	3	1	2	1	1	3	1	1	2	1	3	2	3	3	1	1	3	3	2
省	陕西省									四川省												
市	宝鸡市			渭南市						眉山市										成都市		
县	太白县			大荔县						彭山区										郫都区		
乡镇街	咀头镇			城关街道	朝邑镇	段家镇	范家镇	官池镇	许庄镇	牧马镇					青龙镇					安德镇		
村	大沟塬村	拐里村	塘口村	畅家村	大寨	东高垣村	营田	西阳村	柳池	白鹤村	官厅村	莲花村	天宫村	武阳村	永远村	莲池村	古佛村	龙都社区	同乐村	东风村	云丰村	广福村
宏观区位	3	3	3	3	3	3	3	3	3	3	3	3	3	3	3	3	3	3	3	3	3	3
中观区位	1	1	2	1	3	2	3	2	1	3	2	3	2	2	2	2	2	2	2	2	3	2
地形因素	1	1	1	4	4	1	4	3	4	2	2	2	2	2	3	3	3	3	3	3	2	3
区域发达	2	2	2	3	3	3	3	3	3	4	3	4	4	3	2	2	2	2	2	2	2	2
村庄发达	2	2	2	2	4		2		1	3	2	3	3	3	2	2	2	2	2	1	1	1
农业类型	1	1	1	1	1	1	1	1	1	1	1	1,4	1	1	5	1	1		1	1	1	1
非农类型		3	2	4	3	5	5	5	4	5	5	4	5	5	5	5	1	5	5	5		5
主要民族	2	2	2	2	2	2	2	2	2	2	2	2	2	2	2	2	2	2	2	2	2	2
历史文化	4	4	5	4	5	4	4	4	4	4	2	1	4	4	4	4	4	4	4	5	3	4
人口流动	2	2	2	2	2	3	3	3	3	2	3	1	3	3	2	2	2	2	2	2	3	2
村庄规模	3	2	2	2	1	1	2	1	3	1	1	1	1	1	1	1	1	1	1	1	1	1
居住类型	3	2	3	2	2	1	2	1	1	1	3	2	3	3	2	2	1	2	2	3	3	3

（续表）

省	四川省																					
市	成都市							凉山彝族自治州					广元市									
县	郫都区							布拖县					苍溪县									
乡镇街	安德镇		三道堰镇					俄里坪乡		特木里镇	木尔乡		歧坪镇					白鹤乡				
村	红专村	黄烟村	青杠树村	古堰社区	八步桥社区	三堰村	程之船村	嘎吉村	洛迪村	民主村	草木村	布柳村	宋水村	杨家桥村	宋安村	五一村	旭光村	柳池村	白马村	星火村	鹤仙社区	鼓子村
宏观区位	3	3	3	3	3	3	3	3	3	3	3	3	3	3	3	3	3	3	3	3	3	3
中观区位	3	3	3	2	2	2	2	3	3	1	1	1	2	3	3	3	3	2	3	3	2	2
地形因素	2	3	2	2	2	2	2	1	1	1	1	1	2	2	2	1	1	4	1	1	1	1
区域发达	2	2	1	1	1	1	1	4	4	4	4	4	3	3	3	3	3	3	3	3	3	3
村庄发达	1	1	1	1	1	1	2	4	4	3	4	4	3	4	3	2	2	2	2	4	3	2
农业类型	1	1,3	1	1	1	1	1	1	1	1	1	1	1	1	1	1	1	1	1	1	1	1
非农类型	5	2	5	4	5	/	4	/	5	/	/	/	1		2	5	/	/	/	/	/	/
主要民族	2	2	2	2	2	2	2	1	1	1	1	1	2	2	2	2	2	2	2	2	2	2
历史文化	4	4	4	4	4	4	4	4	4	4	4	4	4	4	3	4	4	4	4	3	3	4
人口流动	2	2	2	2	2	2	2	2	3	2	3	3	1	3	3	3	3	3	3	3	3	3
村庄规模	1	1	1	1	1	1	1	1	2	1	2	2	2	2	2	2	2	2	2	3	2	3
居住类型	3	3	3	3	3	3	2	3	3	1	2	2	3	3	2	2	3	3	3	3	3	3
省	四川省											云南省										
市	绵阳市											昆明市								曲靖市		
县	三台县											晋宁县								师宗县		
乡镇街	芦溪镇						景福镇					六街镇				夕阳乡				龙庆乡		
村	五柏村	玉星村	尖山村	广华寺村	福星村	大路坡社区	福家坝村	营盘山村	桅杆湾村	罗家祠村	白沙湾村	大营	大庄	新寨	龙王塘村	打黑村	绿溪	小石板河村	一字格	黑尔村	马背冲村	山黑坡村
宏观区位	3	3	3	3	3	3	3	3	3	3	3	3	3	3	3	3	3	3	3	3	3	3
中观区位	2	3	3	2	3	2	3	3	3	3	2	3	3	3	3	4	4	3	3	4	3	3
地形因素	2	2	2	2	2	2	2	2	2	2	2	4	1	1	1	1	1	1	1	1	1	1
区域发达	2	2	2	2	2	2	2	2	2	2	2	2	2	2	2	2	2	2	2	3	3	3
村庄发达	2	2	4	2	2	2	2	2	2	3	3	2	3	3	2	3	2	4	4	4	4	4

（续表）

村	五柏村	玉星村	尖山村	广华寺村	福星村	大路坡社区	福家坝村	营盘山村	桅杆湾村	罗家祠村	白沙湾村	大营	大庄	新寨	龙王塘村	打黑村	绿溪	小石板河村	一字格	黑尔村	马背冲村	山黑坡村
农业类型	1	1	1	1	1	1	1	1	1	1	1	1	1	1	1	1	1	1	1	1	1	1
非农类型	5	4	4	5	5	5	5	4	5	5	5	5	/	/	/	/	/	/	/	/	/	/
主要民族	2	2	2	2	2	2	2	2	2	2	2	1	2	1	2	1	2	1	1	1	2	1
历史文化	4	4	4	4	4	4	4	4	4	4	4	4	3	1	5	3	3	4	3	3	3	3
人口流动	3	3	3	3	3	2	3	3	3	3	3	2	2	2	2	2	3	3	2	3	3	2
村庄规模	1	1	2	2	2	2	2	1	2	2	2	2	1	3	2	2	2	4	2	1	1	1
居住类型	3	3	3	3	3	2	3	3	3	3	3	2	2	2	2	2	3	1	1	3	3	3

省	云南省																					
市	曲靖市					普洱市										文山州						
县	师宗县	陆良县				墨江县				思茅区				澜沧县		富宁县					文山县	
乡镇街	龙庆乡	马街镇				联珠镇				龙潭乡				糯扎渡镇		剥隘镇			洞波乡		追栗街镇	
村	朝阳村拖落自然村	海螺村	马街村	海界村	薛官堡村	埔佐村	班中村	南北村	曼嘎村	老鲁寨村	麻栗坪村	黄草坝村	龙潭村	竜山村	响水河村	那长村	者宁村	甲村	那哈村	洞波村	塘子边村	科麻栗村
宏观区位	3	3	3	3	3	3	3	3	3	3	3	3	3	3	3	3	3	3	3	3	3	3
中观区位	3	4	2	2	2	1	1	4	4	3	3	4	4	4	4	2	3	3	2	4	3	3
地形因素	1	4	4	4	3	1	1	1	1	1	1	1	1	1	1	1	2	1	1	4	1	1
区域发达	3	3	3	3	3	4	4	4	4	4	4	4	4	4	4	4	4	4	4	4	4	4
村庄发达	4	4	2	3	2	3	3	4	4	4	3	3	3	4	4	3	3	4	3	3	4	4
农业类型	5	1	1	1	5	1	1	1	1	1	1	1	1	1	1	1	1	1	1	1	1	1
非农类型	/	5	2	/	/	5	5	3	5	5	5	5	1	5	5	5	5	5	5	5	5	5
主要民族	2	1	2	2	2	1	1	1	1	2	1	1	1	1	1	1	1	1	1	1	1	1
历史文化	4	4	2	4	2	4	4	4	4	3	3	4	3	4	4	4	4	2	4	3	4	3
人口流动	2	3	3	2	2	2	1	3	3	2	2	2	2	3	2	3	3	2	3	3	2	2
村庄规模	3	2	1	1	1	1	2	2	2	2	2	2	1	1	1	1	1	1	1	1	1	2
居住类型	1	1	1	3	2	3	2	3	3	3	3	3	3	3	3	2	3	3	3	3	3	3

（续表）

省	云南省										青海省											
市	大理白族自治州										西宁市											
县	大理市				祥云县						大通县				湟源县					都兰县		
乡镇街	湾桥镇	银桥镇	下关镇	太邑乡	云南驿镇		米甸镇				青山乡	多林镇	城关镇	塔尔镇	东峡乡	波航镇			寺寨乡	香日德镇	香加乡	热水乡
村	中庄村	银桥村	洱滨村	太邑村	前所社区	云南驿村	黄草哨村	自羌朗村	楚场	插朗哨村	西北岔	上浪加乡	李家磨乡	塔尔湾	拉尔贯	麻尼台	石崖湾	胡思洞	草原	小夏滩	柯克哈达	赛什堂
宏观区位	3	3	3	3	3	3	3	3	3	3	3	3	3	3	3	3	3	3	3	3	3	3
中观区位	3	3	1	3	2	2	4	4	4	4	4	4	4	3	4	3	3	3	4	4	4	4
地形因素	1	1	1	1	1	1	1	1	1	1	1	4	1	4	1	4	4	4	1	4	1	4
区域发达	4	4	4	4	3	4	3	3	3	3	4	4	4	4	4	4	4	4	4	4	4	4
村庄发达	2	2	2	4	2	2	4	4	4	4	4	4	3	2	4	3	3	3	4	2	4	2
农业类型	1	1	1	1		1	1	1	1	1	1	1	4	3	1	1	1	1	3	1	3	3
非农类型	1	4	4		2	/	/	/	5	/	3	5	4	2	4	4	4	5	5	5	5	5
主要民族	1	1	1	1	2	2	1	1	1	2	1	1	1	1	2	2	2	2	2	1	1	1
历史文化	3	3		4	4	1	3	3	3	3	4	4	3	4	4	4	4	4	4	4	4	4
人口流动	2	3	3	3	3	2	2	2	2	2	2	3	2	2	3	3	3	2	3	2	2	2
村庄规模	1	1	1	1	1	1	3	1	2	2	2	3	3	1	4	4	4	2	2	4	4	2
居住类型	3	3	3	3	2	2	2	2	3	3	1	3	3	3	3	1	1	1	3	1	3	1
省	青海省																					
市	西宁市					海南州			黄南州						海东市							海北藏族自治州
县	都兰县	湟中县				同德县			泽库县			河南县			平安区			民和县				门源回族自治县
乡镇街	夏日哈镇	李家镇		西堡镇	甘河滩镇	尕巴松多镇			王加乡	宁秀乡	和日乡	优干宁镇	托叶玛乡	赛尔龙乡	洪水泉乡	三合镇	石灰窑镇	核桃庄镇		中川乡		北山乡
村	河北村	金跃村	岗岔村	西两旗村	前跃村	科日干村	德什端村	贡麻村	叶金木村	赛日龙村	和日村	阿木乎村	宁赛村	尕庆村	硝水泉村	条岭新村	石灰窑村	核桃村	安家村	美一村	团结村	北山根村
宏观区位	3	3	3	3	3	3	3	3	3	3	3	3	3	3	3	3	3	3	3	3	3	3
中观区位	4	3	2	3	3	2	2	1	2	3	4	3	3	3	2	2	4	1	2	4	4	3

（续表）

村	河北村	金跃村	岗岔村	西两旗村	前跃村	科日干村	德什端村	贡麻村	叶金木村	赛日龙村	和日村	阿木乎村	宁赛村	尕庆村	硝水泉村	条岭新村	石灰窑村	核桃村	安家村	美一村	团结村	北山根村
地形因素	4	4	4	4	4	4	4	4	4	4	4	4	4	4	1	1	1	1	1	1	1	4
区域发达	4	4	4	4	4	3	3	3	3	3	3	3	3	3	3	3	3	3	3	3	3	2
村庄发达	2	4	3	3	3	4	4	4	4	3	4	2	4	4	4	4	4	3	3	4	4	1
农业类型	3	1	2	1	1	3	3	3	3	3	3	3	3	3	1	1	1	1	3	1	1	5
非农类型	5	5	5	5	5	5	5	5	5	5	5	5	5	5	5	/	/	/	/	/	/	/
主要民族	1	1	2	2	2	1	1	1	1	1	1	1	1	1	2	1	1	1	1	1	1	2
历史文化	4	4	4	1	4	4	4	4	4	4	3	4	4	4	1	4	4	4	4	3	3	4
人口流动	2	2	2	2	2	2	2	2	2	2	2	2	2	2	3	3	3	2	2	3	3	2
村庄规模	2	2	2	2	2	2	2	3	2	1	2	2	3	4	3	4	4	3	3	3	3	2
居住类型	1	2	2	2	2	3	2	2	3	2	2	3	3	3	2	1	3	1	1	2	3	3
省	青海省							贵州省														
市	海北藏族自治州			海东市				遵义市	铜仁市				黔东南州			黔西南州	安顺市	六盘水市				
县	门源回族自治县			循化撒拉族自治县				凤冈县	印江县				丹寨县		榕江县	顶效开发区	黄果树管委会	盘县				
乡镇街	北山乡	麻莲乡	西滩乡	清水乡	白庄镇	街子镇	清水乡	进化镇	合水镇			朗溪镇	龙泉镇	南皋乡	栽麻乡	顶效镇	黄果树镇	刘官镇				
村	沙沟脑村	包哈图村	西马场村	孟达村	下科哇村	三兰巴海村	王仓麻村	临江村	合水村	高寨村	兴旺村	河西村	卡拉村	石桥村	大利村	楼纳村	石头寨村	刘家湾村				
宏观区位	3	3	3	3	3	3	3	3	3	3	3	3	3	3	3	3	3	3				
中观区位	1	2	1	2	3	1	3	2	2	2	2	1	1	3	3	2	3	4				
地形因素	4	1	4	1	1	4	1	2	1	1	1	1	1	1	1	4	2	1				
区域发达	2	2	2	3	3	3	3	3	4	4	4	4	4	4	4	4	4	3				
村庄发达	2	2	2	4	4	2	4	3	4	4	3	3	4	4	4	2	2	2				
农业类型	5	5	5	1	1	5	3	1	1	1	1	1	1	1	1	1	1	1				
非农类型	/	/	/	/	/	4	5藏毯	4	2	4	4	4	1	5	5	3	4	5				
主要民族	2	1	1	1	1	1	1	2	1	1	1	1	1	1	1	2	1	2				
历史文化	4	4	4	1	4	1	4	4	4	1	1	4	4	1	1	4	1	4				
人口流动	3	3	3	3	3	3	3	3	2	3	3	3	2	1	1	3	2	2				
村庄规模	3	2	2	1	2	2	3	1	1	2	1	1	3	2	1	1	1	1				
居住类型	2	2	2	1	3	1	2	2	2	2	2	2	1	3	1	2	2	3				

后　记

2015年的研究课题直至2020年才整理出版，并不是因为工作繁忙，而是自己一直对本书抱有更高的期望，试图在本次田野调查的基础上结合文案研究，全景式地、全面地展示中国乡村人居环境特点。随着相关研究的开展、深入，尤其是在2015年以后十余次赴日本、韩国、法国、美国等国的乡村考察学习后，我对中国乡村人居环境这一宏大的课题有了越来越深入的认识，因此越来越想加入更多的内容。

客观而言，如此大规模的全国性乡村调查，必定有其自身价值，应能对相关工作有所启发。即便本书存在这样或那样的不是，仍希冀它能够为从事中国乡村研究的学者提供一份当代中国乡村图景，让"中国乡村人居环境研究"这个重要的研究领域能够不断深入，产生更多具有时代意义的学术成果。

在此，感谢赵民教授和彭震伟教授对本书初稿提出的宝贵意见，感谢支持和参与本次全国乡村调研的兄弟高校和师生们，他们是（按拼音排序）安徽建筑大学（储金龙教授团队）、长安大学（杨育军副教授团队）、成都理工大学（李艳菊副教授团队）、华中科技大学（耿虹教授和王智勇副教授团队）、内蒙古工业大学（荣丽华教授团队）、山东建筑大学（李鹏副教授团队）、深圳大学（李云副教授团队）、沈阳建筑大学（马青教授团队）、苏州科技大学（王雨村教授和潘斌副教授团队），感谢西宁市城乡规划设计研究院。更深入的分地域研究成果，将由各高校分别撰写出版。

感谢住房和城乡建设部赵晖、张学勤、张雁、胡建坤、郭志伟等领导对本次调研工作给予的大力支持，感谢住房和城乡建设部村镇建设司对本书出版的支持，也感谢同济大学出版社对本书出版的支持。

张　立

同济大学城市规划系

2020年11月7日